职业院校**托育服务**
人才培养系列教材

婴幼儿照护

◆慕◆课◆版◆

李慈 李萱 李洪萍◎主编

叶卿岑 宋文华 岳茜◎副主编

王雁◎主审

人民邮电出版社
北京

图书在版编目（CIP）数据

婴幼儿照护：慕课版 / 李慈，李营，李洪萍主编
. -- 北京：人民邮电出版社，2024.2
职业院校托育服务人才培养系列教材
ISBN 978-7-115-63175-6

Ⅰ. ①婴… Ⅱ. ①李… ②李… ③李… Ⅲ. ①婴幼儿
－哺育－职业教育－教材 Ⅳ. ①TS976.31

中国国家版本馆CIP数据核字(2023)第222863号

内 容 提 要

本书的出发点是提供婴幼儿照护的综合指南，帮助人们更好地开展婴幼儿照护，同时应对婴幼儿照护中的常见问题和挑战。本书旨在提供专业知识和指导，促进婴幼儿健康发展，引发社会对婴幼儿照护的关注，并推动相关研究和实践的发展。

本书共 6 章，包括婴幼儿照护概述，婴幼儿生理发展，婴幼儿身体和心理发展，婴幼儿营养与科学喂养，婴幼儿日常护理、常见疾病与意外伤害，以及托育机构对婴幼儿的日常照护等内容。

本书可作为教材或参考资料，配有案例研究和实践活动，能够满足中、高等职业院校托育、教育专业相关课程的教学需求，同时也能为婴幼儿照护者提供实用的指导和支持。

◆ 主　编　李　慈　李　营　李洪萍
　　副主编　叶卿岑　宋文华　岳　茜
　　责任编辑　连震月
　　责任印制　王　郁　彭志环
◆ 人民邮电出版社出版发行　　北京市丰台区成寿寺路 11 号
　　邮编　100164　　电子邮件　315@ptpress.com.cn
　　网址　https://www.ptpress.com.cn
　　三河市中晟雅豪印务有限公司印刷
◆ 开本：787×1092　1/16
　　印张：11.75　　　　　　　　　　2024 年 2 月第 1 版
　　字数：348 千字　　　　　　　　2024 年 2 月河北第 1 次印刷

定价：59.80 元

读者服务热线：(010)81055256　印装质量热线：(010)81055316
反盗版热线：(010)81055315
广告经营许可证：京东市监广登字 20170147 号

党的二十大报告指出："我们要坚持教育优先发展、科技自立自强、人才引领驱动，加快建设教育强国、科技强国、人才强国，坚持为党育人、为国育才，全面提高人才自主培养质量，着力造就拔尖创新人才，聚天下英才而用之。"

党的二十大报告首次将"实施科教兴国战略，强化现代化建设人才支撑"作为一个单独部分，充分体现了教育的基础性、战略性地位和作用，为到2035年建成教育强国指明了新的前进方向。2022年修订的《职业教育法》明确了职业教育是与普通教育具有同等重要地位的教育类型，并指出"国家采取措施，加快培养托育、护理、康养、家政等方面技术技能人才"。因此，为适应新时代托育和学前教育专业人才培养需求，落实立德树人的根本任务，编者根据婴幼儿发展规律编写了本书。

2020年年底，国务院办公厅印发的《关于促进养老托育服务健康发展的意见》指出，各级政府应健全老有所养、幼有所育的政策体系，积极支持普惠性服务发展，发展集中管理运营的社区养老和社区托育服务网络。2021年3月发布的《中华人民共和国国民经济和社会发展第十四个五年规划和2035年远景目标纲要》明确量化了托育的发展空间和规模，即到2025年，每千人口拥有3岁以下婴幼儿托位数达到4.5个，其中普惠托位占比不少于60%。

本书兼顾理论性和实用性，适合职业院校婴幼儿托育服务与管理专业学生和广大婴幼儿照护者阅读。读者可以从中借鉴、学习早期教育的宝贵经验，掌握正确的托育教育思想和托育教育方法，避免劳而无功和各种失误。

本书具有以下特色。

（1）教学内容遵循婴幼儿全面发展规律展开，既包含婴幼儿生理发展、婴幼儿身体和心理

发展，还包含婴幼儿营养与喂养，婴幼儿日常护理、常见疾病与意外伤害，托育机构对婴幼儿的日常照护等。

（2）教学活动指导方法详尽、教学目标清晰明确、教学方式差异化、教学资源多样化，旨在指导照护者。

（3）根据婴幼儿的兴趣、学习需求和学习目标，设计多样化的教学案例，并配有丰富的图片资料。

（4）通过广泛分享教学知识，丰富读者的学习体验，激发读者的学习兴趣和动力，提高读者的学习效果。

（5）配套资源丰富。本书配有慕课视频，读者用手机扫描封面二维码即可在线观看。除此之外，本书还提供了PPT课件、教案、教学大纲等，选书老师可以登录人邮教育社区（www.ryjiaoyu.com）下载使用。

本书由李慈、李营、李洪萍担任主编，由叶卿岑、宋文华、岳茜担任副主编，景玉梦云也参与了本书的编写。另外，也特别感谢本书的主审老师——北京师范大学教育学部特殊教育学院院长王雁教授为本书提出的宝贵建议。由于编者水平有限，书中难免存在疏漏和不妥之处，恳请广大读者批评指正。

编者
2024年2月

01

第一章　婴幼儿照护概述

02

第二章　婴幼儿生理发展

目录

Contents

03　第三章　婴幼儿身体和心理发展

目 录

04

第四章　婴幼儿营养与科学喂养

目录

05　第五章　婴幼儿日常护理、常见疾病与意外伤害

06

第六章　托育机构对婴幼儿的日常照护

目录

第一章
婴幼儿照护概述

本章学习目标

（1）掌握婴幼儿照护的内涵、任务、内容和特点。

（2）掌握蒙台梭利的敏感期理论。

（3）掌握皮亚杰的认知发展理论。

（4）掌握维果茨基的社会历史理论。

（5）掌握班杜拉的社会学习理论。

（6）掌握加德纳的多元智能理论。

（7）学会运用婴幼儿照护的七大原则。

（8）学会运用婴幼儿照护的七大方法。

婴幼儿照护需要照护者具备专业知识和经验，不断更新自己的知识和技能，关注最新的研究成果和指南，以确保提供高质量的照护服务。

第一节 婴幼儿照护基本知识

婴幼儿照护是指对婴幼儿的全面照顾和关怀，包括满足他们的生理、心理和情感需求，提供安全、健康和刺激性的环境，以促进他们健康成长和发展。

一、婴幼儿照护的内涵

在婴幼儿照护中，保育先于教育。保育是指照护者为婴幼儿的生存发展提供条件，给予照顾和养育，以保护和促进婴幼儿的正常发育和良好发展；教育是指照护者通过一定形式，有计划、有目的地对婴幼儿的身心发展施加影响。

婴幼儿照护以婴幼儿及其照护者为教育对象，通过照护者的特定保育与教育手段，促进婴幼儿身心健康发展，帮助照护者树立科学教养观念，养成良好的教养行为。其内涵可以从以下几个方面进行理解。

1. 教育对象：婴幼儿及其照护者

（1）婴幼儿照护的第一教育对象是婴幼儿，照护者应通过各种活动促进婴幼儿身体正常发育及感知觉、认知、语言、情感等的全面发展。

（2）婴幼儿照护的教育对象还包括婴幼儿的照护者。社会形式的婴幼儿早期教育活动除了需要专业教师的指导，更需要照护者的参与。因此，对照护者的指导有利于增强早期教育活动的教育效果。而家庭中的婴幼儿早期教育主要由照护者实施，但大部分照护者并不具备科学的育儿理念、知识和能力，这导致家庭早期教育往往缺乏计划性、科学性，因此有必要加强对婴幼儿照护者的指导。

2. 教育内容："教"与"养"的结合

婴幼儿照护的独特性表现为保育为主、教育为辅。婴幼儿的科学喂养、日常护理、卫生保健等是最为重要和基础的教育内容，而促进婴幼儿语言、动作、认知和社会性等方面发展的教育，则是在前者基础上的提升。因此，婴幼儿照护应把婴幼儿的健康、安全及养育工作放在首位，保中有教，教中重保，努力做到"科学养育，教养结合"。"教养"是一个整体概念，"教"和"养"是从保育和教育两个方面同时对婴幼儿产生影响。

二、婴幼儿照护的任务

婴幼儿照护主要指向一个能够将家庭、托育机构及社区衔接起来的养护支持模式，它直接服务于婴幼儿及其照护者，其任务可归结为以下4个方面。

1. 培养健康和谐发展的婴幼儿

规范婴幼儿照护的内容，提供早期教育活动场所，组织开展多种形式的亲子教育活动，以促进婴幼儿健康、快乐地成长；倡导积极主动地探索、多元自然地游戏，以培养身心健康的婴幼儿。

2. 培训能科学育儿的照护者

为父母及其他照护者提供多元的社会支持，向婴幼儿的照护者传播正确的育儿理念、育儿知识与育儿方法，改进照护者在照顾、护理和教育婴幼儿方面的知识、态度、行为与能力，具体包含以下4方面内容：①和婴幼儿父母及其他照护者建立良好的合作关系，建立信任感；②向婴幼儿父母及其他照护者普及正确的育儿理念、婴幼儿发展的基础知识；③向婴幼儿父母及其他照护者分享科学的育儿方法和技能；④与婴幼儿父母及其他照护者协作完成婴幼儿教养活动。

3. 推动社区早期教育事业的发展

倡导社区关注婴幼儿的早期发展，动员社区资源为婴幼儿及其家庭服务，具体包含以下两方面内容：①在社区广泛进行婴幼儿早期教育的普及宣传活动，倡导并争取社区对婴幼儿早期发展的关注；②充分利用多种途径进行婴幼儿早期教育的推介，逐步建立健全社区早期教育管理体制，调动社区资源为婴幼儿及其家庭服务。

4. 搜集并整理可靠的婴幼儿信息

调查一定区域内婴幼儿的基本情况并对调查材料进行梳理，整理出可靠、清晰的材料及数据，为政府和社区制定相应的婴幼儿托育教育政策提供依据。

三、婴幼儿照护的内容

婴幼儿照护的内容涵盖了多个方面，旨在满足婴幼儿的生理和心理需求，促进其健康发展。

1. 喂养方面

为婴幼儿提供适宜的食物和饮品，根据婴幼儿的年龄和发育需要制订合理的喂养计划。确保食物卫生安全，避免过度喂养或营养不足。

2. 饮水方面

为婴幼儿提供足够的水分，以使其保持水分平衡。使婴幼儿饮水适量，避免过量或不足。

3. 卫生保健方面

保持婴幼儿的身体清洁和卫生，包括定期洗澡、更换尿布、清洁口腔和牙齿等。确保环境的清洁，定期进行婴幼儿用具和玩具消毒。

4. 睡眠方面

为婴幼儿提供安全、舒适的睡眠环境，帮助其形成良好的睡眠习惯和规律。确保婴幼儿获得足够的睡眠时间，根据婴幼儿年龄和个体差异进行合理的睡眠安排。

5. 运动和发育支持方面

为婴幼儿提供适宜的运动和活动环境，促进婴幼儿的运动发展和整体发育。鼓励婴幼儿探索和发现，提供适当的刺激和支持，培养他们的运动技能和认知能力。

6. 情感关怀方面

给予婴幼儿充分的关注、爱护和安全感，建立稳定的依恋关系。与婴幼儿建立情感连接，回应他们的需求和情绪表达。

7. 安全防护方面

确保婴幼儿的安全，预防意外伤害。提供安全的活动和游戏环境，监测和消除潜在的安全隐患。

8. 社交方面

提供机会让婴幼儿与其他婴幼儿和成年人互动，促进其社交能力和情感的发展。

四、婴幼儿照护的特点

婴幼儿照护强调教养要顺应婴幼儿的发展状况和需要，强调自然生活环境是最适宜、资源最充足的环境，强调聚焦于每一个婴幼儿的独特性，强调以情感关爱为核心。

婴幼儿照护的特点主要体现在以下4个方面。

1. 理念：保育先于教育

保育侧重于对婴幼儿身心发育、发展的关心和照顾，而教育是指有目的、有计划地对婴幼儿施加感知觉、认知、语言、情感和社会性等方面的影响。婴幼儿照护应强调保育先于教育。

（1）婴幼儿受生物发展节律控制的程度最深，外在影响对其的作用较小。例如，引导婴儿玩一个玩具，如果他不感兴趣，无论照护者怎样循循善诱，可能都无法引起他的兴趣。但在同样的情境中，3岁的幼儿则可能改变初衷，尝试去探索。

（2）婴幼儿时期是人一生中最稚嫩的时期，婴幼儿需要照护者的生活照料和情感呵护。照护者不仅要在饮食起居上用心照顾婴幼儿，更要在情感上满足他们，促进婴幼儿身体与心理的健康发展。

（3）婴幼儿具有内在发展动力，教育应与之配合。教育虽不可能改变婴幼儿所经历的发展阶段顺序，但却可能带来发展速度的差异。照护者在提供适宜的情感满足、生活照料的基础上，应关注婴幼儿发展的转折点和个体差异，促进婴幼儿的充分发展。

2. 内容：生活多于学习

学习是指个体在事先准备好的环境中，有组织、有纪律地主动参与认知活动，它与自然、自发的生活活动有本质的区别。生活多于学习是指与参与正式设计、组织的有目的、有计划的学习活动相比，婴幼儿在生活中与照护者的亲密互动更符合其身心发展特点，更有利于其健康成长。这主要体现在以下两个方面。

（1）生活中蕴藏着重要的婴幼儿发展契机。生活是婴幼儿生理发育的必要途径。例如，婴幼儿出生后，睡眠时间相对较长，一般来说，充足的睡眠使得他们快速成长，婴幼儿睡眠质量如何、营养是否均衡等是照护者最关心的事。

（2）婴幼儿认知发展特点决定了他们只能从直接感知的生活事件中获取信息。例如，通过每天的户外活动，使婴幼儿感受花草树木的变化，从而认识四季。因此，从这些生活事件中选取活动内容，既可以使婴幼儿感到亲切、熟悉，又符合他们的认知发展特点。

3. 形式：个别教养多于集体活动

个别教养多于集体活动，是指在课程的具体实施形式上，婴幼儿照护更多采取个别教养，而非集体活动。照护者关注的重点是一个个独特的婴幼儿及其家庭的教养需求。婴幼儿照护者在早期教养中多采用个别指导，并非意味着完全排斥集体活动。之所以采用这样的形式，主要基于以下两点考虑。

（1）婴幼儿的身心发展特点。婴幼儿最初以自己的动作和感知为中心，往往忽略外在影响，只考虑自身意愿和感受，所以，期望婴幼儿服从集体规则、遵从外在要求是不现实的。

（2）家庭的教养需求。婴幼儿家长的年龄、性别、受教育水平、生活经历各不相同，各自的育儿需求也大相径庭，为此，照护者必须以一对一的形式，在个别指导婴幼儿的同时，就婴幼儿的具体情况指导其家长。

4. 目标：情绪、情感重于认知

婴幼儿从进化中获得的情绪有8～10种，称为基本情绪，如愉快、兴趣、惊奇、厌恶、痛苦、愤怒、惧怕、悲伤等，所有这些不同的情绪从婴幼儿出生到6个月左右陆续出现。基本情绪在个体生活中不是同时出现的，它们随着个体的成长、成熟而出现。它们的出现有一个时间顺序，这一顺序服从于婴幼儿生理成熟和适应的需要；而且它们的出现既有一般规律，又有个体差异，通常分为依恋的0岁、好动的1岁、探险的2岁和自主的3岁4个阶段。教养活动往往通过对婴幼儿关注需求的满足发展其依恋感，通过适宜的保护发展其安全感，通过支持性的参与发展其信任感，通过尊重性的引导发展其自主感。

鉴于婴幼儿的生理、心理与社会性发展的特点，婴幼儿的一切认知活动都是在良好的情绪、情感状态下建立、建构并完成的，故婴幼儿照护应以情感关爱为核心，应将情绪、情感目标放在首位。婴幼儿的情绪是其生理需求的"显示器"。照护者要密切关注婴幼儿的情绪变化，尽力使之处于最佳生理状态；要密切关注婴幼儿的情绪反应，尽力使之处于最佳心理状态。

婴幼儿在早期发展阶段通过观察照护者的声调、姿态和表情来辨别是非对错。他们会注意到照护者声音语调和面部表情的变化，并从中获取信息。照护者积极的声音和愉快的表情往往会给婴幼儿积极的情绪和行为引导。同样，照护者也通过观察婴幼儿的各种反应来了解他们的情绪和需求，并通过适当的回应引导婴幼儿的情绪和行为。例如，婴儿哭泣，照护者可能会尝试安抚他，提供安慰和关怀。照护者的反应对婴幼儿的情绪调节和行为发展起重要作用。这种相互作用和交流可以帮助婴幼儿与照护者建立情感联系，培养他们的情绪表达能力，并在发展过程中塑造他们的行为习惯。与照护者的互动也为婴幼儿提供了安全感和信任感，有助于促进他们的整体发展。

课堂讨论 ╱ **托育工作人员在婴幼儿照护中应遵循的准则**

托育工作人员在婴幼儿照护中应遵循以下准则。

1. 具备专业知识和技能

具备婴幼儿发展和照护的相关专业知识，了解婴幼儿的基本需求和发展特点，并能够应用适当的教育方法和技能。

2. 确保安全和健康

确保照护环境的安全性和卫生性，遵守相关的安全和健康标准，包括定期检查照护设施的安全性，定期对照护设施进行消毒，提供健康的饮食和适当的医疗护理。

3. 提供情感关怀

建立积极的情感依恋关系，给予婴幼儿充分的关爱和关注。提供温暖的亲密互动，回应婴幼儿的情感需求，帮助他们建立安全感和自信心。

4. 提供个性化照护和教育

尊重婴幼儿的个体差异，提供个性化的照护和教育。了解每个婴幼儿的需求和兴趣，提供适应性的活动和材料，以促进他们的发展和学习。

5. 促进综合发展

提供丰富多样的学习体验，促进婴幼儿的综合发展。通过适宜的玩具、游戏和活动，培养婴幼儿的感知、运动、认知、语言和社交能力。

6. 与家长沟通合作

与家长保持良好的沟通和合作关系。及时分享婴幼儿的发展情况和需求，与家长共同制订照护计划，共同关注婴幼儿的发展。

7. 持续学习

不断更新自己的知识和技能，参加专业培训和学习活动，保持专业发展。了解最新的研究成果和实践，不断提升自己的教育水平和专业能力。

第二节　婴幼儿照护的理论

婴幼儿照护的理论涉及多个学科领域，包括婴幼儿发展心理学、婴幼儿营养学、儿科护理学等。本节主要介绍蒙台梭利的敏感期理论、皮亚杰的认知发展理论、维果茨基的社会历史理论、班杜拉的社会学习理论和加德纳的多元智能理论。

一、蒙台梭利的敏感期理论

婴幼儿心理教育学家玛利亚·蒙台梭利（Maria Montessori）的敏感期理论是指婴幼儿在特定时间段内对某种特定经验或学习领域表现出特别敏感和易学等特点的阶段。这些敏感期是婴幼儿发展的关键时期，在此期间，婴幼儿对于特定经验具有强烈的兴趣和较强的吸收能力，能够更容易地学习和掌握相关的技能和知识。

蒙台梭利认为，婴幼儿在身体、语言、社交和学习等方面都存在特定的敏感期。在敏感期内，婴幼儿对环境中的刺激和经验具有较强的接受和吸收能力，他们能够通过自主的探索和学习来发展和进步。

蒙台梭利的敏感期理论强调照护者和家长在婴幼儿发展早期提供适宜的环境和刺激的重要性。照护者和家长通过满足婴幼儿在敏感期的需求，提供丰富的学习机会和适当的教育材料，可以促进婴幼儿全面发展及其潜能的发挥。

蒙台梭利将婴幼儿敏感期分为以下5种：秩序敏感期、口和手的敏感期、行走敏感期、细微事物敏感期，以及社会事物敏感期。

1. 秩序敏感期

秩序敏感期是婴幼儿出现的第一个敏感期。婴幼儿对环境中秩序的需求是其本能。婴幼儿对秩序的敏感在出生后的头几个月就会出现，并一直持续到4岁左右。

"婴幼儿对秩序的敏感性是一种内在的感觉。它帮助婴幼儿识别物体间的关系而不是物体本身，通过把环境里相互关联的部分看作一个整体来认知环境。婴幼儿只有在这种整体关系明确的环境下，才能指引自己有目的地行动，否则，婴幼儿就无法建立对环境中各种关系的认知。"对于正处在秩序敏感期的婴幼儿来说，只要物品离开了它们应该在的位置，他很快就会发现，并且会要求成年人把物品放回原位。如果成年人不理解这种敏感性，而让婴幼儿所处的环境秩序错乱下去，就会让他产生强烈的心理冲突，不利于以后其规则意识的建立。

2. 口和手的敏感期

婴幼儿的第二个敏感期是口和手的敏感期，表现为婴幼儿急切地想用手和口去探索周围环境。

婴幼儿刚出生时，能够使用的器官只有口、眼睛和皮肤。尽管他一出生便有了视觉，但脑科学认为婴幼儿的视觉系统并不完善，他看到的世界是模糊的。但口不一样，婴幼儿刚出生时就能熟练地使用口吃奶。口是婴幼儿连接世界的最自然的通道。最初婴幼儿仅仅是用口认识手，后面发展为用口认识周围的一切，什么东西都要放进口里感受，这个过程健全了口的功能。婴幼儿把东西放进口里可能并不是饿了，而是想用口来认识周围的环境，直到手被完全地唤醒。手的敏感期的到来，帮助和加快了口的敏感期的发展，直到婴幼儿不停地到处触摸，口的敏感期才逐渐过去。

3. 行走敏感期

婴幼儿的第三个敏感期是行走敏感期。这是最容易被察觉的一个敏感期，蒙台梭利把这个阶段视为婴幼儿的"第二次生命"，因为此阶段的到来等于宣告婴儿阶段的结束，婴儿即将成为充满活力的个体。从9个月开始，婴儿慢慢进入行走敏感期。在这个阶段，婴儿对行走的动作及关于行走的行为极其感兴趣，并通过不同的方式重复地练习行走，直到能独立并熟练地行走及完成与行走相关的动作。这个阶段大约持续到2岁。

婴幼儿行走不同于照护者。照护者行走是为了实现某个外在的目的，所以他会以稳健的步伐径直走向目的地。婴幼儿行走则是为了完善自己的能力，实现自身的创造性。他走得很慢，并且步伐没有节奏。他朝前走，不是走向某个最终的目的地，仅仅是因为前面有个东西突然吸引了他。

4. 细微事物敏感期

婴幼儿的细微事物敏感期表现为婴幼儿对微小事物的观察。婴幼儿需要借由环境中的微小事物构建对精确与细致等概念的内在认知，为构建抽象思维做间接的准备，这是一个细微而缜密的自然过程。

观察在蒙台梭利看来其实是一种"工作"，一种值得婴幼儿聚精会神去做的"工作"。但是，一些不了解婴幼儿的照护者会在婴幼儿观察某些东西时直接打扰他，甚至阻止他。照护者在阻止过程中的训斥、威吓行为会对婴幼儿心理产生消极影响，扰乱其心智的正常构建。所以，照护者不要强行干扰婴幼儿的"观察工作"，可以给他一些时间，直到他自己主动停止观察。

5. 社会事物敏感期

婴幼儿从2岁半开始去"自我中心化"，步入社会事物敏感期，具体表现为对社交产生极大兴趣，开始喜欢结交朋友、喜欢参与群体活动。社会事物敏感期的教养有助于婴幼儿学会遵守社会规则、生活规范及日常礼仪，为将来他们融入社会、遵守社会规范、拥有自律的生活、和他人轻松交往奠定基础。

敏感期是婴幼儿学习的关键期，是影响婴幼儿心灵、人格发展的关键期。蒙台梭利强调："正是这种敏感性使婴幼儿以一种特有的强烈程度接触外部世界。在敏感期，他们容易学会每种技能，对一切都充满了好奇心。"

人绝大多数的敏感期均集中在3岁以前，蒙台梭利主张顺应敏感期对婴幼儿进行教育可以取得事半功倍的效果。蒙台梭利认为："人在3岁前获取的知识和能力，相当于成年后花60年时间学习获得的知识和能力。"

蒙台梭利的教育理念强调尊重婴幼儿在发展过程中的自主性和个体差异。她认为，每个婴幼儿都是独特的个体，具有自我发展的内在驱动力。她提出了一套基于科学观察的教育方法，旨在创造有利于婴幼儿自主学习和成长的环境。

蒙台梭利教育方法的核心是创造一个适宜的环境，提供适当的教具和材料，让婴幼儿通过实际的体验和自主探索来学习。她强调婴幼儿在特定发展阶段具有敏感期，对于特定的学习经验更加敏感和容易吸收。她相信通过给予婴幼儿自由选择和独立决策的机会，他们可以建立自信心、培养专注力和解决问题的能力。

蒙台梭利教育方法还注重婴幼儿的社会性和情感发展。她鼓励婴幼儿在一个和谐、互相尊重和帮助的环境中与他人合作和交流，以培养良好的社交技能和情绪管理能力。

蒙台梭利教育方法在世界范围内得到了广泛的认可和采纳。她对婴幼儿教育的贡献被视为婴幼儿心理学和教育学的重要里程碑之一，对于今天的婴幼儿教育实践仍有深远的影响。

二、皮亚杰的认知发展理论

让·皮亚杰（Jean Piaget）是婴幼儿心理学发展史上最具影响力的理论学家之一，他将自己早期感兴趣的动物学知识和认识论加以整合，创立了发生认识论这一新学科，即用实验的方法研究认识的起源。皮亚杰的研究始于对自己3个孩子的婴幼儿期的仔细观察，他观察孩子们如何探索新玩具，如何解决他提出的简单问题，以及如何逐渐认识自己和外部世界。后来，皮亚杰运用临床法对更多的婴幼儿进行研究，揭示了不同年龄段的婴幼儿如何解决每天产生的各种各样的问题。

皮亚杰把认知发展过程划分为4个阶段：感知运动阶段（0～2岁）、前运算阶段（2～7岁）、具体运算阶段（7～11岁）、形式运算阶段（11岁以后）。每一阶段都建立在前一阶段发展完成的基础上，但皮亚杰也承认，不同婴幼儿进入特定阶段的年龄存在很大的差异，文化及其他环境因素的影响，可以加快或减缓婴幼儿认知的发展速度，因此进入各阶段的标准年龄只是一种粗略的估计。

1. 感知运动阶段（0～2岁）

在这个阶段，儿童主要通过感官和运动来认识世界。他们开始形成对象的永久性概念，即对象虽然离开视野但仍然存在。

2. 前运算阶段（2～7岁）

在这个阶段，儿童开始使用符号和产生象征性思维，可以进行简单的逻辑思维，但还不能进行具体的操作。他们开始形成逆操作和类别的概念。

3. 具体运算阶段（7～11岁）

在这个阶段，儿童能够进行具体的逻辑思维和操作，可以解决具体的问题，并理解数量、空间和时间的概念。

4. 形式运算阶段（11岁以后）

在这个阶段，儿童进一步发展抽象思维能力，可以进行逻辑推理、假设和抽象概念的处理。

皮亚杰的认知发展理论强调了婴幼儿主动探索和构建知识的能力。他认为，婴幼儿通过与周围环境的互动，逐渐建立起对世界的认知和理解。

皮亚杰的研究对教育实践产生了重要的影响，促进了以婴幼儿为对象的教育方法的发展。他的认知发展理论帮助教育者了解婴幼儿在不同阶段的认知能力和需求，从而提供适合他们发展水平的教育内容和活动。他的工作也为后续的婴幼儿心理学和认知发展研究奠定了基础。

三、维果茨基的社会历史理论

维果茨基的社会历史理论，也被称为文化历史活动理论，是心理学家列夫·维果茨基（Lev Vygotsky）提出的一种关于人类认知发展的理论。该理论强调社会和文化环境对个体认知发展的重要影响。

维果茨基认为，人的认知发展不仅受遗传因素的影响，还受社会和文化环境的塑造。他强调社会交往和文化工具对认知发展的重要性。根据他的理论，婴幼儿在社会交往中通过与更有经验的人互动来获得知识和技能，从而实现认知的发展。

（一）心理机能

维果茨基提出了两种不同类型的心理机能：一种是自然心理机能，是指个体在出生时具备的基本心理能力，如感觉、知觉、运动和注意力等。自然心理机能在生物学上是固有、与生俱来的；另一种是文化心理机能，它与自然心理机能相反，文化心理机能是在社会和文化环境中发展和形成的。这些机能包括语言、符号、概念和高级认知过程，如思维、问题解决和记忆等。文化心理机能是通过社会交往和文化工具的内化而形成的。维果茨基正是用这两种心理机能的理论来创建他的婴幼儿心理学理论的。他认为，由于人的心理是在人掌握间接的社会文化经验的过程中产生和发展起来的，因而在婴幼儿心理发展中，用于传递间接的社会文化经验的教育就起主导作用。这就是说，人的心理发展不能在除社会以外的环境中进行，同样，婴幼儿心理发展离开了教育也就无法实现。在社会和教育的制约下，婴幼儿的心理活动首先是外部、人与人之间的活动，之后才内化为婴幼儿自身的内部活动，并随着内外部活动间关系的发展，形成人所特有的高级心理机能。

（二）维果茨基的最近发展区域理论

维果茨基的最近发展区域理论是他心理学理论中的核心概念之一，它强调了婴幼儿在学习和发展过程中所处的认知发展区域。该理论表明，每个婴幼儿都有一个潜在的认知发展区域，分为以下三个主要部分。

1. 实际发展水平

这是婴幼儿能够独立完成的任务和问题的水平，即已经掌握的知识和技能。

2. 潜在发展水平

这是婴幼儿在有外界帮助的情境下，通过与他人合作或接受指导能够完成的任务和问题的水平。在这个水平上，婴幼儿需要一定的支持和引导才能成功完成任务。

3. 最近发展区域

最近发展区域位于实际发展水平和潜在发展水平之间，是婴幼儿尚未完全掌握但在合适的帮助下能够完成的任务范围。在最近发展区域内，婴幼儿需要外界支持、指导或合作伙伴的协助，以帮助他们完成任务并逐渐提高他们的认知能力。

最近发展区域理论强调社会互动和合作学习的重要性。维果茨基认为，通过与更有经验的人（通常是教育者或同伴）合作，婴幼儿可以进一步发展他们的认知能力。这个理论对教育和教学方法产生了深远影响，鼓励教育者为婴幼儿提供适当的支持，以满足婴幼儿的最近发展区域，并促进他们的认知发展。

四、班杜拉的社会学习理论

阿尔贝特·班杜拉（Albert Bandura）是一位著名的心理学家，他对社会学习的研究做出了重要贡献。

班杜拉的社会学习理论强调人类学习和发展的社会性质。他认为，个体不仅通过直接经验学习，还通过观察和模仿他人的行为学习。他的理论强调个体大都通过观察和模仿他人的行为来学习，他认为学习是通过观察他人的行为、关注他人的行为结果和模仿他人的行为来实现的。

以下是班杜拉社会学习理论的要点。

1. 观察学习

班杜拉提出了"观察学习"的概念，即个体可以通过观察他人的行为和行为结果来获取新的知识和技能。

2. 模仿

根据班杜拉的理论，个体倾向于模仿那些他们观察到的积极行为和被奖励的行为。通过模仿他人，个体可以学习新的技能和行为模式，并在适当的情境中应用。

3. 行为结果

班杜拉认为，个体的行为受到行为结果的影响。如果观察到的行为被奖励或产生积极结果，个体更有可能模仿这种行为。相反，如果观察到的行为受到惩罚或产生负面结果，个体则会减少或避免模仿这种行为。

4. 自我效能

班杜拉强调了个体对自己能力的信念，即自我效能。他认为，个体的自我效能会影响他们对观察和模仿他人行为的决策。如果个体相信自己能够成功地模仿他人的行为，他们更有可能尝试并成功。

班杜拉的社会学习理论对教育和心理学领域产生了广泛的影响。它强调了观察学习、模仿、行为结果和自我效能对个体行为的重要性。在教育中，这个理论鼓励教师为学生提供正面的行为榜样并创造有益的社会情境，以促进他们的学习和发展。

五、加德纳的多元智能理论

多元智能理论是由美国心理学家霍华德·加德纳（Howard Gardner）提出的一种认知理论。该理论挑战了传统的单一智力理论，主张人类存在多种不同类型的智能。加德纳划分出9种智能：空间智能、自然观察智能、音乐智能、数学逻辑智能、存在智能、人际关系智能、身体协调和肢体动作智能、语言智能及内省智能，如图1-1所示。

图1-1 加德纳的多元智能理论

1. 空间智能

空间智能指的是个体对色彩、形状、空间位置等要素的准确感受和表达的能力，表现为个体对线条、形状、结构、色彩和空间关系的敏感，以及通过图形将它们表现出来的能力。海员、机场通信导航员、棋手和雕刻家都具有较高的空间智能水平。

2. 自然观察智能

自然观察智能指的是个体辨别生物（植物和动物）及其他自然景物（云朵、石头等）的特征的能力。这种智能在人类进化过程中非常重要，比如狩猎、采集和种植等都需要这种智能。这种智能在植物学家和厨师身上有重要体现。

3. 音乐智能

音乐智能指的是个体感受、辨别、记忆、表达音乐的能力，表现为个体对节奏、音调、音色和旋律的敏感及通过作曲、演奏、歌唱等形式来表达自己的思想或情感的能力。作曲家、歌唱家、演奏家具有较高的音乐智能水平。

4. 数学逻辑智能

数学逻辑智能指的是个体对逻辑结构关系的理解、推理、思维表达的能力，主要表现为个体对事物间各种关系，如类比、对比、因果等关系的敏感及通过数理进行运算和逻辑推理等的能力。科学家、数学家或逻辑学家具有较高的数学逻辑智能水平。

5. 存在智能

存在智能指的是个体陈述、思考有关生与死、身体与心理世界的问题等的能力，如人为何要到地球上来，在人出现前地球是怎样的，其他星球上的生命是怎样的，以及动物间是否能相互理解，等等。这种智能在僧人、哲学家等人身上有突出体现。

6. 人际关系智能

人际关系智能指的是个体对他人的表情、话语、手势动作的敏感程度及对此做出有效反应的能力，表现为个体觉察他人的情绪、情感并做出适当反应的能力。教师、临床医生、推销员具有较高的人际关系智能水平。

7. 身体协调和肢体动作智能

身体协调和肢体动作智能指的是个体对身体运动和肌肉协调的敏感性和能力，表现为用身体表达思想、情感的能力和动手的能力。体操运动员和艺术表演者具有较高的身体协调和肢体动作智能水平。

8. 语言智能

语言智能指的是个体对语言的掌握和灵活运用的能力，表现为个体能顺利而有效地利用语言描述事件、表达思想和与他人交流。诗人、演说家、律师具有较高的语言智能水平。

9. 内省智能

内省智能指的是个体认识、洞察和反省自身的能力，表现为个体认识和评价自己的动机、情绪、个性等，并且有意识地运用这些信息去调适自己生活的能力。这种智能在哲学家、小说家、律师等人身上有比较突出的表现。

多元智能理论打破了仅强调语言能力和数理逻辑能力的单一智力理论对智力的认识，为开发婴幼儿具有的那些被传统教育所忽视或未被发现的智能，实现面向全体婴幼儿的因材施教，有效地使每个婴幼儿都得到全面发展提供了理论依据。

加德纳提出这些智能类型并强调，每个人在不同的智能类型上具有不同的优势和特长。他认为教育应该更加关注多种智能的培养，以满足不同学生的学习和潜能发展需求。

多元智能理论在教育领域得到了广泛应用。教师可以根据学生的不同智能类型采用多样化的教学方法和评估方式，以更好地促进学生的全面发展。

第三节　婴幼儿照护的原则与方法

婴幼儿照护的原则与方法可以根据婴幼儿的身体和心理发展特点来制定，旨在提供一个有利于婴幼儿全面发展和健康成长的照护环境。托育机构和照护者应根据这些原则和方法来确定具体的照护计划和活动，以满足婴幼儿的需求，并与家长进行有效的沟通和合作。

一、婴幼儿照护的七大原则

婴幼儿照护的七大原则是人们在总结婴幼儿照护经验的基础上，根据相应的教育目的和对婴幼儿照护活动规律的认知而制定的，是婴幼儿照护活动必须遵循的基本要求和行动准则。

1. 自然性原则

婴幼儿照护的自然性原则是指照护应尊重并顺应婴幼儿的自然特点，不依照主观意志改变和颠覆婴幼儿的成长规律。婴幼儿照护必须遵循自然性原则，才能取得事半功倍的效果。

自然性原则的具体内容包括以下5点。

（1）要了解婴幼儿生长发育的特点

婴幼儿生长发育的不同特点，为婴幼儿照护提供了前提，照护者必须了解婴幼儿生长发育的特点，包括身体发育和心理发育的特点。

（2）要尊重不同婴幼儿的个性特点

不同婴幼儿表现出明显的个性差异：有的沉稳，有的急躁，有的容易兴奋，有的冷静，有的活泼好动，有的孤僻淡漠。照护者应当尊重婴幼儿的个性特点，有针对性地采取相应的教育方式，以达到最优的教育效果。

（3）教育内容应是婴幼儿经过努力能够做到的

每个人都希望自己的孩子成才，但任何事情都应当是渐进的，不能急于求成。在对婴幼儿进行教育时，不同阶段的教育内容不同，但必须是婴幼儿经过努力能够做到的，否则既没有教育效果，也会引起婴幼儿不良的情绪反应，从而影响后续的教育效果。

（4）以不让婴幼儿感受到任何压力为标准

教育虽然是有计划、有组织、有目的的，但在教育婴幼儿的过程中，无论家庭还是托育机构，都应以不让婴幼儿感受到任何压力为标准，使婴幼儿受自然情况的渗透影响，自然而然地进步。

（5）照护者要有平常的心态

婴幼儿已经是独立个体，有不同的年龄特征，每天都在进步，照护者在面对婴幼儿的成长进步时要有平常的心态，不能立足精英教育和天才教育，毕竟平凡的孩子是多数。平常的心态决定了照护者对婴幼儿持不急躁、平和的态度。照护者应立足让婴幼儿健康、平凡、快乐地成长，这样不易使婴幼儿有压力并产生挫折感。

在贯彻自然性原则时，照护者应注意以下5点。

（1）因材施教

在教育过程中，照护者应根据婴幼儿的认知水平、个性特点及自身素质，选择合适的有针对性的教育方法，以促进婴幼儿的全面进步。在教育过程中，照护者应注重观察、了解、总结婴幼儿的特点，对其身心进行全面了解，并因龄、因性（性别、性格）、因能采取不同的教育方法。同时，照护者要对自身的特点和优势有清醒的认识，选择符合自身特点的教育方法，才能最大限度地发挥其作用。

（2）循序渐进

婴幼儿的发展不是一蹴而就的，发展的过程可能很缓慢，因此照护者应树立循序渐进的思想，按照一定的步骤逐步深入。

（3）量力而行

婴幼儿的接受水平有限，照护者要根据婴幼儿的能力实施教育活动，不要勉强，同时也要考虑自己的能力。

（4）使婴幼儿保持快乐的情绪

情绪直接影响教育效果，使婴幼儿保持快乐的情绪非常重要，这要求在教育过程中，照护者不能采取粗暴简单的方式对婴幼儿进行惩罚批评，应采取有效的方式，帮助婴幼儿保持快乐的情绪，使其自然而然地接受教育。

（5）无为而治

照护者要抓住可教育的点进行渗透教育，不能以上多少分钟课，教会什么内容为目的，必须以一种实际有为，看似无为的方式，让婴幼儿自然而然地接受教育。

2. 关键期原则

关键期原则指照护者应抓住婴幼儿发展的关键时期，有针对性地加以引导和培养，以达到事半功倍的教育效果。关键期是指能力发展的敏感时期，一旦错过敏感时期，能力便很难建立或可得。婴幼儿在关键期能以最快的速度掌握某种能力和行为知识，在这个时期对其进行正确的教育会达到事半功倍的效果，而一旦错过这个时期就需要花几倍的努力才能弥补，或永远无法弥补。

关键期原则的具体内容包括以下4点。

（1）照护者要了解婴幼儿的关键期

根据教育专家的观察与研究，婴幼儿有如下关键期。

0~2个月，反射关键期。

3~4个月，抬头翻身关键期。

5~6个月，翻身扶坐关键期。

7~8个月，爬行扶站关键期。

9~12个月，初语始步关键期。

13~18个月，学语指物关键期。

19~24个月，简单对话关键期。

25~36个月，自主意识关键期。

一个人绝大多数的关键期均集中在3岁以前（即婴幼儿时期）。所以，顺应关键期对婴幼儿进行正确的教育可以取得事半功倍的效果。

（2）照护者要掌握各种能力的培养方法和手段

不同能力的培养方法和手段不同，照护者在教育过程中必须熟知各种能力的培养方法和手段，以便更好地结合关键期进行更有效的教育活动。

（3）善于发现婴幼儿的特殊才能

发现是指对客观存在的事物和事物的现象、本质及规律的第一次认识。照护者在教育过程中，要善于发现婴幼儿的特殊才能，以期利用好关键期，使婴幼儿得到个性化的全面发展。

（4）关键期教育不是每个阶段只有一个教育内容，而是突出某一方面的教育

关键期教育并不是泾渭分明、互不联系的，很多时候是交织在一起的。因此，关键期教育不是每一个阶段只有一个教育内容和重点，而是有多个重点。照护者要把各教育主题协调安排好，以使每个目标都能实现。

照护者要紧紧抓住每种能力的发展关键期，适度加以引导和培养，在贯彻关键期原则时，要做到以下4点。

（1）多看

这包括看婴幼儿的各种表现，学习各种先进的教育理念。多看婴幼儿的表现可以帮助照护者及时发现婴幼儿的敏感性行为出现的时期，以免错过教育的良机。学习各种先进的教育理念可以帮助照护者观

察得更细致，指导得更到位。

（2）多听

照护者不可能24小时跟随婴幼儿，因此要及时通过婴幼儿陪护者了解自己不在婴幼儿身边时婴幼儿的种种表现，以更全面地了解婴幼儿的发展，使教育更有针对性。

（3）多想

照护者要善于思考，善于通过表象发现本质；要善于把学到的理论知识和生活实际相结合，对教育手段和方式进行创新，多动脑思考适合婴幼儿的教育方式。

（4）多动

照护者要养成动手的习惯，多写心得体会，多记录婴幼儿的表现，多与婴幼儿共同活动，使婴幼儿教育成体系，更实际，效果更佳。

3. 一致性原则

一致性原则指对婴幼儿教育产生影响的各方面因素（要求、内容、态度、方法等）要相互配合、相互统一，以使教育效果最优化。

任何一种教育方式都有连续性和一贯性。在婴幼儿教育中，要想实现预想的目标，收到预期的效果，照护者就必须贯彻一致性原则，具体内容包括以下4点。

（1）与国家、社会对人才培养的基本目标和要求一致

照护者应明确国家、社会对人才培养的基本目标和要求，使自己实施的教育的基本目标和要求与国家、社会的相统一，以培养出符合国家、社会需要的人才。这要求照护者熟知教育方针、政策，认真分析社会发展的特点及国家、社会对人才的要求。

（2）照护者之间保持教育的一致性

照护者指婴幼儿的家庭成员、看护人员及托育机构的教师，他们之间必须保持教育的一致，才能保证婴幼儿健康成长。照护者在对婴幼儿的培养目标、方向、方式、方法及关爱程度上必须保持意见一致，不能各自为政，使婴幼儿无所适从，影响其发展。

（3）照护者本身教育方式和理念的一致性

对婴幼儿的教育应是有目的、有计划、系统的，不能临时起意、随心所欲和盲目跟从。照护者一定要采取良好、系统的教育方式和理念，并保持教育方式和理念的一致性，避免自相矛盾。

（4）教育过程的一致性

在照护者根据婴幼儿的身心发展特点，指导婴幼儿掌握技能、发展能力、培养道德、形成习惯的过程中，各种影响因素应是一致的，如选择的教具、使用的方法、适用的场合等应保持一致，以实现教育效果的最优化。

婴幼儿的学习能力超越人们的想象，身边的人、事、物会不分时间、场合地刺激、影响婴幼儿的发展，为使诸方面因素相互统一、连续一致地在婴幼儿全面发展的过程中发挥积极作用，照护者需要做到以下6点。

（1）善于沟通

沟通是人与人之间、人与群体之间思想与感情的传递和反馈过程，以求达到思想一致和感情畅通。照护者应善于沟通，使自己的观点、理念、方式、方法被其他照护者认同；经常与其他照护者讨论婴幼儿的成长，碰到问题或存在不同意见时要静心谈话以达到一致。

（2）制定教育方案

针对婴幼儿的发展，家长和照护者应制定教育方案，就培养目标、培养方向、培养方式及影响因素进行系统的思考，制定的方案要根据实际情况及时修正，只有大家都认同的教育方案才能保证各成员在教育过程中理念、行为的一致性。

（3）撰写教育日志

婴幼儿每天的变化都是巨大的，很多照护者反映，时间一长就忘记了婴幼儿之前的变化，而撰写教

育日志是保证教育一致性的关键。照护者定期翻看教育日志，可以准确掌握婴幼儿的发展情况。

（4）做好教育档案的整理

教育过程中除撰写教育日志外，照护者还应注重定期给婴幼儿留下声像等资料，并定期整理分析，注意写清时间以便更好地区分。

（5）勤奋学习，不断丰富自身的教育理念

照护者应不断地学习，丰富自身的教育理念，掌握最新的教育方式、方法，紧跟时代的进程，不断提高自身素质。

（6）克服教育的临时性、随意性和盲目性

在婴幼儿教育过程中，通过制订教育计划、培养专业教育者、鼓励亲子合作、进行持续观察记录和持续学习，建立一个有组织和有计划的教育环境，可以有效克服教育的临时性、随意性和盲目性，以支持婴幼儿的全面发展。

4. 趣味性原则

趣味性原则是指照护者通过引起婴幼儿的兴趣使婴幼儿感到愉快，从而获得发展。

兴趣是一个人倾向于认识、研究和获得某种事物的心理特征，是求知的前提。婴幼儿由于其身心发展特点，表现出对周围事物浓厚的兴趣，这为婴幼儿的发展提供了前提。婴幼儿因兴趣"广泛"极易分散注意力，照护者对婴幼儿进行教育时必须贯彻趣味性原则，以期有目的、有计划地吸引婴幼儿的注意力。

趣味性原则的具体内容包括以下3个方面。

（1）教育内容要富有趣味性

为达到教育目的而实施的各方面教育的内容都要富有趣味性，这样能极大地引起婴幼儿的兴趣，使其形成探究的倾向。照护者不能把教育内容刻板化、固定化，应及时调整婴幼儿不感兴趣的教育内容，使教育能够进行下去，产生效果。

（2）教育方法要富有趣味性

选择富有趣味性的教育方法会达到事半功倍的效果。照护者应采用做游戏、讲故事、猜谜语等婴幼儿感兴趣的教育方法寓教于乐。这要求照护者有高超的教育艺术水平，掌握富有童趣的语言艺术、婴幼儿欢迎的表演艺术。

（3）教育手段要富有趣味性

在选择教育手段时，一要选择能体现生活性的教育场所，多选择户外场所，如农场、广场、游乐园等，寓教于婴幼儿的生活中；二要选择多种形式的教育媒体，从实物、图片、故事书到录音、影视作品等，以有效引起婴幼儿的兴趣。

照护者贯彻趣味性原则时，要做到以下5点。

（1）树立"玩中学"的教育观念

婴幼儿玩的过程是一个发现的过程，照护者要树立"玩中学"的教育观念，对婴幼儿的玩持正确的态度；要创设玩的条件，如提供玩具、场地等；要对玩的过程加以关注和引导，使婴幼儿在玩的过程中深入发现、探索、思考。

（2）要有一颗童心

照护者要有一颗童心，能从婴幼儿的视角看待世界和对待问题。有童心可以使照护者成为婴幼儿中的一员，变得和婴幼儿一样好玩、想玩、会玩。

（3）善于发现婴幼儿感兴趣的事物

照护者要善于发现婴幼儿感兴趣的事物，以使自己的教育更有抓手和实效。

（4）提高动手能力，自己动手制作玩教具

照护者可利用自然安全的材料，如水、泥、木棍、沙土等，自己动手制作玩教具；也可以让婴幼儿和自己一起做，在制作过程中引导婴幼儿探索各种材料的功能、特性，以此来提高婴幼儿的动手能力。

（5）贯彻生活中处处是教育的理念

对婴幼儿来说，任何时候都是受教育的时候，任何场所都是受教育的场所。因此照护者要贯彻生活中处处是教育的理念。

5. 安全性原则

安全性原则指教育应保证婴幼儿的安全。

婴幼儿由于对周围世界知之甚少，缺乏对风险和危险的认识，自身抵御危险的能力非常低。教育要在保证受教育者安全的前提下，开展各方面的培养，达到使受教育者全面发展的目的，不安全，就无法开展教育，婴幼儿教育尤其如此。

安全性原则的具体内容包括以下4点。

（1）教育内容应包含安全知识

照护者应加大安全知识的传授力度，使婴幼儿初步掌握安全的方式、方法，了解安全注意事项，逐步树立安全观念。安全知识的传授要融入日常生活，如防溺水、防触电、防摔伤、防挤压、防火灾及交通安全等方面的知识。

（2）选择安全的教育方式、方法

照护者必须选取安全的教育方式、方法，尽可能避免危险的产生。由于婴幼儿生活中的每一时刻都可以成为开展教育的时刻，所以，照护者在任何时刻都要选择安全的教育方式、方法。

（3）树立安全第一的理念

照护者应树立安全第一的理念，照护者安全意识的薄弱是婴幼儿遭遇危险的主要原因。照护者应树立安全第一的理念，加深对安全的认识，提高安全知识水平，以高度的责任感和使命感，为婴幼儿营建一片安全的教育天地。

（4）增加婴幼儿体能训练

在婴幼儿能够接受的前提下，照护者要增加婴幼儿体能训练，以使婴幼儿强身健体，为其进行自我保护提供必要的条件。

照护者在教育工作中要想贯彻安全性原则，需要做到以下5点。

（1）排除隐患，创设安全的活动场所

家及托育机构的室内装修应充分保证婴幼儿的安全，如婴幼儿的床应无棱角，有护栏且高度适中；电源可以使用保护插头，或用胶带密封，且有一定高度；家具应无尖角和铁边；等等。

（2）选择安全的玩教具

玩教具应采用安全的环保材料，因为婴幼儿容易用牙齿撕咬；避免使用过于尖利或细小的玩具，以防伤害婴幼儿或被婴幼儿误食。

（3）掌握处理婴幼儿安全事故的系统知识

照护者应提高自身本领，掌握各种婴幼儿安全事故的处理方法，如婴幼儿溺水、烫伤、触电、误食有毒食物或异物等，以便在出现婴幼儿安全事故时，第一时间救助婴幼儿，将损害降到最低。

（4）不能过于注重安全而限制婴幼儿的活动

有的照护者谈事故而色变，为避免安全事故而限制婴幼儿的各种活动，扼杀了婴幼儿活泼好动、乐于探索的天性。过度的保护更加不利于婴幼儿的安全，一旦任由婴幼儿活动，则更易引发恶性事故。

（5）托育机构要建立系统的安全规章制度

托育机构要建立相应制度，明确责任，分工到人，各司其职，保证婴幼儿的安全。同时安全教育要贯彻始终，不能有丝毫松懈。

6. 赏识性原则

赏识性原则是指在婴幼儿教育过程中，照护者要给予婴幼儿充分的尊重、理解、信任和赏识，以强化婴幼儿的行为，激发其探索发现的兴趣，增强婴幼儿愉快的心理体验，纠正其不良的行为。

每个婴幼儿都期望得到赏识，鼓励的笑容、亲切的话语都会强化其良好的行为。照护者应注意婴幼儿的优点和长处，及时鼓励，使用积极强化对策，让婴幼儿树立"我能行，我很优秀"的信念，从而变得自信而健康。

赏识性原则的具体内容包括以下3点。

（1）尊重理解婴幼儿

无论多幼小的孩子，都希望得到尊重和理解，得到充分的爱。爱让婴幼儿体会到安全感和幸福感。照护者尊重和理解的态度决定了其与婴幼儿地位平等。

（2）赏识激励婴幼儿

赏识是指照护者发现婴幼儿的优点、长处，相信每一个婴幼儿都有一定的潜力。婴幼儿的发展有较大的个体差异，照护者切忌急躁，要考虑婴幼儿的发展特点，及时发现婴幼儿的良好行为，加以适当的激励。

（3）宽容婴幼儿，强化其行为

婴幼儿在探索发现的过程中常常犯错，碰到各种问题。照护者在态度上要宽容，要允许婴幼儿犯错，允许学习过程缓慢且效果不明显。宽容的态度会让婴幼儿在接受教育的过程中获得快乐的感受，激发婴幼儿的潜能。照护者要注意婴幼儿的行为变化，对好的行为及时进行强化，以使婴幼儿形成习惯。

赏识性原则重在让照护者承认婴幼儿的个体差异，允许婴幼儿犯错。在贯彻赏识性原则时，照护者要做到以下4点。

（1）及时鼓励表扬

照护者对婴幼儿表现出的所有进步都要给予恰当的鼓励表扬。鼓励表扬的方式很多，但要注意，鼓励表扬应是婴幼儿看得见、摸得着、感受得到的，能使其从中感受到自身进步的快乐。

（2）少批评、不惩罚

婴幼儿犯错时，照护者要采用少批评、不惩罚的方式，即使批评也要和风细雨，重在讲道理，不能采取不当的批评方式甚至暴力行为，以免对婴幼儿造成伤害。适当忽略是教育婴幼儿的好方法，照护者可以在适宜的时间和婴幼儿能够接受的情况下，讲清道理。有时惩罚和批评反而会让婴幼儿的不良行为得到进一步的强化。

（3）要善于与婴幼儿沟通

照护者与婴幼儿沟通的方式很多，对不会说话的婴幼儿来说，可以采用注视、微笑、拥抱、抚摸等，让婴幼儿从这些方式中感受到愉快的氛围，产生积极的反应。照护者不要因为婴幼儿不会说话或说得不好，就不与婴幼儿沟通，在耐心而平等的条件下，进行有效的沟通，会使照护者与婴幼儿的关系更加融洽，从而提高教育的实效性。

（4）要理智地赏识

赏识性原则不是不批评，也不是盲目赏识。对婴幼儿错误的行为和观点，照护者要在尊重和爱的前提下及时进行纠正，但要注意，纠正的方式不能简单粗暴、过于严厉，以免对婴幼儿造成伤害。切记对婴幼儿不良的行为、习惯、表现，不能赏识。

7. 榜样性原则

榜样性原则是指在教育过程中，照护者要用积极正确的行为、事物引导和教育婴幼儿。"榜样的力量是无穷的。"婴幼儿在对外界探索和发现的过程中，周围的一切都是其榜样。照护者不能认为婴幼儿年纪小，不懂道理，就不注意自身的行为，因为这些行为会在不经意间给婴幼儿留下深刻印象。

婴幼儿对外界的学习超乎照护者的想象，由于婴幼儿缺乏辨别是非善恶的能力，照护者必须贯彻榜样性原则，具体来讲，需要做到以下3点。

（1）用自身良好的言行引导婴幼儿。日常生活中，照护者要做到表里如一，始终如一，绝不能人前人后不一致。

（2）发挥艺术人物的榜样作用。照护者在教育过程中可为婴幼儿选择和塑造艺术人物，使其优良的品格影响婴幼儿。婴幼儿更愿意看电视、电影、故事书，在时长适当的前提下，影视等媒介给婴幼儿提供了更广阔的天空。照护者应陪同观看，以便让媒介发挥积极作用，及时避免不良内容对婴幼儿产生影响。

（3）用正面典型引导婴幼儿。婴幼儿辨别能力有待发展，所以照护者给婴幼儿提供的榜样应是正面、积极向上的。减少婴幼儿接触反面典型的机会可以最大限度地避免其不良行为、习惯的产生。

早期教育专家蒙台梭利说："在孩子的周围，成年人应当昼夜以优美的语言，用丰富的表情去跟孩子说话。"为贯彻榜样性原则，照护者在教育过程中要求做到以下4点。

（1）不断提高自身素质

通常情况下，婴幼儿和照护者相处的时间最长。因此，照护者要严格要求自己，不断提高自身素质，以优良的品格、高尚的情操去影响和教育婴幼儿；照护者不在期间，要选择素质高的保教人员，要提醒其不断提高自身素质，时刻注意自身的一言一行。

（2）提供健康向上的文艺作品

照护者要有意识地给婴幼儿提供健康向上的文艺作品，注意选择朗朗上口的儿歌、有趣的小故事以及婴幼儿喜欢的典型形象。

（3）在游戏中巩固婴幼儿良好的行为

对于婴幼儿良好的行为，照护者要巩固，在游戏中巩固是最为有效的方式。通过让婴幼儿在游戏中重复某种行为，既满足了婴幼儿活动的需要，又使良好的行为再次对婴幼儿产生深刻的影响。

（4）让婴幼儿自己成为自己的榜样

对婴幼儿良好的品质和行为表现，照护者要及时发现，及时表扬鼓励，让婴幼儿自己成为自己的榜样，使其良好的品质和行为表现得到强化，从而形成习惯。

二、婴幼儿照护的七大方法

好的方法是实现教育目的，完成教育任务、内容必不可少的条件，教育方法的选择应根据教育者自身特点、受教育者的年龄特征及环境制约条件而定。婴幼儿照护的七大方法分别是游戏法、问答法、户外活动法、讲述法、声像媒介法、操作练习法和档案记录法。

1. 游戏法

游戏法是指有意识地通过婴幼儿喜闻乐见的游乐、玩耍，实现教育目的的方法。游戏是婴幼儿生活当中的一件大事，是婴幼儿的主要生活方式。游戏有两个基本特性：一是以直接获得生理和心理上的愉悦为主要目的；二是主体动作、语言、表情等变化与获得快感的刺激方式及刺激程度有直接联系。

游戏具有如下特点。

（1）婴幼儿在游戏中表现出强烈的主动性、积极性和创造性

婴幼儿通过游戏来探索和学习，发展自己的认知、感知、运动和社交等能力。

（2）符合婴幼儿身心发展特点的游戏会让婴幼儿自始至终产生愉快的情感体验。

（3）游戏是婴幼儿认识世界的主要手段

通过积极参与游戏，婴幼儿能够主动地探索、学习和理解世界，建立起对事物的认知模式，并发展出多种认知和感知技能。

（4）游戏是婴幼儿与他人互动的一种形式

在游戏中，婴幼儿喜欢和他人"玩"，在与成年人和伙伴的交往中，婴幼儿不仅受他人的影响，也影响他人。与自己玩耍相比，婴幼儿更喜欢和他人一起玩。

游戏质量受以下因素的影响。

（1）婴幼儿本身的特质

婴幼儿本身的特质，对其所从事的任何活动都会产生不同的影响，他们表现出的独立性、创造性、好奇心和灵活性等都会影响游戏的进程。

（2）家庭的氛围

婴幼儿刚出生时，家是他的安全港湾，家庭的氛围每天都在对婴幼儿产生影响。研究表明，成年人的育儿方式、亲子关系等可以影响婴幼儿对游戏的倾向性。特定的家庭文化影响可以改善婴幼儿的游戏行为。

（3）生活环境的丰富程度

婴幼儿接触环境的丰富程度，影响婴幼儿所参与游戏的内容和种类。丰富的环境会开拓婴幼儿的视野，多角度的感官刺激会丰富婴幼儿的游戏体验，使其想象丰富。

（4）与游戏伙伴的熟悉程度

与游戏伙伴的熟悉程度影响婴幼儿游戏的进程，实验表明，与父母或熟悉程度高的伙伴一起游戏时，婴幼儿会更多地关注游戏的内容。

照护者在实施游戏法时，应注意以下4点。

（1）照护者是游戏的参与者、辅助者

照护者要以平等的身份参与游戏，并提供丰富多彩的游戏材料以引发婴幼儿的探索活动。

（2）照护者是游戏的指导者

照护者要善于观察婴幼儿在游戏中的行为，善于发现婴幼儿的良好表现，并恰当地予以指导。但要注意的是，照护者是一个隐形的"导演"，不能强迫婴幼儿做某事或产生某种行为。

（3）婴幼儿有自主选择游戏的权利

即便富有童心，且和婴幼儿以同一视角看问题，照护者也无法完全摸清婴幼儿会对什么东西感兴趣，什么教育方法有效果。所以照护者应切记，婴幼儿有自主选择游戏的权利。照护者要学会追随婴幼儿的兴趣。

（4）游戏的难度应与婴幼儿的实际发展水平相适应

照护者在与婴幼儿一起玩游戏或进行教育活动时，应该根据婴幼儿的实际发展水平来选择游戏的难度。这是因为游戏和教育活动应该是有益的、具有挑战性的，但又不至于过于困难，让婴幼儿产生挫败感。

A. 了解婴幼儿的阶段性发展：不同年龄段的婴幼儿有不同的认知、情感和运动发展水平。照护者应该了解婴幼儿的阶段性发展，并根据婴幼儿的实际水平选择适当的游戏和活动。

B. 提供适度的挑战：游戏应该有足够的挑战性，可以促进婴幼儿的发展，但又不至于太难，导致婴幼儿感到沮丧。挑战性适中的游戏可以激发婴幼儿的参与兴趣和动力。

C. 观察和反馈：照护者应密切观察婴幼儿的反应和表现，以了解他们是否感到满足和愉快。如果婴幼儿显然感到沮丧或不安，那么照护者就需要调整游戏的难度或方式。

D. 个性化关怀：每个婴幼儿都是独一无二的，有自己的兴趣和发展速度。照护者应该提供个性化游戏和教育活动，以满足每个婴幼儿的发展需求。

E. 逐步增加难度：随着婴幼儿的发展，照护者应逐步增加游戏的难度，以促进他们的成长和学习。这种渐进式的照护方式可以帮助婴幼儿逐渐发展他们的技能。

根据婴幼儿的实际发展水平来选择游戏难度是非常重要的。这有助于为婴幼儿提供有益的学习和发展体验，同时使婴幼儿感到愉快和自信。

课堂讨论 **游戏法在托育工作中的作用**

游戏法在托育工作中的作用如下。

1. 促进婴幼儿的综合发展

游戏是婴幼儿学习和发展的自然方式之一。通过提供符合婴幼儿年龄和发展水平的游戏，托育工作人员可以促进婴幼儿感知、运动、认知、语言和社交等能力的全面发展。

2. 激发学习兴趣和动机

游戏要具有吸引力和趣味性，要能够激发婴幼儿的学习兴趣和动机。托育工作人员可以利用游戏的特点设计有趣和富有挑战性的学习活动，以引导婴幼儿积极参与学习活动，并享受其中的乐趣。

3. 培养社交技能和合作能力

很多游戏需要婴幼儿与其他婴幼儿或成年人合作和互动。通过参与团队游戏和合作活动，婴幼儿可以学会与他人分享、沟通和共同解决问题，培养社交技能和合作能力。

4. 促进语言和沟通能力的发展

游戏为婴幼儿提供了丰富的沟通机会。托育工作人员可以通过游戏创设情境，鼓励婴幼儿使用语言表达自己的想法、观点和感受，促进他们的语言和沟通能力的发展。

5. 培养问题解决能力和创造性思维

许多游戏鼓励婴幼儿发挥问题解决能力和创造性思维。通过参与这些游戏，婴幼儿可以培养问题解决能力，提升思维灵活性和创新能力。

6. 促进情感表达和情绪调节

游戏可以帮助婴幼儿表达情感、体验不同的情绪，并学会调节情绪。托育工作人员可以利用游戏为婴幼儿提供情感表达的机会，帮助婴幼儿认识和理解自己的情绪，学会适当地表达和调节情绪。

2. 问答法

问答法指照护者通过提出问题或回答婴幼儿提出的问题，达到教育目的的方法。刚出生的婴幼儿，对周围的一切都充满好奇和不理解，他们有旺盛的好奇心和无穷无尽的求知欲。回答问题和提出问题是婴幼儿探索周围环境的过程，在这一过程中，婴幼儿的大脑处于兴奋之中，闪烁着智慧和创造性的火花。

在婴幼儿教育过程中，问答法是一种常用的教学方法，主要包括以下几种类别。

（1）简单问答

照护者向婴幼儿提出问题，婴幼儿通过简单的回答来展示他们对问题的理解和对知识的掌握程度。例如，照护者问："这是什么？"婴幼儿回答："这是一只狗。"

（2）开放性问答

照护者提出开放性问题，鼓励婴幼儿思考和表达自己的观点、感受和想法。这种问答形式可以培养婴幼儿的思维能力和语言表达能力。例如，照护者问："两个人怎样才算好朋友？"婴幼儿可以根据自己的理解和经验来回答。

（3）探究性问答

照护者提出一系列引导性问题，鼓励婴幼儿通过探索和实践来寻找答案。这种问答形式可以激发婴幼儿的好奇心和探索欲望，促使他们主动学习。例如，照护者问："怎样才能让植物长得更高？"婴幼儿可以通过实验或观察来回答。

（4）互动对话

照护者和婴幼儿进行对话，通过提问、回答和追问的形式来深入探讨问题，以促进婴幼儿的思维和语言能力发展。这种问答形式可以培养婴幼儿的逻辑思维和交流能力。例如，照护者问："为什么小鸟会飞？"婴幼儿回答后，照护者追问："小鸟的翅膀有什么作用？"

照护者在使用问答法时需要注意以下几点。

（1）问题的选择

照护者应选择与婴幼儿学习内容相关的问题，确保问题具有启发性和挑战性，能够引发婴幼儿的思考和探索。

（2）问题的难易程度

所选问题的难易程度应该符合婴幼儿的年龄和认知水平。问题过于简单可能无法激发婴幼儿的思考，而问题过于复杂可能超出他们的理解范围。照护者应根据婴幼儿的发展阶段和个体差异，提出具有挑战性但婴幼儿可解决的问题。

（3）设置开放性问题

尽量给予婴幼儿更多的空间，鼓励他们进行自由思考和表达。开放性问题可以激发婴幼儿的创造力和想象力，让他们展示自己的独特观点和思维方式。

（4）问题的语言表达应简洁

婴幼儿的语言能力还在发展中，因此问题的语言表达应简洁清晰，使用他们熟悉的词汇和句式。照护者可以采用简单明了的语言来提问，避免使用过于复杂或抽象的词汇。

（5）鼓励回答和思考

当婴幼儿回答问题时，照护者应给予积极的反馈和鼓励，无论答案是否正确。这样做可以增强婴幼儿的自信心和学习动力。同时，照护者也可以引导婴幼儿思考和探索更多的问题，激发他们的好奇心和求知欲。

（6）尊重个体差异

每个婴幼儿的发展水平和个性特点都不同，照护者应尊重每个婴幼儿对问题的回答和思考方式。不要批评或贬低婴幼儿的回答，而要鼓励他们。

（7）创建积极互动的环境

问答的过程应当是积极互动的过程。照护者可以组织小组活动或小组讨论，让婴幼儿之间互相交流和分享观点。同时，照护者也可以成为问题的提供者和讨论的参与者，与婴幼儿一同思考和讨论问题。

课堂讨论　　问答法在托育工作中的作用

问答法在托育工作中的作用如下。

1. 激发思维能力和好奇心

问答法可以激发婴幼儿的思维能力和好奇心，鼓励他们主动思考和探索。托育工作人员可以通过提出问题来引导婴幼儿思考和寻找答案，促进他们认知和探索意识的发展。

2. 促进语言的发展

问答法为婴幼儿提供了语言表达和交流的机会。通过回答问题，婴幼儿可以锻炼自己的语言能力，使语言表达更加清晰和准确。同时，托育工作人员也可以通过提问来促进婴幼儿的语言发展和词汇积累。

3. 增强学习动机和提高参与度

问答法可以增强婴幼儿的学习动机和提高其参与度。当婴幼儿正确回答问题时，他们会获得成就感和满足感，进而增强对学习的兴趣和积极性。托育工作人员可以根据婴幼儿的兴趣和能力提出适当的问题，引导他们主动参与学习活动。

4. 培养批判性思维和问题解决能力

问答法鼓励婴幼儿思考和分析问题，培养他们的批判性思维和问题解决能力。通过回答问题和思考解决方法，婴幼儿可以学会分析、推理和评估信息，提高解决问题的能力。

5. 提供个性化和针对性的学习指导

问答法可以根据婴幼儿的个体差异和学习需求进行个性化的学习指导。托育工作人员可以根据婴幼儿的回答情况和理解程度，有针对性地给予他们引导和反馈，以帮助他们理解和掌握知识。

6. 促进社交技能和合作能力的发展

问答法可以促进婴幼儿之间、婴幼儿与托育工作人员之间的互动和交流。通过回答和讨论问题，婴幼儿可以分享自己的观点和经验，与他人进行交流和合作，促进社交技能和合作能力的发展。

3. 户外活动法

户外活动法指通过户外的活动，提高婴幼儿的身体素质，发展其智力，培养其良好性格的方法。广场、庭院、自然景区都是婴幼儿户外活动的好去处。

只要天气适宜，照护者就应当把婴幼儿带到户外活动，让婴幼儿接受阳光的爱抚，与大自然亲密接触，呼吸新鲜空气。

经常进行户外活动有如下好处。

（1）增强体质，提高免疫力

户外新鲜的空气和阳光，对增强婴幼儿体质、提高婴幼儿免疫力作用显著。很多照护者不喜欢带婴幼儿到户外活动，怕婴幼儿冻着、晒着，其实这种做法反而会限制婴幼儿的成长。

（2）开阔视野，丰富阅历

户外活动可以使婴幼儿认识更多的人和事物，增加对其视觉、听觉的刺激，极大地丰富婴幼儿获得的信息。这些新鲜的刺激对婴幼儿的经验获得起非常重要的推进作用。照护者不要以为婴幼儿太小，什么也记不住，什么也不明白，就不带婴幼儿游历名山大川，其实小时候的经历会影响一个人的一生。

（3）培养开阔的胸怀、高尚的情操

自然美景可以培养婴幼儿开阔的胸怀和高尚的情操。照护者应经常带婴幼儿到大自然中去，让他们体会大自然之美，这样能对其胸怀和情操的培养起到潜移默化的作用。

（4）使亲子关系更融洽，氛围更和谐

全家一起外出游玩，不仅有利于婴幼儿的成长，还有助于使亲子关系更融洽，家庭氛围更和谐。

户外环境不像室内环境影响因素较单一，因此，使用户外活动法时，照护者应注意以下几点。

（1）循序渐进

婴幼儿进行户外活动的次数和时长应当循序渐进，逐渐增加，不能操之过急。最初进行户外活动前应开窗，让婴幼儿提前接触冷空气并对其适应，如果婴幼儿无不良反应，即可进行户外活动。同时，进行户外活动前还要注意季节变化、温度高低，做出适应性调整。

（2）做好安全防护

无论是去广场、庭院还是自然景区，照护者都要为婴幼儿做好安全防护，如为婴幼儿防晒、带足备用衣物、准备常用的药品、带好食物、及时提醒婴幼儿小便等。

（3）掌握求生本领

照护者要掌握基本、必要的求生本领，具备相关知识，学会使用定位工具，以便出现意外情况时能够及时做出正确反应。

（4）合理选择户外活动场地

照护者应选择路程较短、空气质量较好、人群不密集的地方进行户外活动。日常去广场、庭院活动时，要特别注意不要让婴幼儿在车流量大的区域或路边玩耍。

课堂讨论　　户外活动法在托育工作中的作用

户外活动法在托育工作中的作用如下。

1. 激发探索自然的兴趣与保护环境的意识

户外活动提供丰富多样的自然与环境体验，让婴幼儿有机会亲近自然、观察生物、感受季节变化等。通过户外活动，婴幼儿可以发展探索自然的兴趣和保护环境的意识。

2. 促进运动能力和体能发展

户外活动为婴幼儿提供了广泛的运动机会，例如跑步、跳跃、爬行、投掷等。这些运动可以促进婴幼儿身体的发育、协调性和体能素质的发展。

3. 激发创造力和想象力

户外活动充满刺激和挑战，可以激发婴幼儿的创造力和想象力。他们可以通过与自然和环境互动，发挥想象力，创造角色扮演等活动。

4. 培养社交技能与合作能力

户外活动提供与其他婴幼儿互动和合作的机会。婴幼儿可以通过户外活动，与他人合作、分享、共同解决问题，培养社交技能和合作能力。

5. 促进情感表达与自我探索

户外活动可以让婴幼儿充分表达情感和情绪，例如欢乐、兴奋、好奇、惊讶等。同时，户外活动也为婴幼儿提供自我探索和自我认知的机会。

6. 综合学习和多学科发展

户外活动涉及多个学科领域，如科学、数学、语言、艺术等。通过户外活动，婴幼儿可以在综合的学习环境中发展多种能力。

4. 讲述法

婴幼儿教育中的讲述法是一种常用的教学方法，它是指照护者通过语言向婴幼儿传授知识，常用媒介包括儿歌、谜语、小故事、识字卡片等。

（1）以儿歌为媒介

儿歌是以婴幼儿为主要接收对象的具有民歌风味的简短诗歌，它是婴幼儿文学中最古老、最基本的体裁。其内容浅显易懂，节奏鲜明，富于变化，朗朗上口。它能满足婴幼儿的情感需要、启智需要、语言训练需要。

（2）以谜语为媒介

谜语是暗射事物或文字等供人猜测的隐语，源自我国古代民间，是人们利用集体智慧创造的文化产物。谜语对活跃思维、开发智力有巨大的作用，但要注意婴幼儿的谜语对应的谜底应是其认识的事物。另外，婴幼儿的谜语也多以儿歌的形式出现。

（3）以小故事为媒介

很多人都喜欢回味小时候临睡前家长在床边给自己讲故事的温馨场景。小故事最好源自故事书，且有画面，这样可以给婴幼儿声音和图像两方面的刺激，也易于培养其自己看书的习惯。

（4）以识字卡片为媒介

有字和图的识字卡片最为适宜，注意最好一面是字，一面是图，避免婴幼儿在学习过程中只看图不看字，达不到最佳效果。

讲述法由于是以语言进行讲解，知识传授性高，因此，使用不当会产生不良效果，照护者在使用中应注意以下5点。

（1）讲述模式不能是课堂教学模式

对婴幼儿的讲述模式不能像课堂教学模式一样，而应当是在自然的环境下，在婴幼儿需要时讲。讲述的过程要像做游戏一样，自始至终达到吸引婴幼儿注意力的目的。

（2）语言要生动、形象、富有感染力

婴幼儿的注意力极易被周围的事物所吸引，因此照护者讲述时语言要生动、形象、富有感染力，动作要夸张。

（3）配合使用恰当的讲述手段

如果讲述时间稍长，婴幼儿的注意力也极易分散。照护者要恰当地使用讲述手段，如使用有图画的书、头饰、手偶、指偶等吸引婴幼儿，这样做能在增添趣味的同时，提高婴幼儿的动手、动脑能力。

（4）不要限制婴幼儿听的状态

照护者不要限制婴幼儿听的状态，婴幼儿在听的时候，可以坐着、站着、躺着，也可以边玩边听。但要注意对婴幼儿听的状态进行引导，使其形成良好的行为习惯。有时候，婴幼儿虽然看似在玩玩具，但其实听得可仔细了。

（5）恰当鼓励婴幼儿自己讲出来

照护者给婴幼儿讲述的东西常常会讲上十遍、几十遍，这时，照护者可以鼓励婴幼儿把听到的东西讲出来，和照护者一起讲对婴幼儿来说是一个跨越式的进步。

课堂讨论　　　　**讲述法在托育工作中的作用**

讲述法在托育工作中的作用如下。

1. 促进语言能力发展

通过讲述故事、描述事物和分享经历，托育工作人员可以帮助婴幼儿发展语言能力。婴幼儿通过听故事和参与讲述的过程，可以扩展词汇量、掌握语法规则和增强语言表达能力。

2. 促进情感交流和提高情感表达能力

通过讲述法，托育工作人员可以引导婴幼儿用语言表达自己的情感和感受。故事中的角色和情节可以让婴幼儿更容易理解和表达自己的情绪，从而促进婴幼儿与他人进行情感交流和提高情感表达能力。

3. 发展认知能力

通过讲述故事和描述事物，托育工作人员可以帮助婴幼儿发展认知能力。故事中的情节和逻辑关系可以帮助婴幼儿理解因果关系，增强推理和解决问题的能力。

4. 提高注意力

通过讲述引人入胜的故事，托育工作人员可以提高婴幼儿的注意力。婴幼儿在聆听故事的过程中需要集中注意力，理解故事情节和细节，从而培养专注力和控制注意力的能力。

5. 加强道德意识和价值观培养

通过讲述富有道德教育意义的故事，托育工作人员可以帮助婴幼儿理解和接受不同的价值观。故事中的角色和行为可以传递积极的道德信息，培养婴幼儿的道德意识和价值观。

6. 培养批判性思维

通过讲述能引发思考的故事，托育工作人员可以培养婴幼儿的批判性思维。婴幼儿可以通过提出和讨论问题，分析故事中的情节和角色，从而培养思考、推理和评估的能力。

5. 声像媒介法

婴幼儿教育中的声像媒介法是一种以声音或图像为媒介的教学方法，照护者通过音频或视频的形式向婴幼儿传递信息、知识和体验。

声像媒介法所用的媒介包括以下几种。

（1）儿歌

照护者通过播放儿歌，引导婴幼儿参与歌唱和舞蹈活动，培养婴幼儿的音乐感知和表达能力。

（2）故事或绘本

照护者通过讲述故事或展示绘本的方式，帮助婴幼儿理解故事情节、认识角色，并激发婴幼儿的想象力和阅读兴趣。

（3）动画和教育影片

照护者利用精心制作的动画和教育影片，以图像和声音的形式向婴幼儿传递知识和信息，引发婴幼儿的观察和思考。

（4）幼教节目或教育节目

选择适合婴幼儿观看的幼教节目，如启蒙动画片、认知类节目等，帮助婴幼儿学习语言、科学等方面的知识。

（5）视觉艺术作品

照护者展示绘画、摄影、雕塑等方面的视觉艺术作品，让婴幼儿观赏和欣赏，培养婴幼儿的艺术欣赏能力和审美意识。

（6）实地考察和探索记录

利用摄像机或录像机记录婴幼儿实地考察和探索活动的情况，回放给婴幼儿看，帮助他们回顾和深化对观察对象的理解。

（7）婴幼儿教育软件和应用

照护者利用婴幼儿教育软件和应用，如互动学习游戏、认知训练应用等，为婴幼儿提供个性化的学习体验，培养婴幼儿的认知能力。

在运用声像媒介法时，照护者要注意以下几点。

（1）观看时间应有明确限制

婴幼儿身体各项机能发育不全，长时间坐卧观看，不利于身体的发育，尤其是视力的发展。因此，婴幼儿观看电视、计算机时要有明确的时间限制，照护者应帮助婴幼儿在观看后有意识地看远处以降低眼部肌肉的紧张程度。观看时要注意电视、计算机屏幕亮度的调整，夜间观看时注意开灯，声音大小要适度，声音过大会对婴幼儿听觉造成伤害。

（2）给婴幼儿观看的内容应是经过照护者鉴定的

经过鉴定，照护者应将最优的内容传递给婴幼儿，画面最好鲜明生动、跨度不大，场景变化不必太频繁，否则易造成婴幼儿视觉疲劳。

（3）通过适度模仿巩固教育成果

婴幼儿通过声像媒介获得的知识，可以通过模仿来巩固。照护者应创造机会和条件，使婴幼儿能够对观看的内容进行适度的模仿，以形成自身的良好品质和行为习惯。

（4）创造时间陪同观看

照护者应创造时间，陪婴幼儿一起观看，这样做既有利于了解内容，又方便观察婴幼儿，抓住关键的教育点，引导婴幼儿。

课堂讨论　　声像媒介法在托育工作中的作用

声像媒介法在托育工作中的作用如下。

1. 增强视听刺激

声像媒介法可以通过音频和视频的形式给婴幼儿带来视听刺激。音频包括儿歌、故事音频、自然声音等，而视频包括动画、影片、教育节目等。这些刺激能够吸引婴幼儿的注意力、激发其好奇心，并增加他们对学习内容的兴趣。

2. 提供多感官体验

声像媒介法可以通过音频和视频同时激活婴幼儿的多个感官。这种多感官的体验可以加深婴幼儿对学习内容的理解和记忆，并且可以为他们提供多样化的学习方式。

3. 促进语言发展

通过声像媒介法，托育工作人员可以向婴幼儿呈现丰富的语言材料，包括各种语音和语调、词汇、语法等。这有助于扩展婴幼儿的词汇量、提高其语言表达能力，促进其语言发展。

4. 促进视觉学习

视频作为一种视觉媒介，可以向婴幼儿展示具体的对象、动作、场景等。这有助于婴幼儿观察力、空间感知和模仿能力的发展。他们可以通过观察视频展示的行为或场景，学习新的知识和技能。

5. 激发学习兴趣和探索欲望

通过声像媒介法，托育工作人员可以向婴幼儿呈现丰富的学习内容，包括科学知识、社会文化信息、艺术表达方式等。这样的呈现方式可以使学习内容更加生动有趣，激发婴幼儿的学习兴趣和探索欲望。

6. 提升情感认知与社交能力

声像媒介法可以通过音频和视频呈现情感表达、人际交往等方面的内容，帮助婴幼儿理解情感、表达情感，并培养其社交技能。婴幼儿可以通过模仿、角色扮演等方式来展现音频和视频中的内容，从而提升情感认知和社交能力。

6. 操作练习法

操作练习法是照护者引导婴幼儿按照一定的规范和要领，反复地完成一定动作或活动，以形成技能、技巧或行为方式的方法。

婴幼儿操作练习包括以下3种。

（1）心智技能操作练习：包括听、说、读、写等，主要训练听、说的能力。

（2）动作技能操作练习：包括坐、爬、走、跑、跳、投掷等。

（3）行为习惯操作练习：包括大小便、卫生习惯、礼貌习惯等。

通过操作练习法，婴幼儿可以通过实际操作和亲身体验来掌握技能和知识，提升运动能力，促进认知、感知和问题解决能力的发展。照护者在实施操作练习时，应根据婴幼儿的年龄和发展水平，选择合适的练习内容和材料，并提供适当的指导和支持。

由于操作练习有一定的规范和要领，并需要反复完成才能实现目标，因此照护者在指导婴幼儿时应做到以下5点。

（1）提供适当的练习内容和材料

照护者应根据婴幼儿的年龄和发展水平，选择适当的操作练习内容和材料，这些内容和材料既要在婴幼儿的能力范围内，又要有一定的挑战性，以激发他们的兴趣和动力。

（2）提供清晰明确的指导

照护者应给予婴幼儿明确的指导和示范，让他们明白应该如何进行操作练习；应使用简单明了的语言，配合适当的手势和示范动作，帮助婴幼儿理解和掌握正确的操作练习方法。

（3）鼓励积极尝试和自主探索

照护者应鼓励婴幼儿积极尝试和自主探索，不要过度干预，给予他们一定的自主空间，让他们尝试不同的方法和策略。

（4）鼓励反复练习

操作练习通常需要反复进行才能掌握，因此照护者要鼓励婴幼儿进行反复练习，为其提供足够的练习机会，让婴幼儿反复完成同一项任务，通过不断的练习和反思，逐渐提升技能水平。

（5）观察和记录进展

照护者应注意观察和记录婴幼儿在操作练习中的进展，了解他们的成长和发展情况。这有助于照护者及时调整教学策略，提供个性化指导，并与家长分享婴幼儿的进步和成就。

课堂讨论 **操作练习法在托育工作中的作用**

操作练习法在托育工作中起重要作用，它有助于婴幼儿的发展和学习。

1. 发展基本技能

操作练习法可以帮助婴幼儿发展各种基本的生活技能，如饮食技能、穿衣技能等。通过反复练习，婴幼儿可以提高他们的技能水平，增强自身独立性。

2. 培养协调能力和精细动作

托育工作人员可以通过各种手工艺、绘画、剪贴等活动来促进婴幼儿的协调能力和精细动作发展。这有助于提高他们的手眼协调能力和精细动作技能。

3. 提高问题解决能力

操作练习法可以激发婴幼儿的思维和问题解决能力。例如，玩具拼图、建筑积木、解谜游戏等都可以促使婴幼儿思考和找出解决问题的方法。

4. 培养耐心和坚持力

通过反复练习，婴幼儿可以学会耐心和坚持。这是重要的品质，对于自身日后的学习和生活都非常有用。

5. 增强自信心

成功地完成操作练习可以增强婴幼儿的自信心。婴幼儿会感到自己能够掌握各种技能和任务，从而更加积极参与学习和探索。

6. 促进社交互动

操作练习法也可以用于婴幼儿的社交互动，例如，合作完成一个手工艺项目或玩具搭建可以促进婴幼儿间的合作和沟通。

7. 支持认知发展

操作练习法有助于婴幼儿的认知发展，如形状识别、颜色辨认等。这些活动可以以寓教于乐的方式为婴幼儿提供有益的认知经验。

7. 档案记录法

档案记录法指以写观察日记、教育心得，拍照，录音，录像等方式，记录婴幼儿成长过程，以使婴幼儿教育更有针对性的方法。

婴幼儿每天都在进步，发生诸多变化，档案记录法就是把这种动态的变化记录下来，通过整理、分析选择更具针对性的教育措施和内容。

以下是婴幼儿教育中几种常见的档案记录法。

（1）发展档案记录法

发展档案记录法侧重于记录婴幼儿的发展过程和里程碑事件。通过记录婴幼儿在生理发展、认知能力、语言表达、社交互动、运动技能等方面的表现，照护者可以了解婴幼儿在不同领域的发展情况，为教育提供参考。

（2）观察记录法

观察记录法是指通过观察婴幼儿在日常活动中的表现和行为，记录相关的观察数据。例如，记录婴幼儿在游戏、学习、社交活动中的表现，包括兴趣、参与程度、自主性等方面。这种记录法有助于照护者了解婴幼儿的兴趣爱好、个性特点及他们在不同环境中的表现。

（3）作品集记录法

作品集记录法是通过收集和保存婴幼儿的作品或成果，记录他们在不同领域的表现和发展情况。这些作品包括绘画作品、手工作品、搭建的模型等，它们能反映婴幼儿的创造力、想象力和表达能力。通过建立作品集，照护者可以追踪婴幼儿的成长轨迹和个人发展进程。

（4）评估记录法

评估记录法是通过使用标准化评估工具或观察评估表，对婴幼儿的发展情况进行定量或定性评估，并将评估结果记录下来。这种记录法有助于了解婴幼儿的发展水平、潜力和特殊需求，并为个性化教育的开展提供依据。

在使用档案记录法时，照护者需要确保记录的客观性、准确性和完整性，同时要尊重婴幼儿及其家庭的隐私权，妥善保管和使用档案信息。记录的目的是更好地了解和支持婴幼儿的发展，与家长和其他教育者合作，共同为婴幼儿提供个性化和有助于其综合发展的教育。

照护者使用档案记录法时应注意以下几点。

（1）隐私保护

婴幼儿的档案包含个人隐私，照护者需要妥善保管，确保档案的存储和访问安全，只限授权人员查阅和使用档案信息。

（2）客观准确

档案应尽量客观、准确地反映婴幼儿的发展情况，要使用具体的描述和观察数据，避免主观评价或臆测。

（3）完整性

档案应尽可能全面和完整，涵盖婴幼儿在不同领域的发展情况，记录关键的发展里程碑事件、特殊需求和个性化教育计划等重要信息。

（4）及时更新

及时更新档案，跟踪婴幼儿的发展进程和变化。定期回顾和更新记录，确保档案信息的及时性和准确性。

（5）家长参与

与家长密切合作，在记录过程中征求家长的意见和反馈。家长是婴幼儿最亲近的人，他们对婴幼儿发展情况的了解更全面，他们的观察和反馈有助于完善档案。

（6）综合评估

档案记录应作为综合评估的一部分，与其他评估方法和工具相结合，形成全面的评估结果。档案记录应与教育计划和个性化教育措施相结合，为婴幼儿提供有针对性的教育支持。

课堂讨论　　档案记录法在托育工作中的作用

档案记录法在托育工作中的作用如下。

1. 监测和评估婴幼儿发展情况

通过档案记录法，托育工作人员可以详细记录婴幼儿的发展情况，包括身体发育、语言发展、认知能力、社交技能等方面。这些记录可以帮助托育工作人员全面了解婴幼儿的发展进程，及时发现潜在问题，对婴幼儿的发展情况进行监测和评估。

2. 制订个性化的教育计划

通过档案记录法，托育工作人员可以了解婴幼儿的个体差异、兴趣爱好、优势和困难等方面的信息。这有助于托育工作人员制订个性化的教育计划，针对婴幼儿的需求和特点进行有针对性的支持和引导。

3. 共享家校合作信息

档案记录可以作为托育工作人员与家长进行交流和合作的重要工具。托育工作人员可以通过记录婴幼儿的发展情况并进行观察和评估，与家长共同探讨婴幼儿的成长和教育问题，并共享相关信息，形成密切的家校合作关系。

4. 追踪婴幼儿发展进程

档案记录可以记录婴幼儿的成长轨迹和发展历程。托育工作人员可以持续追踪婴幼儿的发展进程，了解他们的成长过程和变化，为婴幼儿的学习和发展提供持续性的支持和指导。

5. 便于资源管理和组织规划

通过档案记录法，托育工作人员可以对托育资源进行管理和规划。他们可以记录和跟踪教育材料、活动计划、教学工具等方面的信息，以便及时获取和利用合适的资源，为婴幼儿提供多样化的学习体验。

6. 促进专业发展和研究

档案记录可以为托育工作人员的专业发展和研究提供有力支持。他们可以根据记录的数据和观察结果，进行反思和分析，从中获取教育经验和启示，并不断提升自己的专业能力和知识水平。

课后练习题

1. 简述婴幼儿照护的内涵、任务和特点。
2. 请根据婴幼儿照护的内容、原则、方法和蒙台梭利的敏感期理论，设计一节托育课。

第二章

婴幼儿生理发展

本章学习目标

（1）学会运用婴幼儿生长发育的规律和影响因素。

（2）掌握婴幼儿感觉系统的教养要点。

（3）掌握婴幼儿运动系统的教养要点。

（4）掌握婴幼儿神经系统的教养要点。

（5）掌握婴幼儿消化系统的教养要点。

（6）掌握婴幼儿循环系统的教养要点。

婴幼儿时期是人一生中最关键的发育时期。婴幼儿生理发展是指婴幼儿身体各方面的成长和进步。各方面的发展情况在每个婴幼儿身上可能会有些许差异，因此照护者应密切观察婴幼儿的发展情况，并提供适当的支持和刺激，以促进他们的生理发展和全面成长。

第一节 婴幼儿脑发育

脑的发育是婴幼儿心理发育的物质基础。婴幼儿心理发育不仅受环境、教育等外在因素的影响，也受神经系统的发育，尤其是大脑的发育等内在因素的影响。婴幼儿心理正常发育的前提是脑解剖形态的完善和功能的成熟。

一、大脑各区域的分工

不同人的大脑的小皱褶各不相同，但大皱褶大致相同。这些大皱褶在每个大脑半球中形成4个称作"叶"的区域，每个叶具有各自的特殊机能。大脑半球外侧面如图2-1所示。

1. 额叶、前额皮层

额叶处于人脑前端，处于额叶下方的称为前额皮层，它们组成大脑中凭理性发号施令的行政指挥中心，主管规划和思考，负责处理监控高级思维、设法解决问题、调节过激情绪等事务。额叶中的某个区域与人的"自我意志"（也被称为"个性"）息息相关，额叶受到损伤，有可能导致人的行为或个性突变，使人的行为或个性变得与之前完全不同，有时这种突变是不可逆转的。

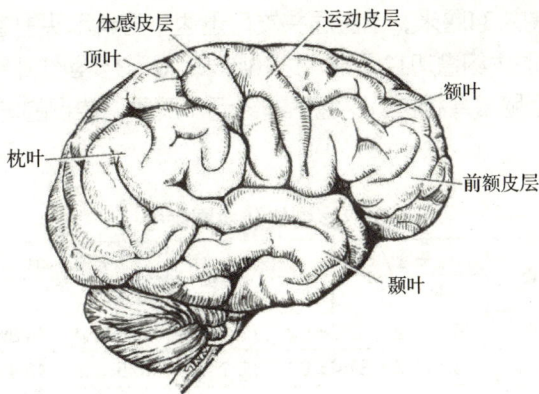

图2-1

2. 颞叶、枕叶、顶叶

颞叶处于耳朵上面，负责发声听音、鉴形辨貌等活动，兼备储存某些长时记忆的功能。颞叶还是言语中枢，其中的左颞叶主要负责语言部分。头部后端有一对枕叶，负责视觉信息的处理。顶叶靠近头顶，负责空间定向、数字计算、再认类型等事项。

3. 运动皮层和体感皮层

在顶叶和额叶之间，有两条横跨头顶，靠近额叶的运动皮层，它控制身体运动，并与小脑共同协调对运动技能的学习。

位于运动皮层的后面，顶叶开端处的是体感皮层，该区处理由身体各部位接收到的触觉信息。

值得注意的是，科学研究表明，各脑区的功能主要基于对成年人大脑的研究，正如佩特森等人（Paterson et al.，2006）指出的，与成年人相比，婴幼儿和青少年不仅激活了成年人已激活的脑区，而且激活了与这些脑区有广泛联系的其他脑区。

不同人的大脑表面存在细微的差异，而差异最明显的应该是大脑的沟和回，它们形成了大脑的皱褶。它们是独一无二的，因为它们与每个人的经验相关。

二、脑发育

1. 脑重

婴幼儿期是人的大脑和各种机能发展最迅速的时期，也是脑重发展的一个关键阶段。

（1）快速生长

婴幼儿时期，脑重增长迅速。在出生后的头几年，婴幼儿的脑重会迅速增加，达到其成年时脑重的70%左右。

（2）神经连接形成

婴幼儿脑重增加的一个重要表现是神经连接的形成。大脑中的神经元通过神经突触相互连接，形成复杂的神经网络。这种连接的形成对于婴幼儿的认知、运动和感知能力的发展至关重要。

（3）神经元增多和突触修剪

婴幼儿时期，大脑中的神经元数量会快速增加。然而，随着发育的进行，大脑会经历突触修剪的过程，即精简和加强神经连接，以提高信息传递的效率。

在照护婴幼儿时应关注婴幼儿脑重的发展，并提供适当的刺激和经验，以促进他们的脑发育。这可以通过提供丰富的感官刺激、亲密的互动、语言交流和适龄的游戏活动来实现。此外，创造安全、支持性和激励性的环境，以鼓励婴幼儿主动探索和学习，也是促进他们脑发育的重要途径。

2. 头围

头围与脑发育有关，因胎儿的脑发育在全身发育中处于领先地位，故出生时婴幼儿的头相对较大。

正常婴幼儿出生时的平均头围为34厘米，出生后头发育迅速，前半年头围增加8～10厘米，后半年增加2～4厘米，1岁时头围比出生时大约增加12厘米，达46厘米。0～3岁婴幼儿头围参考表如图2-2所示。一般情况下，头围的增长速度与脑发育相关，这包括神经元（灰质）体积的增长和由髓鞘包裹的神经元轴突（白质）的生长。

0~3岁婴幼儿头围参考

年龄	头围／cm		年龄	头围／cm	
	男	女		男	女
出生	34.2±1.2	33.9±1.2	10个月	45.8±1.4	44.8±1.2
1个月	38.1±1.3	37.4±1.2	12个月	46.5±1.3	45.4±1.2
2个月	39.7±1.3	38.9±1.2	15个月	47.1±1.3	46.0±1.2
3个月	41.0±1.3	40.1±1.2	18个月	47.6±1.2	46.5±1.2
4个月	42.1±1.2	41.2±1.2	21个月	48.1±1.3	46.9±1.2
5个月	43.0±1.3	42.1±1.2	2岁	48.4±1.2	47.4±1.2
6个月	44.1±1.3	43.0±1.3	2.5岁	49.0±1.2	48.0±1.2
8个月	45.1±1.3	44.1±1.3	3岁	49.4±1.2	48.4±1.1

图2-2

知识链接

如何给婴幼儿测量头围

测量头围时，使一条软尺前面经过婴幼儿眉弓上缘，后面经过头后部隆起点（后脑勺最突出的一点），如图2-3所示，绕头一周所得的数据即头围大小。测量时软尺应紧贴头部，注意软尺不能翻转，长发者应先将头发在软尺经过处向上下分开。

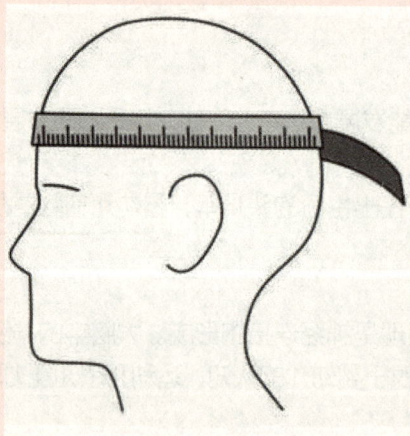

图2-3

头围与脑重呈正相关关系，头围大的人脑重也较大。头围大小虽然不能说明脑的发育情况，但如果超出了正常范围，家长就应该及时带婴幼儿就医。头围大小与遗传有一定关系，父母头围大，婴幼儿的头围也可能大。婴幼儿发育快，头围也相对大。但是头围过大可能与佝偻病、脑积水、巨脑回畸形等疾病有关。而有些疾病如先天性脑发育不良、宫内弓形体感染等，或出生时严重窒息导致脑缺氧等情况，将影响脑的正常发育，可能造成婴幼儿头小畸形。

判断婴幼儿头围大小是否正常时，可将婴幼儿的头围与其胸围相比较。胸围是围绕胸部最宽的部分。婴幼儿出生时头围比胸围大1～2厘米，1岁时胸围与头围大致相等，1岁后胸围超过头围，胸围与头围的差距约等于婴幼儿的周岁数减1。照护者发现婴幼儿头围异常应及时就医，以确定其有无疾病。

3. 脑细胞

脑中主要存在两种细胞，即神经元和神经胶质细胞。人生来就具有发育所需的多数神经元——大约有1000亿个，而人脑中神经胶质细胞的数量远远超过神经元的数量，两者的比例约为10∶1。神经元是脑内部绝大多数信息的载体，神经胶质细胞的主要功能是为神经元提供营养并使神经元之间相隔离。

神经元上有轴突，轴突受到刺激会快速生长，长出来的触角会与其他神经元上也在生长的轴突相连接，两者的交点称为突触，如图2-4所示。越是刺激大脑中神经元上的轴突，轴突生长得就越快，突触也就会越来越多，使"蜘蛛网"越复杂，于是脑中形成了一个高密度的神经网络。

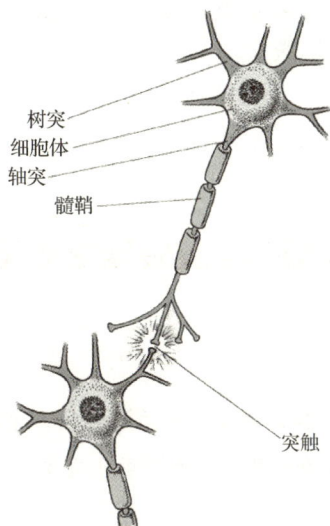

树突
细胞体
轴突
髓鞘

突触

图2-4

越聪明的婴幼儿，他的大脑里蜘蛛网般的通路越紧密。所以，想让婴幼儿更聪明，就要在婴幼儿大脑发育的黄金期内，不断地刺激婴幼儿大脑中神经元上的轴突不断地生长，突触增加，通路自然就越紧密，如图2-5所示。

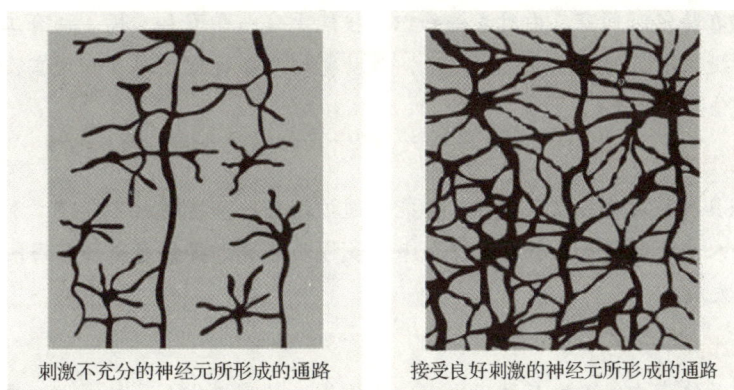

刺激不充分的神经元所形成的通路　　　　接受良好刺激的神经元所形成的通路

图2-5

三、婴幼儿脑发育的阶段性

婴幼儿的脑发育经历多个阶段，每个阶段都对婴幼儿的认知、语言、运动和情感发展有重要的影响。

1. 出生前期

这是婴幼儿在子宫内的发育阶段。在这个阶段，脑的基本结构开始形成，神经元开始产生。

2. 0～6个月

这是脑发育的关键阶段。婴幼儿的脑重迅速增加，神经元的连接开始形成，并且脑的不同区域逐渐分化。婴幼儿开始发展运动和认知能力。

3. 6个月～2岁

这个阶段是婴幼儿脑发展的关键期之一。在这个时期，婴幼儿的脑经历了突触修剪的过程，不必要的神经元连接减少，这有利于优化信息传递过程。此阶段婴幼儿开始发展语言、社交和认知技能。

4. 2～3岁

在这个阶段，婴幼儿的脑继续发展，神经元连接的密度增加，婴幼儿开始发展更高级的认知能力，如记忆能力、逻辑思维能力和创造性思维能力。

婴幼儿的脑发育是一个持续的过程，婴幼儿的脑在不同阶段会呈现不同的特点和发展重点。每个婴幼儿脑发育的速度和时间可能会有不同。这些阶段性描述只是一般性的指导，每个婴幼儿都有自己独特的脑发育轨迹。

课堂讨论 / 婴幼儿脑发展理论对托育工作的指导作用

婴幼儿脑发展理论对托育工作具有重要的指导作用。了解婴幼儿脑发展理论可以帮助托育工作人员更好地理解婴幼儿的行为和需求，为婴幼儿提供适当的照护和教育。

1. 有助于敏感期发展

婴幼儿脑在特定时期对某些刺激更加敏感，这一时期被称为敏感期。托育工作人员可以了解不同敏感期的出现时间和特点，提供适当的刺激和经验，以促进婴幼儿语言、运动、感知等方面的发展。

2. 有助于窗口期发展

婴幼儿脑在特定时间窗口内对某些知识和技能更容易学习和掌握。托育工作人员可以利用这些窗口期，提供丰富的学习经验和刺激，帮助婴幼儿在关键领域（如语言、认知、情感）的发展中取得最佳效果。

3. 促进神经可塑性

婴幼儿脑具有高度的神经可塑性，即能够通过经验和环境刺激不断建立和改变神经元的连接。托育工作人员可以创造富有刺激性和丰富多样的环境，提供有益的学习经验，以促进婴幼儿大脑的健康发展。

4. 建立情感亲密关系

婴幼儿脑的情感中心在发育过程中起重要作用。托育工作人员应提供温暖、充满关爱和安全的环境，与婴幼儿建立良好的情感亲密关系，促进婴幼儿的情感发展。

5. 了解脑发育的不平衡性

婴幼儿脑不同区域的发展可能存在不平衡性。托育工作人员应关注婴幼儿各个领域的发展，提供多样化的学习体验，促进婴幼儿全面发展，避免偏差发展。

第二节 婴幼儿生长发育

婴幼儿的生长发育是一个渐进的过程，每个婴幼儿的发展速度和时间表可能会有不同。照护者应密切观察婴幼儿的发展，并提供适当的刺激和支持，以促进他们全面成长和发展。同时，定期进行健康检查和与医疗专业人员沟通也是确保婴幼儿健康生长发育的重要环节。

一、婴幼儿生长发育的概念

婴幼儿生长发育是指从出生到3岁，婴幼儿身体和心理功能逐渐发展和成熟的过程。它包括身体发育，以及运动能力、感知能力、语言能力、社交互动能力、情感和心理等方面的发展。

在身体发育方面，婴幼儿在这个阶段经历了快速的身体发育，身高、体重和头围都在不断增长，骨骼和肌肉也得到发展和强化。

在运动能力方面，婴幼儿从最初的躯体运动逐渐发展到掌握坐、爬、站、行走等各种运动技能，提升了身体的协调性和平衡能力。

在感知能力方面，婴幼儿通过感官的刺激和经验的积累，逐渐建立起对周围世界的认知和理解。他们开始注意和观察周围的人和物体，对声音、味道、画面等做出反应，并逐渐形成认知模式和思维方式。

在语言能力方面，婴幼儿在这个阶段开始发出各种单音和词语，逐渐掌握语言的表达和理解。他们通过模仿、听说互动和阅读等方式，逐渐扩大词汇量和增强语言表达的复杂性。

在社交互动能力方面，婴幼儿开始与他人进行更多的社交互动，建立情感连接和人际关系。他们学会与他人分享、合作和表达情感，逐渐发展出社交技能和情感表达能力。

在情感和心理方面，婴幼儿在与主要照护者的亲密关系中建立起安全感和信任基础，逐渐发展出情感表达和情绪调节能力，形成初步的自我认知和自我意识。

婴幼儿生长发育是一个全面、复杂的过程，涉及身体、认知、语言、社交和情感等多个方面的发展。这个阶段对婴幼儿的整体发展和健康成长至关重要，照护者应给予适宜的关注和支持，促进他们全面发展。

二、婴幼儿生长发育的规律

婴幼儿的生长发育有一定规律，具体如下。

（1）婴幼儿生长速度最快的阶段是在出生后的头几个月。通常在出生后的第一年婴幼儿的体重会迅速增长，身高也会有明显的增长。在第二年，生长速度会相对缓慢一些。

（2）不同方面的发育有其次序。婴幼儿的运动发展通常是从头部和上半身开始，逐渐向下半身延伸。比如，他们一般先学会抬头、翻身，然后学会爬行、坐立，最后才能站立和行走。语言和认知发展也有类似的次序，从学会简单的声音辨认和模仿开始，逐渐学会说出简单的词汇和指令。

（3）生长发育是连续的过程。婴幼儿的发育并非一蹴而就，而是通过逐步积累经验和建立基本能力来实现的。他们在到达一座发展里程碑后，会逐渐迈向下一座里程碑。这需要时间和机会来练习和掌握新的技能。

（4）婴幼儿的发展是相互关联的。不同方面的发展相互影响和促进。例如，运动的发展可以促进语言和认知的发展，而语言和认知的发展又可以推动社交和情绪的发展。

（5）虽然存在一般的发育规律，但每个婴幼儿都有自己的发育速度和时间表。有些婴幼儿可能在某些方面的发展上稍微滞后，而在其他方面可能会提前。因此，不必过于担心，而应注重每个婴幼儿整体的进步。

三、婴幼儿生长发育的影响因素

婴幼儿生长发育的影响因素有生理成熟、教养环境、营养物质、个体差异、后天学习与训练及身心疾病。

1. 生理成熟

生理成熟指的是婴幼儿身体各系统和器官逐渐成熟和发展的过程。

（1）影响运动和协调能力

随着婴幼儿身体的生理成熟，他们的运动和协调能力逐渐增强。他们可以控制自己的头部、躯干和四肢，完成更加精细和复杂的运动。这对于他们的探索、互动和发展具有重要意义。

（2）影响神经系统发展

生理成熟在婴幼儿的神经系统发展中起至关重要的作用。婴幼儿的大脑在出生后迅速发育，这个过程会持续到青少年时期。生理成熟对于大脑的神经元连接、突触形成及神经传导速度的发展至关重要。这种成熟过程直接影响婴幼儿的认知功能，包括思维、语言、记忆和问题解决。

（3）影响生理需求的满足

生理成熟也与婴幼儿生理需求的满足密切相关。随着感官的发育，婴幼儿可以更好地处理和适应各种生理需求，如进食、睡眠、排泄等。满足这些生理需求对于婴幼儿的生长和发展至关重要。

2. 教养环境

教养环境包括婴幼儿在家庭和托育环境中接受的照护和教育方式，以及与照护者和同伴的互动关系。

（1）影响情感发展

婴幼儿在温暖、充满关爱和支持的教养环境中可以建立安全的情感依恋关系。这种情感支持和安全感对于婴幼儿的情感发展、社交能力和自信心的形成非常重要。

（2）影响语言和认知发展

丰富的语言环境对于婴幼儿的语言和认知发展至关重要。通过与照护者交流和互动，婴幼儿可以发展语言表达和解决问题的能力。

（3）影响社交技能和合作能力

婴幼儿在与照护者和同伴的互动中会发展社交技能和合作能力。一个积极、支持性和亲社会的教养环境可以帮助婴幼儿建立良好的社交关系、发展合作能力和解决冲突的技巧。

（4）影响好奇心和探索欲望

丰富的教养环境提供了丰富多样的刺激和学习机会，可激发婴幼儿的好奇心和探索欲望。这有助于他们的感知发展、运动能力和认知能力的提升。

（5）影响秩序感和自我控制能力的建立

教养环境中适当的规范和界限可以帮助婴幼儿建立秩序感和自我控制能力。这对于他们的行为管理、情绪调节和社会适应非常重要。

3. 营养物质

营养物质对婴幼儿的生长和发育起至关重要的作用。

（1）影响身体生长

适当的营养摄入对于婴幼儿的身体生长至关重要。蛋白质、碳水化合物、脂肪、维生素和无机盐等营养物质提供构建和修复身体组织所需的能量和原料，可促进婴幼儿的体重和身高增长。

（2）影响大脑发育

营养物质对于婴幼儿的大脑发育至关重要。例如，脂肪酸是大脑发育所需的重要营养物质。适当的脂肪、蛋白质和其他关键营养物质的摄入有助于婴幼儿神经系统的发育和认知能力的提升。

（3）影响免疫系统健康

适当的营养摄入对于婴幼儿的免疫系统健康至关重要。维生素和无机盐的摄入可以增强婴幼儿的免疫功能，提升婴幼儿抵抗疾病的能力。

（4）影响牙齿和骨骼发育

钙、磷、维生素D等营养物质对于婴幼儿的牙齿和骨骼发育至关重要。适当的营养物质摄入可以促进牙齿和骨骼的健康发育。

（5）营养不足和过剩

营养不足和过剩都可能对婴幼儿的健康和发育产生负面影响。营养不足可能导致生长迟缓、免疫功能下降、认知能力受损等问题。而营养过剩则可能引发肥胖、无机盐代谢紊乱等健康问题。

4. 个体差异

每个婴幼儿都是独特的个体，其生长和发育速度可能存在差异。个体差异主要分为以下几种。

（1）遗传因素的个体差异

遗传因素对婴幼儿的生长和发育起重要作用。每个婴幼儿都继承了来自父母的基因，这些基因影响其身高、体重、智力等方面的发展。

（2）生理特点的个体差异

每个婴幼儿的生理特点也会对其生长发育产生影响。例如，同一年龄段的婴幼儿在身高上可能存在差异。

（3）兴趣和偏好的个体差异

婴幼儿在不同的发展阶段可能对不同的活动和领域表现出兴趣和偏好。个体差异意味着不同的婴幼儿可能在发展特定技能或领域上有不同的速度和偏好。

由于个体差异的存在，照护者需要关注每个婴幼儿的独特需求和发展阶段，提供个性化的照护和教育。

5. 后天学习与训练

后天学习与训练指的是婴幼儿在日常生活中通过经验和环境的影响获得的学习和训练。

（1）影响知识与技能的习得

通过后天学习与训练，婴幼儿可以学习和掌握各种知识和技能。例如，通过模仿和观察，他们可以发展语言表达能力、运动技能、认知能力等。适当的学习和训练可以促进婴幼儿的智力和身体发展。

（2）影响社交和情感的发展

后天学习与训练对于婴幼儿的社交和情感发展也起关键作用。通过与照护者和同伴的互动，婴幼儿学习如何与他人建立联系、表达情感和解决问题。良好的社交学习和训练可以促进婴幼儿的社交技能、情感和智力的发展。

（3）影响认知和思维能力的发展

后天学习与训练对于婴幼儿的认知和思维能力的发展至关重要。通过与环境的互动和探索，他们能够培养观察、记忆、问题解决和创造性思维等能力。适度的学习和训练可以促进婴幼儿的认知发展和智力潜能的发掘。

（4）影响行为习惯的养成

后天学习与训练有助于婴幼儿养成良好的行为习惯。通过引导和培养，他们可以学会自我控制、遵守规则、协作和积极参与活动等行为习惯。这些行为习惯对于婴幼儿的社会适应和生活自理能力的发展至关重要。

6. 身心疾病

身心疾病会对婴幼儿的生长发育产生负面影响。

（1）不利于营养吸收和利用

某些身心疾病可能影响婴幼儿的食欲、消化功能或营养吸收和利用能力，从而导致营养不良或生长迟缓。

（2）导致运动发展延迟

某些身体疾病或神经系统问题可能导致婴幼儿的运动发展延迟。他们可能会出现运动协调能力低下、肌肉松弛或过度紧张等问题。

（3）影响语言和认知发展

一些身心疾病可能对婴幼儿的语言和认知发展产生影响。例如，听力损失或语言障碍可能阻碍婴幼儿语言的习得和沟通能力的发展。

（4）导致心理和情绪问题

身心疾病可能对婴幼儿的心理和情绪健康产生负面影响，影响他们的情绪调节和社交能力，他们可能出现焦虑、抑郁、注意力不集中等问题。

（5）医疗干预和药物治疗有一定副作用

某些身心疾病需要医疗干预和药物治疗。这些治疗的副作用可能对婴幼儿的生长发育产生影响。

四、婴幼儿生长发育的指标

婴幼儿的生长发育情况可以通过以下指标进行评估。

1. 体重

体重是一个重要的生长发育指标，可以反映婴幼儿的整体生长情况。通常以年龄和性别为基准，参考相应的生长曲线来评估婴幼儿的体重发育情况。

2. 身高

身高也是衡量婴幼儿生长发育情况的重要指标之一。同样，参考相应的生长曲线，根据年龄和性别来评估婴幼儿的身高发育情况。

3. 头围

头围可以反映婴幼儿大脑的生长发育情况。定期测量头围，并参考相应的生长曲线来评估婴幼儿的头围发育情况。

4. 发育里程碑

发育里程碑是婴幼儿在特定年龄段应达到的运动、认知和语言等方面的发展水平。例如，抬头、翻身、爬行、坐立、说话等里程碑事件可以用来评估婴幼儿的发育进程。

五、婴幼儿生长发育指标的测量

婴幼儿生长发育指标通过以下几种方式进行测量和评估。

1. 体重测量

使用专用的婴幼儿秤或家用电子秤，将赤裸的婴幼儿放在秤上进行称重。最好在同一时间、同一天进行测量，记录下体重值。

2. 身高测量

使用专用的婴幼儿身高测量仪，让婴幼儿平躺或直立测量其身高。测量时确保婴幼儿的头、背部和脚部都与测量仪接触，并记录下测量值。

3. 头围测量

可使用软尺或专用的头围测量仪，若使用软尺，应将软尺绕在婴幼儿头部最宽的部位，即前额发根和头后部隆起点进行测量。测量时确保软尺贴紧头部，但不要过紧，并记录下测量值。

4. 发育里程碑观察

注意婴幼儿在不同年龄段的发育里程碑事件，如抬头、翻身、坐立、爬行、走路等，观察婴幼儿在该年龄段是否达到相应的发育里程碑。

六、婴幼儿不同年龄阶段生长发育指标的标准范围

以下是婴幼儿不同年龄阶段生长发育指标的标准范围，包括体重、身高和头围等的标准范围。

1. 体重范围

0～3岁婴幼儿的体重范围因个体差异和发育阶段不同而有所变化。

（1）0～1个月

一般出生时的平均体重为2.5～4.5千克，在出生后几周内体重可能会有轻微的减少，然后逐渐增加。

（2）2～6个月

婴幼儿在这个阶段通常每月增加500～800克。

（3）7～12个月

在这个阶段，婴幼儿的体重增长速度略有减缓，通常每月增加约300～500克。

（4）1～3岁

在这个阶段，婴幼儿的体重增长逐渐减缓，通常每年增加约2～3千克。

需要注意的是，上述范围仅为一般参考范围，婴幼儿的体重会受到多种因素的影响，包括遗传、营养、健康状况等。

2. 身高范围

0～3岁婴幼儿的身高范围因个体差异和发育阶段不同而有所变化。

（1）0～1个月

一般出生时的平均身高为50～54厘米，在出生后几个月内身高会有轻微的增长。

（2）2～6个月

婴幼儿在这个阶段身高增长较快，通常每月增长2.5～3.8厘米。

（3）7～12个月

在这个阶段，婴幼儿的身高增长速度相对减缓，通常每月增长1.2～2.5厘米。

（4）1～3岁

在这个阶段，婴幼儿的身高增长持续但速度逐渐减缓，通常每年增长7.5～12.5厘米。

需要注意的是，上述数据仅为一般参考范围，婴幼儿的身高会受到多种因素的影响，包括遗传、营养、健康状况等。

3. 头围范围

0～3岁婴幼儿的头围范围因个体差异和发育阶段不同而有所变化。

（1）0～1个月

一般出生时的平均头围为32～36厘米，头围大小与身高和体重有一定的相关性。

（2）2～6个月

在这个阶段，婴幼儿的头围会迅速增长，2～3个月，女孩平均头围为40.30厘米，男孩平均头围为41.32厘米。4～6个月，女孩平均头围为43.31厘米，男孩平均头围为44.44厘米。

（3）7～12个月

在这个阶段，婴幼儿的头围增长速度相对减缓，7～9个月，女孩平均头围为44.38厘米，男孩平均头

围为45.43厘米。10～12个月，女孩平均头围为45.64厘米，男孩平均头围为46.93厘米。

（4）1～3岁

在这个阶段，婴幼儿的头围增长持续但速度逐渐减缓，通常每年增长2.5～4厘米。1岁时的平均头围为44～48厘米，3岁时的平均头围为47～51厘米。

需要注意的是，上述数据仅为一般参考范围，婴幼儿的头围会受到多种因素的影响，包括遗传、个体差异和生长发育状况等。

4. 牙齿数量范围

0～3岁婴幼儿的牙齿数量范围因个体差异和发育阶段不同而有所变化。

（1）0～6个月

出生时，婴幼儿通常没有牙。

（2）6～8个月

在这个阶段，婴幼儿的乳牙开始长出。通常会先长出下颌的中切牙（下中切牙），然后是上颌的中切牙（上中切牙）。6个月时，婴幼儿通常会有至少一颗乳牙开始长出。

（3）9～12个月

在这个阶段，婴幼儿的乳牙数量逐渐增多。除了中切牙，可能还会长出侧切牙（中切牙旁边的牙）。1岁时，婴幼儿通常有6～8颗乳牙。

（4）1～2岁

在这个阶段，婴幼儿的乳牙继续增多。可能会长出第一颗第一磨牙。2岁时，婴幼儿通常有16颗乳牙。

（5）2～3岁

在这个阶段，婴幼儿的乳牙数量继续增加。通常会长出第二磨牙。3岁时，婴幼儿通常有20颗乳牙。

需要注意的是，牙齿的生长顺序和时间存在个体差异。上述范围仅为一般参考，具体的牙齿生长情况会受到遗传、个体差异和生长发育状况等因素的影响。

课堂讨论　　婴幼儿生长发育情况对托育工作的指导

婴幼儿生长发育情况对于托育工作具有重要的指导作用。

1. 了解典型的发展里程碑

托育工作人员应该了解婴幼儿在不同年龄阶段的典型发展里程碑，包括身体运动、语言和沟通能力、认知能力及社交和情绪等方面。这样托育教师能够更好地理解婴幼儿的行为和需要，并为他们提供适当的支持和刺激。

2. 创设适宜的环境

托育工作人员应该为婴幼儿提供适宜的环境，以促进他们的身体和认知发展。例如，提供安全而富有挑战的活动空间，鼓励他们探索和发展运动技能。同时，提供丰富多样的玩具和学习材料，以激发他们的好奇心和探索欲望。

3. 提供适当的刺激和互动

托育工作人员应该提供适当的刺激和互动，以促进婴幼儿的认知和语言发展。托育教师通过亲密的互动、表情和声音的模仿，以及适当的提问和回应，可以帮助婴幼儿发展语言和沟通能力。同时，提供丰富多样的感官刺激，如触觉、视觉和听觉，有助于他们感知和理解世界。

4. 提供营养均衡的饮食

婴幼儿的饮食对他们的身体和大脑发展至关重要。托育工作人员应该提供营养均衡的饮食，包括提供适宜的母乳或配方奶、固体食物和健康的零食。确保婴幼儿获得充足的营养有助于他们的身体生长和大脑功能发展。

5. 观察和记录发展进程

托育工作人员应该观察和记录婴幼儿的发展进程，包括身体、认知能力、语言和沟通、社交和情绪等方面。这有助于托育教师及时发现潜在的发展迟缓等问题，并与家长、医生或其他专业人员进行沟通和合作，以提供适当的支持和干预。

第三节 婴幼儿感觉系统和运动系统

婴幼儿时期是生理发展最迅速的时期。对于婴幼儿而言，婴幼儿的生理发展情况直接影响其心理的发展。

一、婴幼儿感觉系统

婴幼儿感觉系统是指他们接收和处理外部刺激的系统，包括视觉系统、听觉系统、触觉系统、味觉系统和嗅觉系统等。婴幼儿感觉系统的发展对他们的认知、语言和情绪发展至关重要。照护者可以通过提供适当的视觉刺激、听觉刺激、触觉刺激等，促进婴幼儿感觉系统的发展。

（一）感觉系统的概念

感觉系统是人体的重要系统，负责接收和处理外部刺激，使我们能够感知和认识外界的各种感觉信息。它由感觉器官、神经通路和大脑的感觉区域组成。感觉器官包括皮肤、眼睛、耳朵、鼻子和舌头等，它们分别负责接收和转化不同类型的刺激，如触觉刺激、视觉刺激、听觉刺激、嗅觉刺激和味觉刺激。感觉器官将刺激转化为神经信号，通过神经通路传递给大脑的感觉区域。

神经通路是连接感觉器官和大脑的感觉区域的传递通道，它由神经元组成。神经通路负责将感觉信息从感觉器官传递到大脑的感觉区域，并在传递过程中进行感觉信息的处理和整合。

大脑的感觉区域是处理感觉信息的特定区域，如视觉皮层、听觉皮层、体感皮层等。这些区域接收来自神经通路的感觉信息，并对其进行进一步的加工和解读，最终形成对外界刺激的感知和认识。

感觉系统的正常发育和功能对婴幼儿的生活和交流至关重要。它使婴幼儿能够感知和适应外界环境，从而做出正确的行动和反应。同时，感觉系统也与其他系统相互作用，如运动系统、认知系统等，共同维持婴幼儿的日常生活和行为表现。

（二）婴幼儿感觉系统的生理特点

婴幼儿通过感觉系统跟外界环境建立联系，感知周围事物的变化。感觉系统由眼睛、耳朵、鼻子、舌头和皮肤等感觉器官组成。

1. 婴幼儿眼睛发育的生理特点

（1）视线模糊

婴幼儿刚出生时，眼睛尚未完全发育，他们的视力相对较弱，他们会感觉图像模糊不清。随着眼睛的发育，婴幼儿的视线逐渐变得清晰。

（2）视野范围有限

婴幼儿的视野范围相对较窄，其视线主要集中在正前方，周围较模糊。他们还没有完全发展出注意周围的能力。

（3）追踪运动

从出生后的几周开始，婴幼儿的眼睛逐渐能够追踪移动的物体。高对比度、移动缓慢的物体对他们而言更容易注意和追踪。

（4）颜色感知

婴幼儿在出生后的几个月内逐渐发展出对颜色的感知能力。最初，他们可能只能区分简单的颜色，如红色和绿色，而随着时间的推移，他们逐渐能够区分更多的颜色。

（5）瞳孔反应

婴幼儿的瞳孔对光线的调节能力较弱，瞳孔的直径相对较大。他们对强光和刺眼的光线可能有更敏感的反应。

（6）双眼协调

在发育过程中，婴幼儿逐渐学会协调双眼，以实现双眼视觉的一致性。

2. 婴幼儿耳朵发育的生理特点

（1）声音敏感度较高

婴幼儿出生后不久，耳朵开始发育，他们对声音的敏感度较高。他们能够辨别各种声音，并对特定的声音做出反应。

（2）听力逐渐成熟

婴幼儿的听力在出生后的几个月内逐渐发展成熟。最初，他们对高音调的声音更敏感，而对低音调的声音不太敏感。随着时间的推移，他们的听力范围扩大，他们能够听到更广泛的音调和频率。

（3）声音定位能力提升

婴幼儿在生长发育过程中逐渐学会定位声音来源。最初，他们可能只能感知声音的大致来源，而随着时间的推移，他们能够更准确地判断声音的来源。

（4）语言辨别能力发展

婴幼儿在出生后的几个月内开始对语言进行辨别，并渐渐学会区分不同的语音和语调。他们逐步发展出语言理解能力和表达能力。

（5）对母语的敏感度高

婴幼儿对母语的敏感度较高，他们更容易学习并模仿母语中的语音和语调。

3. 婴幼儿鼻子发育的生理特点

（1）鼻腔发育

婴幼儿的鼻腔在出生后逐渐扩大和发育。新生儿的鼻腔较小，但随着时间的推移，鼻腔会逐渐增大，以使更多的空气流通。

（2）鼻黏膜敏感度

婴幼儿的鼻黏膜较为敏感。这意味着他们更容易对外界刺激做出反应，例如对气味、灰尘或刺激性物质的反应。

（3）常见的鼻塞情况

婴幼儿由于鼻腔较小，鼻子内部的通道也相对较窄，容易出现鼻塞的情况。这可能导致婴幼儿呼吸困难、睡眠质量不佳及进食不畅等。

（4）鼻涕的分泌

婴幼儿的鼻腔会分泌较多的鼻涕，这是正常的生理现象。鼻涕有助于保持鼻腔的湿润，并起到清洁和防御作用。

4. 婴幼儿舌头发育的生理特点

（1）舌头大小

婴幼儿的舌头相对较大，与口腔相比比例较大。随着婴幼儿的生长发育，舌头与口腔的大小比例逐渐协调。

（2）味觉敏感度

婴幼儿的舌头对于味觉的敏感度较高。他们对甜、酸、苦等味道有更强的感知能力，这也是婴幼儿对不同味道的偏好和反应的基础。

（3）咀嚼和吞咽动作

新生儿主要以吮吸为主，随着喂养方式的改变和婴幼儿的发育，逐渐学会用舌头辅助咀嚼和有效地吞咽食物。

5. 婴幼儿皮肤发育的生理特点

（1）婴幼儿皮肤较嫩

婴幼儿的皮肤相对薄嫩，比成年人的皮肤更容易受到刺激和损伤。他们的表皮层和真皮层较薄，皮肤的保护功能还不够完善。

（2）婴幼儿皮肤较敏感

婴幼儿的皮肤较敏感，容易对外界刺激产生反应。他们的皮肤容易受到温度、湿度、化学物质、摩擦等因素的影响。

（3）皮肤含水量高

婴幼儿的皮肤含水量相对较高，这使他们的皮肤显得柔软和水润。然而，由于皮肤的保护功能尚未完善，他们的皮肤容易失水和干燥，需要经常进行适当的保湿。

（4）毛孔较大

婴幼儿的毛孔相对较大，因此容易受到外界污染物的影响。同时，他们的皮脂分泌较多，容易出现面部油脂堆积和毛孔阻塞问题。

（5）色素沉着不均匀

婴幼儿的皮肤色素沉着不均匀，常常出现斑点等现象。这是正常的生理变化，随着时间的推移，皮肤色素会逐渐均匀沉着。

（6）脆弱的头皮

婴幼儿的头皮相对薄嫩，容易受到外界刺激和细菌感染。他们的头发稀疏，容易出现头屑和脱发问题。

（三）婴幼儿感觉系统的教养要点

1. 婴幼儿眼睛发育的教养要点

（1）提供适当的视觉刺激

婴幼儿眼睛的发育需要适当的视觉刺激，照护者可以通过让婴幼儿观看丰富多样的视觉对象，如颜色鲜艳的玩具、图书、动画片等，来促进视觉功能的发展。

（2）控制接触电子设备的时间

过度暴露于电子屏幕的光线下可能对婴幼儿的眼睛造成不良影响。因此，照护者需要控制婴幼儿接触电子设备的时间和频率，避免其过度观看电子屏幕。

（3）保持适当的照明

提供光线明亮而柔和的照明环境，避免过强或过暗的光线，有助于保护婴幼儿的眼睛，并促进其视觉功能的正常发展。

（4）观察眼睛的健康状况

照护者应定期观察婴幼儿眼睛的健康状况，包括注意眼球位置是否准确、有无红肿、有无异样分泌物等。如发现异常情况，及时咨询医生的建议。

（5）定期进行眼睛检查

婴幼儿在眼睛发育阶段需要定期进行眼睛检查，以确保眼睛健康并及早发现眼部问题。

2. 婴幼儿耳朵发育的教养要点

（1）提供良好的听觉刺激

婴幼儿耳朵的发育需要适当的听觉刺激，照护者可以通过与婴幼儿进行交流、播放音乐等方式提供丰富多样的声音刺激，促进其听觉功能的发展。

（2）控制环境噪声

婴幼儿的耳朵对噪声非常敏感，过强或持续的噪声刺激可能对婴幼儿的听力造成不利影响。因此，照护者需要避免让婴幼儿暴露在过于嘈杂的环境中，尽量保持安静的生活环境。

（3）避免过度使用耳机

过度使用耳机可能对婴幼儿的听力产生不良影响。如果确定需要使用耳机，应调整至适合婴幼儿发展情况的音量，并控制使用时间。

（4）观察耳朵的健康状况

照护者要定期观察婴幼儿耳朵的健康状况，注意有无红肿、有无异常分泌物等。如发现异常情况，及时咨询医生的建议。

（5）提供适当的语言刺激

语言对于婴幼儿的听觉和语言发展至关重要。照护者与婴幼儿进行亲密交流时，要使用简单清晰的语言与他们对话。

（6）定期进行听力筛查

婴幼儿需要定期进行听力筛查，及早发现和干预潜在的听力问题。

3. 婴幼儿鼻子发育的教养要点

（1）保持鼻腔的清洁

保持婴幼儿鼻腔的清洁，定期用生理盐水清洗鼻腔，可以帮助预防鼻腔感染和鼻腔分泌物积聚。

（2）避免过度擤鼻

婴幼儿的鼻腔较为娇嫩，过度擤鼻或用力擤鼻可能会导致鼻黏膜受损和出血。在必要时，可以使用吸鼻器或鼻吸球等辅助工具轻轻吸除鼻腔分泌物。

（3）维持适宜的室内湿度

维持适宜的室内湿度有助于防止婴幼儿鼻腔过于干燥，可以使用加湿器或其他湿度调节设备来维持室内的湿度。

（4）避免接触刺激性物质

某些物质，如烟雾、空气污染物、化学刺激物等可能对婴幼儿的鼻腔造成刺激。尽量避免让婴幼儿接触这些刺激性物质，保持空气清新。

（5）定期观察鼻子的健康状况

定期观察婴幼儿鼻子的健康状况，注意有无鼻塞、鼻涕异常增多、打喷嚏频繁等情况。如发现异常情况，及时咨询医生的建议。

（6）适当运用鼻子清理工具

对于有鼻塞的婴幼儿，可以使用鼻子清理工具如吸鼻器或鼻喷剂等，但应按照医生的建议正确使用，避免过度依赖或滥用。

4. 婴幼儿舌头发育的教养要点

（1）提供适宜的食物

在婴幼儿发育的早期阶段，提供适合其口腔发育的食物，例如母乳或配方奶。逐渐引入辅食时，要选择质地适中、易于咀嚼和吞咽的食物，这有利于舌头的发育和口腔肌肉的协调运动。

（2）鼓励舌头活动

通过适当的游戏和活动，鼓励婴幼儿主动运动舌头。例如，让婴幼儿使用舌头推动食物、舔舐嘴唇、发出舌头音等，有助于舌头的力量和灵活性的发展。

（3）培养良好的口腔卫生习惯

培养婴幼儿养成良好的口腔卫生习惯，如刷牙、清洁舌苔等，有助于保持口腔清洁，并促进舌头的正常发育。

（4）定期观察口腔发育情况

定期观察婴幼儿口腔的发育情况，包括舌头的位置、舌腺的形态等。如发现异常情况，及时咨询医生的建议。

（5）提供适宜的口腔刺激

适当提供一些口腔刺激，如使用适龄的咀嚼玩具等，有助于婴幼儿舌头的发展和口腔肌肉的协调运动。

（6）避免不良口腔习惯

避免婴幼儿养成不良口腔习惯，如过度吮手指、吸吮奶嘴等。这些习惯可能影响舌头的正常发展和口腔肌肉的协调运动。

5. 婴幼儿皮肤发育的教养要点

（1）保持皮肤清洁

保持婴幼儿皮肤的清洁是关键。使用温水和适合婴幼儿的温和洗涤剂给婴幼儿洗澡，轻柔地清洁皮肤。在更换尿布时，要及时清洁幼儿的臀部区域，并使用适量的婴幼儿护肤品。

（2）保持适宜的湿度

婴幼儿皮肤容易干燥，因此需要保持适宜的湿度。在干燥的环境中，可以使用加湿器增加空气湿度。在洗澡后，要及时给婴幼儿涂抹适量的润肤露或乳液，保持皮肤湿润。

（3）避免过度清洁和摩擦

尽量避免过度清洁和摩擦婴幼儿的皮肤，以免造成刺激和损伤。轻轻拍干皮肤，避免用力摩擦。要选择柔软、透气的尿布，并定期更换。

（4）防晒保护

婴幼儿的皮肤对阳光的敏感度较高，因此照护者需要采取适当的防晒措施。在阳光强烈的时段，给婴幼儿穿戴透气轻薄的长袖衣物、宽边帽子和太阳镜，避免婴幼儿暴露在阳光下。还可以使用婴幼儿专用的防晒霜，涂抹在婴幼儿暴露的皮肤上。

（5）注意营养和饮水

良好的营养和充足的水分摄入对皮肤健康至关重要。确保婴幼儿获得均衡的饮食，包括富含维生素和矿物质的食物。在引入固体食物时，逐渐引入富含维生素C和维生素E的食物，这些食物有利于皮肤健康。

（6）定期观察皮肤变化

定期观察婴幼儿皮肤的变化，注意皮肤是否出现异常，如长湿疹、皮疹或红肿等。如发现异常情况，及时咨询医生的建议。

二、婴幼儿运动系统

婴幼儿运动系统是指在婴幼儿的身体中，负责控制和协调各种运动和动作的生物系统。婴幼儿运动系统的发展对他们的身体和认知发展至关重要。通过提供安全、刺激和符合年龄的运动机会，婴幼儿可以发展出更强大的肌肉和运动技能，增强协调能力和空间意识。照护者可以通过提供适当的游戏和活动，鼓励婴幼儿积极参与运动，并提供支持和引导，帮助他们建立良好的运动基础和掌握动作技能。

（一）运动系统的概念

运动系统是人体的一个重要系统，负责支持和促进身体的运动和对身体姿势的控制。它由骨骼、肌肉和关节等组成，通过协调各个组成部分的功能，人体能够进行各种动作和活动。

骨骼是运动系统的支架，提供身体的结构基础和支撑。它不仅赋予身体稳定性，还支持关节的运动。

肌肉是运动系统的动力来源。它由肌肉纤维组成，通过收缩和伸展产生力量，从而使骨骼运动。肌肉分为骨骼肌、平滑肌和心肌，不同的肌肉类型有不同的功能。

关节是连接骨骼的结构，使骨骼能够相对运动。它们支持身体进行各种运动，如弯曲、伸展、旋转等。

运动系统的主要功能包括支撑身体重量、保持姿势平衡、提供稳定性和支持运动。它还参与日常生活中的各种活动，如行走、跑步、跳跃、抓握、举重等。

运动系统的健康和发育受到遗传因素、营养因素、锻炼和生活方式等多种因素的影响。保持运动系统健康对于身体的整体功能和生活质量至关重要。适当的锻炼、均衡的饮食、正确的姿势和体位，以及避免过度使用或受伤都是维持运动系统健康的重要手段。

（二）婴幼儿运动系统的生理特点

婴幼儿运动系统的生理特点包括以下几个方面。

1. 骨骼脆弱

婴幼儿的骨骼相对较脆弱，骨骼中含有大量软骨组织，骨化过程还未完全完成。婴幼儿的骨骼也相对较短小，骨骼中的骨骺尚未完全发育。随着婴幼儿的成长，其骨骼会逐渐硬化并增长。

2. 肌肉较弱

婴幼儿的肌肉相对较弱，肌肉力量和控制能力还不够发达。婴幼儿的肌肉纤维以慢肌纤维为主，快肌纤维相对较少，这影响了他们的运动能力和反应速度。随着生长和发育，婴幼儿的肌肉逐渐增大，肌肉纤维比例发生变化，肌肉力量和控制能力也会提升。

3. 神经发育中

婴幼儿的神经还处在发育阶段，神经元之间的连接和传递功能还不完全发达。这意味着婴幼儿的运动协调性和控制能力有限，他们需要时间和经验来学习和发展运动技能。随着神经的发育，婴幼儿的运动能力和协调性会逐渐提升。

4. 关节、韧带易受损

婴幼儿的关节、韧带和肌肉都相对柔软。这种柔软性使得婴幼儿在运动过程中更加灵活，同时也意味着他们的关节和韧带容易受到过度拉伸或损伤的风险。

（三）婴幼儿运动系统的教养要点

婴幼儿运动系统的教养旨在促进他们的身体发育和运动能力提高。以下是一些婴幼儿运动系统的教养要点。

1. 教育婴幼儿保持正确姿势

保持正确姿势，形成良好体态，即"坐有坐相、站有站相"，不仅是为了美观，更是为了保证婴幼儿身心健康发育。不良体态如驼背等，会使胸廓畸形，甚至严重影响婴幼儿的心肺发育，使婴幼儿易患呼吸系统疾病。

为防止骨骼变形，照护者在教导婴幼儿形成良好体态时需注意以下几点：婴幼儿不应过早坐站，不宜睡软床和久坐沙发；负重不要超过自身体重的1/8，更不能长时间单侧负重；托育机构应配备与婴幼儿身材相符的桌椅；要随时纠正婴幼儿坐、立、行中的不正确姿势，并为婴幼儿做出榜样。

正确站姿：头端正，两肩平，挺胸收腹，肌肉放松，双手自然下垂，两腿站直，两脚并行，脚尖略分开。

正确坐姿：头略向前，身体坐直，背靠椅背；大腿和臀部大部分落在座位上；小腿与大腿成直角，双手自然放在腿上；脚自然放在地上；有桌子时，身体与桌子距离适当；两臂能自然放在桌子上，不耸肩或塌肩，坐时两肩一样高。

2. 组织适当的体育锻炼和户外活动

体育锻炼和户外活动可使肌肉更健壮有力，可刺激骨骼的生长，使身体长高，并促进骨骼中无机盐的积淀，使骨骼更坚硬。户外活动时适量接受阳光照射，可使身体产生维生素D以预防佝偻病。锻炼时血液循环加快，可为骨骼、肌肉提供更多的营养。要根据婴幼儿的年龄特点选择运动方式及运动量，使婴幼儿全身得到充分锻炼。

3. 衣服要宽松适度

婴幼儿不宜穿过于紧身的衣服，以免影响血液循环，鞋过小会影响足弓的正常发育。衣服、鞋要宽松适度，过于肥大会影响运动，易造成意外伤害。

4. 供给充足的营养

骨骼的生长需要大量蛋白质、钙和磷等，还需要维生素D促进钙、磷的吸收。肌肉生长及"能量"的储存，需要大量蛋白质和葡萄糖。供给充足的营养是保证骨骼、肌肉发育的重要条件。

第四节　婴幼儿神经系统和呼吸系统

婴幼儿神经系统和呼吸系统是他们身体的关键组成部分。婴幼儿神经系统和呼吸系统的健康发展对他们整体的生长和发育至关重要。照护者通过提供适宜的环境、照护和早期干预，可以帮助婴幼儿建立强健的神经系统和呼吸系统，促进他们的发展。

一、婴幼儿神经系统

婴幼儿神经系统是指他们的大脑、脊髓和周围神经的组合。婴幼儿的神经系统是他们生长和发展的基础。照护者通过提供适宜的环境和照护，可以帮助他们建立健康的神经系统，促进他们的感知、运动和认知发展。

（一）神经系统的概念

神经系统是人体的一个重要系统，负责传递和处理信息，控制身体的各种功能和行为。它由大脑、脊髓、神经和神经元组成。

神经系统的核心是大脑和脊髓，它们被称为中枢神经系统。大脑负责感知、思维、记忆和意识等高级功能，而脊髓则负责传递信息和调控运动反应。

神经系统还包括周围神经系统，它由神经和神经元组成。神经分布在全身各个部位，负责传递信息和指挥各个器官和组织的活动。神经元是神经系统的基本单位，它们通过电化学信号传递信息。

神经系统的主要功能包括感知、运动、调节和认知。感知功能使我们能够感知外部环境和内部身体状态。运动功能控制肌肉的收缩和身体的动作。调节功能使我们能够自动调节身体的各种功能，如呼吸、心跳、消化等。认知功能涉及思维、记忆、学习和意识等高级神经活动。

神经系统的发育和功能受到遗传因素、环境刺激和经验的影响。正常发育和良好的神经系统功能对于人体的正常运作和健康至关重要。保持健康的生活方式、提供适当的刺激和经验、避免神经系统损伤和疾病都是维护神经系统健康的重要手段。

（二）婴幼儿神经系统的生理特点

婴幼儿神经系统的生理特点主要包括以下几个方面。

1. 神经元发育和连接方面

婴幼儿神经系统正在迅速发育和成熟。刚出生时，婴幼儿大脑中的神经元数量相对较少，但随着时间的推移，神经元数量增加并相互连接形成复杂的网络。神经元的发育和连接是通过突触的形成和消失来实现的。

2. 神经传导速度方面

婴幼儿的神经传导速度相对较慢，因为他们的神经纤维髓鞘还未完全形成。髓鞘是一种保护神经纤维的脂质层，可以提高神经传导的速度和效率。随着年龄的增长，髓鞘逐渐形成，婴幼儿的神经传导速度也会加快。

3. 神经可塑性方面

婴幼儿的神经系统具有很高的可塑性，即能够通过经验和环境刺激来改变和调整神经连接。这种可塑性使得婴幼儿能够学习新的知识和技能，并建立适应环境的神经回路。

4. 大脑区域发展方面

不同的大脑区域在婴幼儿期的发展速度和时间点上有所差异。例如，运动控制和感官处理区域相对较早地发展，而高级认知功能和情绪调节区域则在后期发展。

5. 婴幼儿反射方面

婴幼儿存在许多原始的反射，如吸吮反射、抓握反射、踏步反射等。这些反射是神经系统的自动反应，随着大脑的发育和成熟，这些反射会逐渐被意识所控制。

（三）婴幼儿神经系统的教养要点

婴幼儿神经系统的教养旨在促进其神经系统健康发育。以下是一些婴幼儿神经系统教养的要点。

1. 保证合理的营养

婴幼儿正值神经元发育的高峰期，如果缺乏必需的营养物质，如优质蛋白质、脂类、无机盐等，将影响神经元的数量及质量。

2. 保证空气新鲜

成年人大脑的耗氧量约占全身耗氧量的1/4，婴幼儿大脑的耗氧量几乎占全身耗氧量的1/2。因此，婴幼儿生活的环境应空气新鲜。新鲜空气含氧量高，可以满足婴幼儿大脑发育对氧气的需求。

3. 保证充足的睡眠

睡眠可使全身各系统、器官，特别是神经系统得到充分休息，消除疲劳，积蓄能量。睡眠时脑垂体分泌的生长激素多于清醒时分泌的。长时间睡眠不足，会影响婴幼儿身体和智力的发育。睡眠时间有明显的个体差异，一般而言，年龄越小，睡眠时间越长；体弱儿的睡眠时间相对长一些。

4. 制定和执行合理的生活制度

照护者要根据婴幼儿的年龄特点，合理地制定生活制度，安排好一日活动的时间和内容。规律生活，形成良好习惯，可以更好地促进神经系统的发育。

5. 创设良好的生活环境，使婴幼儿保持愉悦的情绪

照护者要为婴幼儿创设良好的生活环境；与婴幼儿建立良好的关系，帮助和引导婴幼儿与同伴友好相处；坚持正面教育，不伤害婴幼儿的自尊心；不歧视有缺陷的婴幼儿；更不能体罚及变相体罚婴幼儿，以保证婴幼儿情绪愉悦。

6. 安排丰富的活动及适当的体育锻炼

丰富的活动，特别是符合婴幼儿年龄特点的体育锻炼，能促进其大脑的发育，提高神经系统的灵敏性和准确性。为使大脑两半球均衡发展，照护者应使婴幼儿的活动多样化，如两手同时做手指操、攀爬及做各种婴幼儿基本体操等。日常活动中注意让婴幼儿多动手，尽早用筷子进餐，学会使用剪刀、玩穿珠子游戏等，让婴幼儿在活动中"左右开弓"，能更好地促进其大脑两半球的发育。

二、婴幼儿呼吸系统

婴幼儿呼吸系统是指他们的呼吸道和相关肌肉的组合。婴幼儿呼吸系统在他们的早期生活中至关重要。照护者应提供清洁、安全的环境，观察婴幼儿的呼吸状况并采取适当的措施以保持婴幼儿呼吸系统的健康。

（一）呼吸系统的概念

呼吸系统是人体的一个重要系统，主要负责人体的气体交换，包括吸气和呼气过程。通过吸气及呼气将氧气吸入体内，提供给身体各个组织和器官进行新陈代谢，同时将二氧化碳排出体外。这个过程通过相关肌肉（如膈肌和肋间肌）的收缩和舒张来实现。

呼吸系统的正常功能对维持身体的氧气供应和二氧化碳排出至关重要。它与心血管系统相互作用，共同维持身体内部的氧气和二氧化碳平衡。正常的呼吸频率和深度能够满足身体对氧气的需求，并将代谢产生的二氧化碳有效排出。

（二）婴幼儿呼吸系统的生理特点

婴幼儿呼吸系统的生理特点主要包括以下几个方面。

1. 鼻腔和咽腔

婴幼儿的鼻腔和咽腔相对较小，也较窄。这使婴幼儿更容易受到鼻腔阻塞或咽腔堵塞的影响，呼吸道的通畅性较差。

2. 软骨组织发育

婴幼儿的呼吸道内存在较多的软骨组织，因而其呼吸道与成年人相比较为柔软。这种柔软的特点使呼吸道更易于受到外界刺激和压力的影响。

3. 喉和声门

婴幼儿的喉相对较短，声门也较窄。这使婴幼儿在受刺激时更容易发生喉咙痉挛等情况，导致呼吸困难。

4. 肺部的发育

婴幼儿的肺部相对较小，呼吸能力有限。婴幼儿的肺泡数量较少，而且肺泡表面积相对较小，因此其气体交换能力比成年人弱。此外，婴幼儿的肺通气量较小，肺活量较小。

5. 防御机制

婴幼儿的免疫系统尚未完全发育成熟，抵抗力较弱，更容易患呼吸道疾病。

（三）婴幼儿呼吸系统的教养要点

婴幼儿呼吸系统的教养旨在促进他们的呼吸能力提升。以下是一些婴幼儿呼吸系统的教养要点。

1. 创造良好的生活环境

婴幼儿的寝室、活动场所要具备良好的环境条件，保持空气流通。长时间生活在门窗紧闭、有暖气和空调环境下的婴幼儿，更容易染病。在空调环境下，应视情况调节室内的湿度。注意将婴幼儿与患呼吸道传染病的同伴和家庭成员隔离。

2. 合理穿衣，保温御寒

婴幼儿的呼吸道疾病多发生在气候变化大、气温升降剧烈的冬春之际。照护者怕婴幼儿冻着，便给婴幼儿穿很多衣服，而婴幼儿精力充沛，活动量稍大，汗水就会把内衣湿透，如不能及时更换内衣，婴幼儿就容易伤风感冒。对此，照护者应该随气候变化给婴幼儿增减衣服，在活动前或进入有暖气的房间时应脱去外衣。

3. 注意饮食，适度锻炼

天气寒冷时，婴幼儿所需要的热量也相应增加，照护者可让婴幼儿多摄入能量高的食物，冬季还要保证婴幼儿的饮水量，婴幼儿代谢旺盛、需水量大，照护者要多让婴幼儿喝水，个别体质特殊的婴幼儿还要视情况增加饮水量。婴幼儿经常参加户外活动和体育锻炼，可以增强呼吸肌的力量，促进胸廓和肺部的正常发育，增加肺活量。

照护者经常带婴幼儿进行一些其力所能及的户外活动，如散步、慢跑、踢球、做操、骑小自行车等，能提高婴幼儿呼吸系统对疾病的抵抗力，有效预防呼吸道感染。

4. 注重脚部保暖

脚是肢体的末端，血流较少，尤其是婴幼儿，体温调节中枢不完善，御寒能力差，如果脚部着凉，可能导致婴幼儿全身供血不足，反射性地引起鼻、咽、喉等上呼吸道黏膜血管收缩，降低对病原微生物的抵抗能力，潜伏在体内的致病菌会大量生长繁殖而引发呼吸道感染。

知识链接

托育工作中注重婴幼儿脚部保暖的注意事项

注重婴幼儿脚部保暖对于托育工作至关重要，以下是一些注意事项。

1. 选择合适的鞋袜

为婴幼儿选择合适的鞋袜，确保舒适度和保暖性能。鞋袜应柔软透气，避免过紧或过松，以确保脚部舒适和正常的血液循环。

2. 避免受寒

婴幼儿的脚部较为敏感，容易受寒。在寒冷的天气里，确保婴幼儿的脚部始终保持温暖。可以给婴幼儿穿上长筒袜、加厚袜子或毛绒鞋等，避免脚部直接接触冷冰冰的地面。

3. 注意室内温度

保持适宜的室内温度，避免婴幼儿的脚部暴露在温度过低的环境中。合理调节室内暖气或使用加热设备，确保整个房间温暖舒适。

4. 提供舒适的睡眠环境

婴幼儿在睡觉时容易踢被子或露出脚部，因此可使用适合季节的睡袋或加厚的被子，确保婴幼儿在睡觉时脚部保持温暖。

5. 户外活动中的保护

在户外活动时，根据天气情况为婴幼儿选择合适的鞋袜，可以考虑防滑鞋、防水鞋或保暖靴等，以保护脚部免受寒、打湿或受伤。

注重婴幼儿脚部保暖是为了确保他们舒适和健康。托育工作人员应当根据季节和环境的变化，为婴幼儿合理选择和搭配鞋袜，注意室内温度，提供舒适的睡眠环境，以及在户外活动中为婴幼儿做好脚部的保护工作，从而保障婴幼儿的脚部健康和舒适度。

5. 保证高质量睡眠

婴幼儿体内生长激素分泌的高峰是在其夜间熟睡时，若睡眠不足或作息不规律会导致生长激素分泌减少，既影响健康发育，又会使抵抗力下降。因此，照护者要培养婴幼儿良好的睡眠习惯，创造舒适的睡眠环境，让婴幼儿每晚都能睡个好觉，这可以说是预防呼吸道感染的良方。

6. 养成习惯，严防异物

手是传播多种疾病的媒介，所以，照护者要教育婴幼儿在饭前便后、平时玩耍后一定要用流动的水洗净双手。

照护者要教育婴幼儿不挖鼻孔，以防鼻腔感染或引起鼻出血；教育婴幼儿咳嗽打喷嚏时，不要面对他人，要用手帕捂住口鼻，教给婴幼儿正确的清理鼻涕的方法；不要让婴幼儿蒙头睡眠，以保证其在睡眠过程中吸入新鲜空气。

知识链接

正确的清理鼻涕的方法

托育工作人员可以教给婴幼儿正确的清理鼻涕的方法，以帮助他们清洁鼻腔并保持呼吸通畅。

1. 鼻擤法

教导婴幼儿正确使用纸巾或软纱布擤鼻涕。让他们轻轻按住一侧鼻孔，然后用纸巾或软纱布轻轻擦拭另一侧鼻孔擤出的鼻涕，另一侧重复操作。

2. 鼻吸法

使用鼻吸球或吸鼻器可以帮助清理婴幼儿的鼻涕。教导婴幼儿保持舒适的姿势，然后将鼻吸球或吸鼻器放入鼻孔，轻轻吸出鼻涕。

3. 盐水滴鼻法

将适量的生理盐水滴入婴幼儿的鼻孔中，然后用纸巾轻轻擦拭流出的鼻涕。

第五节 婴幼儿消化系统和循环系统

婴幼儿消化系统和循环系统是他们体内的两个重要系统。婴幼儿消化系统和循环系统的健康发展对他们整体的生长和发育至关重要。照护者通过提供适宜的环境、照护和早期干预，可以帮助婴幼儿建立强健的消化系统和循环系统，促进他们的发展和健康。

一、婴幼儿消化系统

婴幼儿消化系统是指参与食物摄入、消化、吸收和排遗的一系列器官和组织。具体的婴幼儿消化系统照护应根据婴幼儿的年龄、健康状况和医生的建议进行。

（一）消化系统的概念

消化系统是人体的一个重要系统，主要负责食物的消化和吸收，以提供身体所需的营养物质和能量。它由多个器官和组织组成，包括口腔、食道、胃、肠道、肝脏、胆囊和胰腺等。

消化系统的主要功能是分解食物以便身体能够吸收和利用。消化包括机械消化和化学消化两个阶段。机械消化阶段是通过咀嚼、胃肠蠕动和搅拌等运动将食物分解成较小的颗粒。化学消化阶段是通过消化酶的作用，将食物中的碳水化合物、脂肪和蛋白质等分子分解为更小的单位，如葡萄糖、脂肪酸和氨基酸。

口腔中的唾液含有酶，主要负责淀粉的分解。食道是连接口腔和胃的管道，负责将食物从口腔推送到胃中。胃是一个扩张性的器官，含有胃液和消化酶，主要负责蛋白质的分解。肠道是消化系统中最长的部分，包括小肠和大肠。小肠是主要的吸收器官，其中的消化酶和肠壁上的绒毛负责吸收分解后的食物分子，使其进入血液和淋巴系统。大肠主要负责水分的吸收和排出未消化的物质。

肝脏是消化系统中最大的脏器，具有多种功能。它参与脂肪的代谢、产生胆汁以帮助消化脂肪、合成和分解蛋白质、储存和释放糖原、分解有害物质等。胆囊是肝脏的附属器官，负责储存和释放胆汁，帮助消化脂肪。胰腺分泌胰液，胰液中含有消化酶和激素，帮助消化食物和调节血糖水平。

（二）婴幼儿消化系统的生理特点

婴幼儿消化系统的生理特点如下。

1. 胃容量较小

婴幼儿的胃相对较小，所以他需要经常进食，但每次进食的量比较小。这是因为婴幼儿的胃壁较薄，容量有限。

2. 消化酶分泌不足

婴幼儿消化酶的分泌相对不足，尤其是胰腺酶的分泌较少。这意味着他们对某些食物的消化和吸收能力较弱。

3. 肠道菌群发育不完善

婴幼儿的肠道菌群在出生后逐渐发育，但在早期阶段还不完善。这使得婴幼儿对某些复杂的食物或成分的消化能力较差。

4. 肠道蠕动速度较快

婴幼儿的肠道蠕动速度相对较快，这导致食物在肠道中留存的时间较短。因此，婴幼儿的排便行为可能较为频繁。

（三）婴幼儿消化系统的教养要点

消化系统是人类吸收营养最重要的通道，其中又以肠胃为最重要的器官，婴幼儿肠胃发育尚未完全，稍有不慎便易受病菌侵袭，因此照护者要特别注意婴幼儿的肠道保育。

1. 提供适宜的喂养方式

照护者应根据婴幼儿的年龄和发育情况，选择合适的喂养方式，包括母乳喂养、人工喂养或混合喂养。使用正确的喂养姿势和频率，确保婴幼儿能够充分吸收营养。

2. 保持卫生和安全

在喂养过程中，保持良好的卫生习惯。洗净双手，使用干净的奶瓶和奶嘴，避免交叉感染。确保食物新鲜和卫生，避免食物中毒。

3. 鼓励尝试多种食物

随着婴幼儿的成长，逐渐引入固体食物。注意应逐步增加食物种类和质地，鼓励婴幼儿尝试各种食物，培养健康的饮食习惯。

4. 注意饮食均衡

提供均衡的饮食，包括蛋白质、碳水化合物、脂肪、维生素和无机盐。避免摄入过多的糖分和盐分，限制高热量和不健康的食物摄入。

5. 注重水分摄入

保证婴幼儿摄入足够的水分，特别是在开始吃辅食后。提供适当的水或母乳/配方奶，避免脱水。

6. 管理胃肠不适

婴幼儿可能会经历胃肠不适，如腹泻、便秘或胀气。照护者应注意观察婴幼儿的排便情况，及时调整饮食和喂养方式，同时避免摄入刺激性食物或过度喂食。

7. 培养良好的饮食习惯

培养良好的饮食习惯，包括定时进食、慢慢咀嚼和品尝食物的习惯。鼓励婴幼儿参与食物的准备和选择过程，培养他们健康饮食的意识。

二、婴幼儿循环系统

婴幼儿循环系统是指心脏、血管和血液组成的系统，它负责输送氧气和营养物质到身体各个部位，并排出代谢废物和二氧化碳。具体的婴幼儿循环系统照护应根据婴幼儿的年龄、健康状况和医生的建议进行。

（一）循环系统的概念

循环系统包括心脏和血管。循环系统在机体内起着运输各种物质（营养物质、氧气、代谢废物和二氧化碳）的作用。

（二）婴幼儿循环系统的生理特点

婴幼儿循环系统的生理特点主要包括以下几个方面。

1. 心脏发育

婴幼儿的心脏在出生后继续发育和成熟。婴幼儿的心脏相对较小，心脏肌肉和心脏瓣膜的结构仍在进一步完善，心脏功能的调节和协调能力还不发达。

2. 心率和血压

婴幼儿的心率较高，平均心率比成年人高。刚出生的婴幼儿的心率为每分钟120～160次，之后随着年龄增长，心率逐渐降低。

3. 血容量

婴幼儿的血液容量相对较小，血液中的红细胞和血红蛋白含量较低。血液的循环速度较快，血液循环的快速和有效能满足婴幼儿的身体发育需求。

4. 循环系统调节能力

婴幼儿的循环系统对温度、湿度和体位等刺激的调节能力较弱。他们对体位的改变和环境温度的变化较为敏感，需要额外的关注和调节，以保持循环系统的平衡。

（三）婴幼儿循环系统的教养要点

婴幼儿循环系统的教养旨在保持心脏和血管的健康，促进良好的血液循环和氧气供应。以下是一些婴幼儿循环系统的教养要点。

1. 提供足够的营养

婴幼儿的循环系统发育需要足够的营养。照护者要为婴幼儿提供均衡的饮食，包含蛋白质、碳水化合物、脂肪、维生素和无机盐等营养物质，以促进循环系统的正常发育。

2. 维持适宜的体温

婴幼儿对温度的调节能力较弱，容易受到环境温度变化的影响。保持婴幼儿的环境温度适宜，避免过冷或过热，使用合适的衣物和被褥保持婴幼儿体温稳定。

3. 提供适度的运动

适度的运动有助于婴幼儿循环系统的发育。照护者应根据婴幼儿的年龄和发展阶段，为婴幼儿提供适宜的活动和游戏，以促进血液循环、心肺功能和肌肉的发展。

4. 建立规律的作息

规律的作息对循环系统的发育和功能具有重要影响。确保婴幼儿有足够的休息和睡眠时间，遵循正常的作息规律，有助于维持其循环系统的平衡和稳定。

5. 注意心理健康

婴幼儿的心理健康与循环系统的发育密切相关。为婴幼儿提供温暖、有爱和安全的环境，建立良好的关系，有助于促进其循环系统的正常发展。

6. 管理应激和情绪

婴幼儿的循环系统容易受到情绪和刺激的影响。照护者应注意婴幼儿的情绪变化，及时进行安抚和支持，避免过度的应激和情绪波动，以维护循环系统的平衡和健康发展。

第六节　婴幼儿生殖系统和泌尿系统

婴幼儿生殖系统和泌尿系统是身体重要的组成部分，分别负责生殖和排尿。婴幼儿生殖系统和泌尿系统的发育和功能发展需要时间，照护者应密切关注婴幼儿的相关情况，如有异常应及时咨询医生。

一、婴幼儿生殖系统

婴幼儿生殖系统是指男性和女性婴幼儿的生殖器官和相关结构，这些器官在出生时已经部分发育，但尚未完全成熟。在照护婴幼儿生殖系统时，照护者应保持婴幼儿的生殖器官清洁和卫生，避免感染和受刺激。

（一）生殖系统的概念

生殖系统是人体的一个重要系统，它包括生殖器官以及与生殖功能密切相关的内分泌腺体。男性生殖系统包括睾丸、附睾、输精管、前列腺和阴茎等器官，主要功能是产生和输送精子。女性生殖系统包括卵巢、输卵管、子宫、阴道和外阴等器官，主要功能是产生卵子、接受精子并支持胚胎的生长和发育。

生殖系统的正常发育和功能对于人类的生殖能力和繁殖健康至关重要。它受到性激素的调控，包括雄性激素如睾酮和雌性激素如雌二醇的作用。这些性激素由内分泌腺体，如垂体和性腺产生，并在生殖系统中发挥调节作用。

除了负责生殖，生殖系统还与其他身体系统有着密切的联系。例如，它与内分泌系统、神经系统和免疫系统相互作用，影响着身体的整体健康。生殖系统的发育和功能受到遗传、环境和生活方式等多种因素的影响。保持生殖系统的健康对于个体的健康和幸福至关重要，因此，适当的保健和医疗监护在维持生殖系统健康方面是非常重要的。

（二）婴幼儿生殖系统的生理特点

婴幼儿生殖系统在出生时已经形成，但在婴幼儿期间仍处于发育和成熟的过程中。以下是婴幼儿生殖系统的一些生理特点。

1. 性别特征的形成

婴幼儿生殖系统在出生时已经具备了性别特征。男性的睾丸已经开始产生睾丸激素，并可到达阴囊内；女性的阴蒂和阴唇已经形成。

2. 生殖器官的发育

婴幼儿的生殖器官在出生后会经历进一步的发育。男性的睾丸会逐渐下降到阴囊中，并开始产生精子；女性的阴道、子宫和卵巢会逐渐发育。

3. 激素的影响

婴幼儿生殖系统受到激素的影响，如雄性激素和雌性激素。这些激素对于生殖器官的发育和功能起着重要的调节作用。

4. 生理功能的成熟

婴幼儿生理功能在出生后并未完全成熟。随着年龄的增长，生理功能会逐渐发展和成熟，包括性腺功能的发展、性激素的分泌和生殖功能的形成。

（三）婴幼儿生殖系统的教养要点

婴幼儿生殖系统的教养是保护和促进其生殖系统健康发育的重要方面。以下是一些婴幼儿生殖系统的教养要点。

1. 卫生保护

婴幼儿的生殖器官需要适当的清洁和保护。照护者应使用温水和柔软的洗布或湿巾轻轻擦拭婴幼儿的生殖器官区域，避免使用刺激性的化学物质。同时保持其生殖器官干燥，避免湿润环境，有助于预防感染。

2. 避免过度清洁

过度清洁可能破坏婴幼儿的自然微生物平衡，导致感染或受刺激，因而应避免频繁清洗生殖器官或使用过多的清洁产品。

3. 注意尿布的使用

尿布是婴幼儿生活中重要的保护工具，但要注意正确使用和定期更换。定期更换尿布，保持尿布干燥，避免尿液和粪便长时间接触婴幼儿的皮肤，有助于预防尿布疹和感染。

4. 注意异常情况

照护者应密切观察婴幼儿生殖器官的状态。如果观察到任何异常情况，如红肿、分泌异物、有异味等，应及时咨询医生或儿科专家，以获得正确的诊断和治疗。

5. 尊重隐私

在进行生殖器官护理时，照护者应尊重婴幼儿的隐私和个人空间，选择一个安全、私密的环境，避免让他人无故观察或触摸婴幼儿的生殖器官。

6. 健康监测

定期进行婴幼儿的健康检查和体格发育评估，包括生殖器官的检查。定期的健康监测有助于及早发现和处理潜在问题。

二、婴幼儿泌尿系统

婴幼儿泌尿系统包括肾脏、膀胱、尿道和相关的组织结构，它们共同负责排出体内废物和维持体液平衡。

（一）泌尿系统的概念

泌尿系统是人体的一个重要系统，主要负责排出废物和维持体液平衡。它由多个器官和组织组成，包括肾脏、输尿管、膀胱和尿道等。

泌尿系统的主要功能包括滤过血液、产生尿液、维持体液平衡和排出废物。肾脏是泌尿系统的核心器官，通过滤过血液和重新吸收需要的物质，产生尿液。尿液由水、废物、盐类和其他溶质组成，经过输尿管输送到膀胱。膀胱是一个储存尿液的器官，当膀胱充盈时，尿液通过尿道排出体外。

泌尿系统的正常功能对维持体内的水平衡、电解质平衡和酸碱平衡至关重要。它可以调节尿液的浓度和体积。此外，泌尿系统还可以排出体内产生的废物和多余的物质，如尿素、尿酸和药物代谢物等。

（二）婴幼儿泌尿系统的生理特点

婴幼儿泌尿系统的生理特点包括以下几个方面。

1. 肾脏发育

婴幼儿时期，肾脏正在发育和成熟，肾单位数量较少，肾小球滤过率相对较低。这意味着婴幼儿的肾脏功能较弱，排出废物和调节体液平衡的能力有限。

2. 尿量和排尿频率

婴幼儿的尿量相对较小，而排尿频率相对较高。这是因为他们的肾脏处理废物和调节体液平衡的能力有限，所以尿液的产生和排出相对较为频繁。

3. 尿液浓缩能力

婴幼儿的肾脏尚未完全发育，因此尿液浓缩能力较低。他们的尿液通常较为稀释，所以他们需要更频繁地进食和排尿，以维持体液平衡。

4. 膀胱容量

婴幼儿的膀胱容量相对较小，需要更频繁地排尿。这是由于他们的膀胱肌肉尚未完全发育且很难被控制，所以无法容纳大量的尿液。

5. 控制排尿的能力

婴幼儿控制排尿的能力还不完善。他们可能会出现排尿困难、尿失禁或尿频等情况。随着神经系统和肌肉的发育，他们逐渐能够控制排尿，并逐步建立控制排尿的能力。

（三）婴幼儿泌尿系统的教养要点

婴幼儿泌尿系统的教养是确保他们的尿液排出正常和维护泌尿系统健康的关键。以下是一些婴幼儿泌尿系统的教养要点。

1. 定期更换尿布

定期更换尿布是保持泌尿系统健康的重要措施。湿润的尿布容易引发尿布疹和感染。每隔2～3个小时就应更换一次尿布，并使用适合婴幼儿皮肤的清洁产品。

2. 保持尿道清洁

女性的尿道口位于肛门前方，需要特别注意清洁。每次更换尿布时，照护者要用温水轻轻擦拭尿道口周围，从前往后进行清洁，以防止细菌感染。

3. 充足的水分摄入

保持婴幼儿摄入充足的水分有助于稀释尿液，降低尿液中有害物质的浓度，预防尿路感染。如果婴幼儿已经开始添加辅食，要确保他们获得足够的水分，可以通过母乳、配方奶来满足需求。

4. 鼓励排尿

为了培养婴幼儿的排尿习惯，照护者可以在适当的时候鼓励他们使用马桶或小便盆。尽量避免让婴幼儿长时间憋尿，定时提醒他们排尿。

5. 观察异常症状

照护者应密切观察婴幼儿的尿液变化和排尿习惯。如果发现异常，如尿量明显增加或减少、尿液颜色异常、尿频、尿急、尿痛等症状，应及时咨询医生以进行进一步评估和治疗。

课后练习题

1. 简述婴幼儿生长发育的规律和影响因素。
2. 根据婴幼儿感觉系统的相关知识，设计一节托育课程。
3. 根据婴幼儿运动系统的相关知识，设计一节托育课程。
4. 根据婴幼儿消化系统的相关知识，设计一节托育课程。

第三章
婴幼儿身体和心理发展

本章学习目标

（1）掌握婴幼儿动作发展的类型和顺序。

（2）学会运用婴幼儿认知发展的基本方式。

（3）掌握婴幼儿语言发展的规律。

（4）掌握婴幼儿情绪发展的表现。

（5）掌握婴幼儿社会性发展的特点和表现。

婴幼儿一般是指0~3岁的儿童。由于动作、认知、语言、情绪和社会性迅速发展，婴幼儿的心理有了质的飞跃，婴幼儿有了初步的思维形式，具备了人特有的自我意识，但心理活动仍带有直觉行动性和不随意性的特点。下面分别从动作发展、认知发展、语言发展、情绪发展和社会性发展5个方面介绍婴幼儿身体和心理发展。

第一节 婴幼儿动作发展

婴幼儿动作发展是指从出生到3岁，婴幼儿在肌肉控制、协调和运动能力方面的成长和发展。婴幼儿动作发展是一个逐步且连续的过程，每个婴幼儿的发展速度和方式可能会有所不同。照护者应给予婴幼儿充分的机会和支持，鼓励他们进行各种运动探索和活动，同时确保他们所处的环境安全以及游戏和玩具符合他们的发展水平。

一、婴幼儿动作发展的类型

本书讨论的婴幼儿动作主要是先天反射性动作、粗大动作和精细动作。

先天反射性动作并不是婴幼儿意识或意愿的表现，而是自发的生理反应。随着时间的推移，婴幼儿将逐渐发展出更加有意识和有目的性的运动和行为。粗大动作主要有头颈部和躯干的动作、自主位移动作、技巧性粗大动作等。精细动作主要是指手的动作。

（一）先天反射性动作

婴幼儿在出生后的早期阶段会展现出一系列的先天反射性动作，这些动作是婴幼儿神经系统的自然反应，而非受婴幼儿主动控制的行为。

这些先天反射性动作在婴幼儿出生后的早期阶段是正常的，它们反映了婴幼儿神经系统的发展和成熟过程。随着婴幼儿的成长和神经系统的发展，这些先天反射性动作会逐渐减弱或消失，而被主动控制的运动和行为所取代。

1. 抓握反射

抓握反射又称握持反射、掌心反射、达尔文反射。在婴幼儿安静清醒的状态下，当物或手指触碰婴幼儿的手掌心时，婴幼儿会紧紧地将其抓住不放。此反射在婴幼儿3～4个月时消失，其机能为婴幼儿今后有意识地抓握物品打下基础。

2. 吸吮反射

吸吮反射是指婴幼儿在安静状态下，当乳头、手指或其他物品触及婴幼儿的嘴、舌时，其会立即出现吸吮动作。此反射在婴幼儿4～7个月时消失，但夜间可持续至1岁。吸吮反射机能可使婴幼儿自主吸奶。

3. 觅食反射

觅食反射是指当手轻触婴幼儿面颊或嘴角时，婴幼儿会转头朝向触侧觅食，并同时出现张嘴、吸吮的动作。此反射在婴幼儿3～4个月时自动消失，其机能是帮助婴幼儿寻找乳头。

4. 拥抱反射

拥抱反射是指当突发巨响或头部突然向下坠落时，婴幼儿会两手张开，四肢伸直外展，然后双臂屈曲在胸前做拥抱状。此反射在婴幼儿4～6个月时消失，其机能是使婴幼儿抱住自己身体。

5. 踏步反射

踏步反射是指用双手扶持婴幼儿腋下使婴幼儿呈直立状，婴幼儿两脚一接触桌面，就会出现左、右两脚交替向前迈步的动作。此反射约在婴幼儿2个月时消失。

6. 强直性颈反射

强直性颈反射是指将婴幼儿头转向一侧时，其同侧上下肢伸展强直，对侧上下肢呈"击剑姿势"的屈曲状。此反射在婴幼儿3～6个月时消失，其机能是为婴幼儿以后有意识地接触物体做准备。

7. 游泳反射

游泳反射是指让婴幼儿俯卧在水里，其双手会出现非常协调的游泳动作。此反射在婴幼儿出生即有，在婴幼儿4～6个月时逐渐消失，其机能是在婴幼儿意外落水时保护其安全。

8. 屈肌收缩反射

屈肌收缩反射是指用带尖的东西轻刺婴幼儿的脚掌，其脚掌会迅速回缩，膝盖弯曲，臂部轻抬。这种反射婴幼儿出生即有，10天后减弱，其机能可使婴幼儿免受不良触觉刺激的伤害。

（二）粗大动作

粗大动作是指婴幼儿在运动发展过程中使用大肌肉群进行的整体性运动。粗大动作包括扶头、翻身、坐立、爬行、站立、行走等基本动作。粗大动作有以下3种基本表现形式。

1. 头颈部和躯干的动作

头颈部和躯干的动作是婴幼儿最早出现的自主动作，是粗大动作发展的基础。以下是不同发展阶段头颈部和躯干的动作。

（1）抬头

在出生后的几个月里，婴幼儿逐渐能够控制颈部的肌肉，能够抬起头部并保持一段时间。他们可以在仰卧位或俯卧位时抬头，展示出对颈部肌肉的控制和手部力量的增强。

（2）侧卧和翻身

在3～6个月的时候，婴幼儿尝试从仰卧位或俯卧位转移到侧卧位，并逐渐学会从侧卧位翻转到另一侧或仰卧位。这个阶段需要他们运用颈部和躯干的力量来实现身体的转动和平衡。

（3）坐立和坐姿稳定

在6~8个月，婴幼儿逐渐能坐立并能保持坐姿的稳定性。他们需要控制颈部和躯干的肌肉来支撑上半身，并保持平衡。

（4）爬行

在6~12个月的时候，婴幼儿开始尝试爬行。这需要他们运用头颈部和躯干的力量来支撑身体，同时使用手臂和腿部的力量来爬行。

（5）坐姿转动和扶物站立

在婴幼儿逐渐掌握稳定坐姿和站立的能力后，他们会尝试进行坐姿的转动，以及扶物站立并保持平衡。这需要他们调整头颈部和躯干的姿势，使其与身体其他部分协调一致。

2. 自主位移动作

自主位移动作是指婴幼儿能够自主地改变自己的位置和移动姿势的动作。以下是一些常见的自主位移动作。

（1）翻滚

婴幼儿能够从一个位置翻滚到另一个位置，如从仰卧位翻滚到侧卧位或俯卧位。

（2）匍匐前进

婴幼儿以手臂和膝盖作为支撑点，腹部贴近地面，通过手臂和腿部交替运动来前进。

（3）坐立

婴幼儿能够自主地从仰卧位或俯卧位坐起，并保持稳定的坐姿。

（4）站立

婴幼儿在扶物的情况下，能够自主地站立起来，并保持平衡。

（5）行走

当婴幼儿学会站立并保持平衡后，他们开始尝试自主地迈步行走，使用双腿交替移动身体。

3. 技巧性粗大动作

技巧性粗大动作是指婴幼儿在粗大动作的基础上，通过练习和训练逐渐掌握的一些具有技巧性的动作。这些动作通常需要更强的协调性、控制力和身体意识。以下是一些常见的技巧性粗大动作。

（1）抓握

婴幼儿开始用手抓握物品，并逐渐掌握更精细的抓握技巧，如三指抓握和拇食指对捏。

（2）拍打

婴幼儿学会用手掌或手指拍打物体，表达兴奋的状态或探索环境。

（3）摆动

婴幼儿能够通过自主的摆动，如摇摆身体或摆动手臂，表达自己的情绪或引起他人的注意。

（4）抛掷

婴幼儿逐渐学会抛掷物品，虽然力量和准确度还不够，但其已开始掌握基本的抛掷技巧。

（5）跳跃

婴幼儿在发展过程中将逐渐学会跳跃，从原地跳跃到前进的跳跃，展示出身体的力量和对身体的控制能力。

（三）精细动作

精细动作是指婴幼儿逐渐掌握的细致、精确和协调的运动技能，通常涉及对手指、手腕和手臂的精细控制，主要是利用手和手指的小肌肉或小肌肉群进行活动，包括抓握、做手势、涂鸦、穿线和解扣等动作。精细动作可分为适应性行为和个人社会性行为两种。与适应环境有关的精细动作，如抓取玩具、搭积木、涂鸦等，称为"适应性行为"；与生活自理能力有关的动作，如扣纽扣、系鞋带等称为"个人社会性行为"。

（1）抓握小物品

婴幼儿能够使用手指和手掌抓握小物品，如拿起小玩具或饼干。

（2）手眼协调

婴幼儿开始能够用手眼协调的方式来追踪和抓住移动的物体，如抓住移动的球。

（3）做手势

婴幼儿通过模仿可做一些简单的手势，如挥手、比画或做手指游戏。

（4）涂鸦

婴幼儿能够使用绘图工具，如蜡笔、彩笔或铅笔，进行简单的涂鸦活动。

（5）穿线和解扣

婴幼儿逐渐学会穿线和解开一些结构简单的纽扣，手指的灵活性和协调性增强。

二、婴幼儿动作发展的规律

婴幼儿动作发展与身体的发展、大脑和神经系统的发育密切相关。婴幼儿身体的发展有先后次序，其动作发展也表现出一定的时间顺序，动作发展和身体发展是密切相关的。婴幼儿动作发展的规律如下。

1. 从整体动作到分化动作

初生婴幼儿的动作是混乱笼统的、未分化的大肌肉群动作。随着神经系统和肌肉的成熟及婴幼儿自身的反复练习，婴幼儿动作不断分化。婴幼儿渐渐学会控制身体局部的小肌肉群。当身体某部位受到刺激时，婴幼儿能控制仅由有关部位做出反应，而抑制其余部分的动作。在婴幼儿获得对各部分的小肌肉群的控制能力后，又学会把这些小动作整合到一起，做出更加复杂的整体动作。

2. 从上部动作到下部动作

婴幼儿最早发展的动作是头部动作，其次是躯干动作，最后是脚的动作。婴幼儿动作发展先从上部动作开始，然后到下部动作。婴幼儿最早出现的动作是眼的动作和嘴的动作。婴幼儿先学会抬头，然后能俯撑、翻身、坐立和爬行，最后学会站立和行走，也就是离头部越近的部位的动作越先发展。这种趋势也表现在一些动作本身的发展上。例如，婴幼儿学习爬行时，先是依靠手臂匍匐爬行，然后才逐渐运用手掌、膝盖和脚来爬行。

3. 从大肌肉动作到小肌肉动作

婴幼儿的动作发展通常遵循一种从大肌肉动作到小肌肉动作的规律。这意味着他们首先发展和掌握较大肌肉群的动作技能，然后逐渐进展到更精细的小肌肉运动。婴幼儿从大肌肉动作到小肌肉动作的发展过程是一个自然的生理过程，受到遗传和环境因素的影响。

4. 从中央部位动作到边缘部位动作

接近身体中心（躯干）部分的肌肉和动作总是先发展，身体的肢端部分的动作后发展，即婴幼儿动作发展从中央部位开始，越接近躯干的部分的动作发展越早，而远离身体中心的肢端的动作发展较迟。以上肢动作为例，肩和上臂动作先成熟，其次是肘、腕、手动作，手指动作发展最晚。

5. 从无意动作到有意动作

婴幼儿最初的动作是无意的，之后越来越多地受到意识的支配。例如，初生婴幼儿会用手紧握小棍，这是无意的、本能的动作，几个月后，婴幼儿才逐渐有意地、有目的地去抓握物体。

三、婴幼儿动作发展的顺序

1. 婴幼儿粗大动作发展的顺序

婴幼儿粗大动作发展通常遵循一定的顺序，尽管每个婴幼儿的发展速度和时间表可能略有差异。以下是婴幼儿粗大动作发展的一般顺序。

（1）抬头

婴幼儿在出生后的几周内能够抬头，保持头部的稳定性，并对周围环境产生兴趣。

（2）翻身

通常在3～6个月，婴幼儿可以从仰卧位自行翻身到侧卧位或俯卧位。

（3）腹部支撑和爬行

在6～9个月，婴幼儿可以用腹部支撑起自己的身体，并尝试爬行。

（4）坐立

在6～9个月之后，婴幼儿可以保持坐姿，不需要支撑物或倚靠物。

（5）爬行

在8～12个月，婴幼儿能够通过手脚交替移动，自由爬行前进。

（6）扶物站立和行走

在9～12个月，婴幼儿可以扶物站立，并试图行走。

（7）独立行走

通常在12～18个月，婴幼儿能够独立行走，迈出几步并能保持身体平衡。

2. 婴幼儿精细动作发展的顺序

婴幼儿精细动作发展也有一定的顺序，尽管每个婴幼儿的发展速度和时间表可能有所不同。以下是婴幼儿精细动作发展的一般顺序。

（1）握持

婴幼儿在出生后的几周内开始出现握持反射，能够抓住物体并紧握。

（2）探索手指和手掌

在2～3个月，婴幼儿开始探索手指和手掌的运动，并逐渐学会控制手部的动作。

（3）手眼协调

在4～6个月，婴幼儿能够将眼和手的动作协调起来，尝试抓取和拿取物体。

（4）手指活动

在7～9个月，婴幼儿的手指活动变得更加灵活，能够使用拇指和其他手指进行精细的动作，如拨弄、捏取物体。

（5）饮食自助

在10～12个月，婴幼儿开始尝试使用手指和手掌自己进食，掌握用勺子或杯子喝水的技能。

（6）涂鸦

在13个月后，婴幼儿能够用手拿起笔，在纸上进行简单的涂鸦。

（7）手指灵巧

18个月～2岁，婴幼儿的手指灵巧度逐渐提高，其可以进行精细的手指运动，如系扣子、搭积木等。

第二节 婴幼儿认知发展

婴幼儿认知发展是指他们在感知、注意、记忆、思维和问题解决等方面逐步成长和发展的过程。婴幼儿认知发展是一个积极而迅速的过程，他们通过不断的观察、探索和与周围环境的互动来学习和发展认知。

一、婴幼儿认知发展的相关概念

认知是一个综合概念，是指个体获取、处理、储存和运用信息的过程，涉及感知、注意、记忆、思维、问题解决等方面的能力。认知发展是指从出生到成年，个体认知能力逐步变化和提高的过程。

婴幼儿认知是指婴幼儿在知识的获取和加工过程中表现出来的感知觉、注意力、记忆和思维等心理活动或行为。婴幼儿的认知发展主要涉及以下几个方面。

1. 感知觉

感知觉是指婴幼儿通过感觉器官获取外界刺激的过程，包括视觉、听觉、触觉、味觉和嗅觉等。感知觉是认识的开端，是其他高级心理过程的基础。婴幼儿对事物的认识是从感知觉开始的。在感知觉的基础上，婴幼儿才有记忆，随后出现与记忆相联系的表象，进一步发展为不能离开感知觉的最简单的思维（感知动作思维）以及最初的想象。感知觉是人一生中最早出现的认识过程。婴幼儿出生后就已具备人类的大多数基本感知觉，如视觉、听觉、触觉、嗅觉、味觉，以及对身体位置和机体状态变化的感觉等。0～3岁婴幼儿主要依靠感知觉认识世界，适应周围环境。

2. 注意力

注意力是指婴幼儿在感知过程中关注特定的刺激或任务的能力。注意力总是和感知觉、记忆、思维同时发生。一个人如果没有良好的注意力，将直接影响他的感知觉、记忆、想象和思维能力的发展。注意力是感知觉、记忆和思维等发生的先决条件。婴幼儿注意力容易集中，学习效果就好，能力提升就快。

3. 记忆

记忆是指婴幼儿存储和回忆信息的能力。婴幼儿的记忆分为感性记忆和符号记忆，逐渐发展为更复杂的工作记忆和长时记忆。记忆是婴幼儿经验积累、技能掌握、习惯养成的前提，记忆的发展是婴幼儿心理发展的重要基础和保证。婴幼儿从出生开始，就要通过不断地感知和学习来认识并适应外部世界。从简单的行为、感知觉到复杂的思维、语言，这些个体发展所赖以维系的途径都必须在记忆的基础上进行。记忆力的发展使间接知识的形成和累积成为可能。

4. 思维

思维是指婴幼儿处理和理解信息的能力，包括分类、比较、推理和解决问题等。思维作为一种较为复杂的心理活动，在婴幼儿的心理发展中出现较晚。它建立在感知觉、记忆等的基础之上，它的发生，同时也标志着婴幼儿认识过程的基本完善。婴幼儿从此将具备深刻认知外部世界的心理基础。思维是认识过程的核心，是智力的重要构成。思维的发生使婴幼儿的认识过程发生了巨大的质变：感知觉不再单纯反映事物的外部特征，而开始反映事物的意义和事物之间的联系，成为"理解了"的感知觉——思维指导下的感知觉；记忆不再呈现人与动物共有的那种低级形态，而开始发展出有意记忆、意义记忆和语词记忆。

5. 语言能力

语言能力是指婴幼儿使用声音、手势和表情等符号进行系统交流和表达的能力。婴幼儿的语言发展从最初通过听觉交流到逐渐产生和理解词汇、语法规则和句子结构。通过语言的使用，婴幼儿能够注意和辨别不同的声音、词汇、语法规则和句子结构，从而培养感知觉和认知能力。语言是婴幼儿获取世界知识和概念的重要工具。通过语言的学习和使用，他们能够了解和理解世界的事物、关系和概念。语言的使用可以帮助婴幼儿集中注意力，并增强记忆。

6. 认知模式

认知模式是婴幼儿对外界信息进行处理和组织的方式，包括感觉模式、动作模式、符号模式和操作模式。

（1）感觉模式

在早期阶段，婴幼儿主要通过感觉器官接收和处理来自外界的刺激。他们对环境的认知主要依赖于感觉，如触觉、视觉、听觉等。

（2）动作模式

婴幼儿通过自身的运动和操作来探索和理解环境。他们通过抓握、摇晃、咬嚼等动作与物体互动，从中获得感知和认知的体验。

（3）符号模式

随着婴幼儿的成长，他们开始将外界的刺激与符号进行关联。符号可以是词汇、手势、图像等，婴幼儿逐渐学会使用符号来代表物体、事件和概念，从而进行更复杂的认知活动。

（4）操作模式

随着认知的发展，婴幼儿逐渐能够通过操作和变换物体来实现目标。他们开始利用策略和规则，进行问题解决和推理活动，更加灵活地处理和组织信息。

这些认知模式在婴幼儿认知发展中相互交织和演变。在不同的阶段，婴幼儿可能会倾向于采用某种特定的认知模式，但同时也会涉及其他认知模式。

二、婴幼儿认知发展的特点

婴幼儿认知发展是一个渐进的过程，不同的婴幼儿之间存在个体差异。他们在不同阶段也会展示出不同的认知能力和兴趣。

1. 感知和探索的活跃性

婴幼儿通过感知和探索来认识世界，通过触摸、品尝、听和看等来探索周围环境。感知是婴幼儿通过感觉器官对外界刺激进行感知和理解的过程，而探索则是他们主动探索和探究环境，以获取新的经验和知识的过程。

在感知方面，婴幼儿的感觉系统逐渐发展，他们开始对声音、光线、气味等刺激做出反应。他们能够通过感觉器官获取丰富的信息，并开始建立对物体、人和环境的感知和辨识能力。

而在探索方面，婴幼儿通过运动和对手部动作的控制，开始主动地探索周围的环境。他们会做出触摸、抓握、摸索、扔掷物体等行为，以了解物体的性质和特点。通过探索，婴幼儿能够建立起对物体形状、大小、质地等的认知，并逐渐发展出空间感知和运动协调能力。

2. 运动和操作的运用

婴幼儿通过运动和操作来获取信息和经验。他们会试图抓握、摆弄和触摸周围的物体，从而学习和了解物体的属性、形状和功能。

在运动方面，婴幼儿从简单的头部和四肢运动开始，逐渐发展出翻滚、爬行、坐立、站立、行走等各种运动技能。他们会通过触摸、拿取、推动等动作来了解物体的属性和功能。他们会反复尝试，通过运动和操作的反馈来逐渐建立起对物体的认知和理解。

3. 符号和表示形式的发展

婴幼儿开始使用符号和表示形式来表达自己的意图和需求。他们会通过声音、手势和面部表情等方式与他人进行交流，并逐渐学习和运用语言。

符号是指用来表示事物、概念和思想的意义系统，如语言、手势、图画等。在早期阶段，婴幼儿主要通过感知和运动来认知世界，还没有掌握利用符号的能力。随着认知能力的发展，他们逐渐开始理解符号的意义和使用方式。例如，他们可以通过观察和模仿成年人的手势和面部表情来理解和回应，逐渐学会使用手势来表达自己的需求和意愿。在语言发展方面，婴幼儿通过听觉感知和模仿的方式逐渐学会识别和使用语言符号。他们从最初只能发出无意义的声音，逐渐发展出使用词语、短语和简短的句子的能力，以表达自己的需求和交流意图。

4. 概念和分类能力的发展

婴幼儿逐渐发展出一些基本的概念和分类能力，能够将物体和经验归类和加以区分，并开始理解一些简单的关系和属性。

概念是对事物的共同特征和关系的抽象化表示，而分类则是将事物按照共同特征进行分组和归类。在早期阶段，婴幼儿开始注意并感知周围的事物，并逐渐能够辨别出它们之间的差异。随着认知的发展，他们开始形成一些基本的概念，如颜色、形状、大小等。例如，婴幼儿可能会区分红色和蓝色的物体，区分圆形和方形的对象。随着时间的推移，婴幼儿开始将事物按照共同特征进行分类。他们会注意到某些物体具有相似的特征，如所有的动物都有4条腿，或者所有的水果都可以吃。他们开始将物体进行分组和归类，建立起一些基本的概念和分类系统。随着概念和分类能力的发展，婴幼儿能够更好地理解世界的组织结构，识别事物之间的相似性和差异性，提升对事物的认知能力和思维能力。

5. 视觉和空间认知的发展

随着婴幼儿的视觉和空间认知逐渐发展，他们能够辨别和跟随物体的运动轨迹，对物体的位置、方向和空间关系有初步的理解。

视觉和空间认知涉及对物体的位置方向和空间关系的感知和理解。在早期阶段，婴幼儿对视觉刺激的反应较为简单，他们会注视和追踪移动的物体，对亮度、颜色和形状等感知刺激做出反应。随着时间的推移，他们开始注意到物体的位置和方向，并逐渐发展出对空间关系的理解。婴幼儿的视觉和空间认知能力很大程度上通过运动探索来发展。他们会通过触摸、抓握、爬行和行走等动作来探索周围的物体和空间。通过这些运动经验，他们逐渐建立起对物体大小、距离和方向的感知和理解。

6. 记忆和学习能力的发展

婴幼儿的记忆和学习能力逐渐增强。他们能够记住一些简单的事实和经验，并通过反复记忆和练习来巩固和扩展自己的知识和技能。

记忆是指获取、存储和回忆信息的能力，而学习是指通过经验和环境刺激获取新知识和技能的过程。在早期阶段，婴幼儿的记忆主要是基于感知觉和运动的记忆。他们能够记住和辨识熟悉的面孔、声音和物体，并通过重复的方式来巩固记忆。随着年龄的增长，婴幼儿开始发展出更复杂的记忆，包括操作性记忆（记住如何执行特定动作）、事实记忆（记住具体的信息和事件）以及概念记忆（记住抽象的概念和关系）。婴幼儿的学习能力也在不断发展。他们通过观察和模仿他人的行为来学习新的技能和行为模式。他们对环境中的新刺激充满好奇，并通过试错的方式来探索和学习。随着记忆能力的增强，他们能够将过去的经验应用于新的情境中，并逐渐形成习惯和策略来解决问题。

三、婴幼儿认知发展的基本方式

婴幼儿认知发展的基本方式相互交织并相互促进，婴幼儿通过不断的探索、观察、记忆和学习，逐渐建立起对世界的认知和理解。

1. 感觉和知觉

婴幼儿通过感觉器官接收外界的刺激，并通过知觉过程对这些刺激进行意义的构建和理解。

知识链接

促进婴幼儿感觉和知觉发展的基本方式

婴幼儿的感觉和知觉在其认知发展中起着重要作用。以下是促进婴幼儿感觉和知觉发展的基本方式。

1. 提供多样的感官刺激

提供丰富多样的感官刺激，包括各种颜色、声音和气味等，让婴幼儿能够感知和体验不同的刺激。

2. 鼓励观察和探索

为婴幼儿提供安全的探索环境，让他们自主地观察和探索周围的事物，通过触摸、品尝等方式感知世界。

3. 提供有意义的互动

与婴幼儿进行面对面的互动，使用各种感觉刺激和游戏，如抚摸、拍击、摇晃、吹气等，帮助他们建立感觉和知觉的联系。

4. 提供贴近自然的体验

让婴幼儿接触自然环境，如观察植物和动物等，帮助他们感知大自然中的各种刺激。

5. 创造多感官体验

利用多感官刺激，如听音乐、绘画、做手工作品等活动，让婴幼儿通过多个感官通道接收信息，促进感觉和知觉的整合发展。

6. 吸引注意力

通过提供有趣的玩具、活动和游戏，吸引婴幼儿的注意力，让他们更加专注地感知和观察。

2. 运动和操作

婴幼儿通过运动和操作与周围环境互动，探索和了解世界。他们通过触摸、抓握、移动等运动来获取关于物体特征和空间关系的信息。

知识链接

促进婴幼儿运动和操作发展的基本方式

婴幼儿的运动和操作在其认知发展中起着重要作用。以下是促进婴幼儿运动和操作发展的基本方式。

1. 提供安全的探索环境

为婴幼儿提供安全、宽敞的探索环境，让他们有足够的空间和机会进行自由的运动和操作。

2. 鼓励主动运动

为婴幼儿提供适当的刺激和激励，鼓励他们主动爬行、翻滚、坐立、站立、行走等，逐步引导他们掌握新的运动技能。

3. 提供适宜的玩具和材料

选择符合婴幼儿年龄和发展阶段的玩具和材料，如活动垫、软质球、积木等，以促进他们的运动和动手能力发展。

4. 与婴幼儿进行互动游戏

与婴幼儿进行互动游戏，如抓捏、堆叠、拼插等，鼓励他们运动手指、手腕和手臂，提高手眼协调和精细运动能力。

5. 提供多样化的运动体验

给婴幼儿提供多样化的运动体验，如爬隧道、在球池中游玩、荡秋千等，让他们能够体验不同的运动和挑战。

6. 引导探索和问题解决

为婴幼儿提供有趣的问题和挑战，如如何将积木叠起来、如何找到隐藏的玩具等，促使他们思考和尝试不同的操作方式。

7. 鼓励观察和模仿

婴幼儿通过观察和模仿他人的运动和操作，学习和发展自己的技能。为他们创造机会观察其他婴幼儿或成年人的运动和操作，并给予鼓励和正面反馈。

8. 注重持久性和灵活性

婴幼儿的运动和操作发展需要持久性和灵活性的相关练习，因此，照护者应给予持久、灵活的支持和指导，帮助他们逐步发展出更复杂的运动技能和操作能力。

3. 记忆和学习

婴幼儿逐渐建立记忆和学习能力。他们能够记住已经经历过的事情，并通过学习新的知识和技能来丰富自己的认知。

知识链接

促进婴幼儿记忆和学习能力发展的基本方式

婴幼儿的记忆和学习是认知的重要组成部分。以下是促进婴幼儿记忆和学习发展的基本方式。

1. 重复和强化

重复是婴幼儿记忆和学习的基石。反复暴露于同一刺激或活动中，可以帮助婴幼儿巩固记忆和学习内容。同时，照护者给予积极的反馈和强化，如赞美、鼓励或给小奖励，可以增强婴幼儿记忆和学习的效果。

2. 感官刺激和多样化的经验

婴幼儿通过感官刺激来获取信息和建立记忆。照护者可以提供丰富多样的感官刺激和经验，如让婴幼儿触摸不同材质的物品、听音乐、观察多样的视觉图像等。

3. 手动操作和互动游戏

婴幼儿可通过手动操作和互动游戏来学习和记忆。照护者可以给予他们机会探索和操作物体，如拼插玩具、堆叠积木等。

4. 情感关联和情境学习

婴幼儿更容易记忆和学习与情感有关的信息和经验。照护者利用婴幼儿与父母的亲密互动、与熟悉的玩具或人物的接触等，可以帮助婴幼儿建立情感联系，促进其记忆和学习的发展。

5. 游戏和角色扮演

通过游戏和角色扮演，婴幼儿可以模仿和学习不同的角色、情节和情境。照护者给予他们适当的游戏和角色扮演机会，可以激发他们的想象力和创造力，促进其记忆和学习的发展。

6. 新奇的事物和适度的挑战

婴幼儿对于新奇的事物和适度的挑战更容易产生兴趣和注意力。照护者可以为他们提供新奇的事物和适度的挑战，如探索新的环境、尝试新的活动等。

4. 思维和符号运算

婴幼儿在认知发展的过程中逐渐发展出思维和符号运算的能力。他们能够进行简单的推理、分类和序列化，并开始使用符号（如语言、手势等）进行沟通和表达。

知识链接

促进婴幼儿思维和符号运算能力发展的基本方式

婴幼儿的思维和符号运算能力是其认知的重要方面。以下是促进婴幼儿思维和符号运算发展的基本方式。

1. 提供具体的感知经验

婴幼儿通过感知和经验来建立思维的基础。照护者可以给予婴幼儿丰富的感官刺激和实际的体验，如让婴幼儿触摸不同的材质、探索环境中的物体等。

2. 激发问题解决能力

照护者应引导婴幼儿面对问题和挑战，培养他们的问题解决能力。提出问题、鼓励探索和试错，促使婴幼儿思考并尝试不同的解决方法。

3. 提供符号和象征性的经验

照护者应逐渐引入符号和象征性的经验，帮助婴幼儿建立符号和实际物体之间的联系。例如，用图画、玩具代表物体或角色，以及简单的语言表达。

4. 互动和社交经验

互动和社交经验对婴幼儿思维和符号运算能力的发展至关重要。照护者可以与他们进行互动游戏、讨论和交流，引导他们分享观点、理解他人的意图和表达自己的想法。

5. 鼓励想象和创造

婴幼儿的想象力和创造力是思维的重要组成部分。照护者可以提供丰富的刺激和材料，鼓励婴幼儿进行角色扮演、想象游戏和创造性的活动。

6. 提供适度的挑战和复杂的活动

婴幼儿的思维和符号运算能力需要适度的挑战和复杂的活动才能得到发展。照护者可以为他们提供适当的挑战和复杂的活动，引导他们思考和解决问题。

5. 社会互动和合作

婴幼儿在社会互动和合作中，通过观察、模仿和交流来学习和发展认知。他们逐渐理解他人的意图和情感，并开始与他人互动和合作。

知识链接

促进婴幼儿社会互动和合作能力发展的基本方式

婴幼儿的社会互动和合作经验对于认知发展起着重要的作用。以下是促进婴幼儿社会互动和合作发展的基本方式。

1. 创造富有互动性的环境

为婴幼儿创造富有互动性的环境，包括与成年人、同龄人以及其他婴幼儿互动。这可以通过托育活动、游戏、歌唱等方式实现。

2. 鼓励积极参与社交

鼓励婴幼儿积极参与社交，与他人进行眼神交流、面部表情的互动，以及语言和非语言的沟通。

3. 提供合作的机会

在托育环境中创造合作的机会，例如进行集体游戏、团体活动和小组合作。这样的活动可以促进婴幼儿掌握与他人合作、分享资源、共同解决问题等技能。

4. 引导冲突解决

婴幼儿在社会互动中可能会面临冲突和纠纷。照护者可以引导他们学会理解他人的立场、分享资源、倾听和尊重他人的意见，以及找到共同解决问题的方法。

课堂讨论

促进婴幼儿认知发展的方法

促进婴幼儿认知发展的方法有很多，以下是一些常见的方法。

1. 提供丰富的感官刺激

给婴幼儿提供各种感官刺激，包括触觉、视觉、听觉、嗅觉和味觉等的刺激。照护者可以使用丰富多样的玩具、音乐、图书和游戏等，让婴幼儿通过感官体验来认知世界。

2. 与婴幼儿互动

与婴幼儿进行频繁的互动，例如与他们交流、玩耍和分享体验。这有助于培养他们的语言能力、注意力和社交技能，同时促进其认知发展。

3. 创造安全的探索环境

创造一个安全的环境，让婴幼儿有机会探索。可以提供适当的玩具和材料，鼓励他们进行触摸、抓取、拍打、推拉等活动，促进他们的运动和感知发展。

4. 鼓励问题解决和思维发展

给婴幼儿提供问题解决的机会，让他们思考和尝试解决问题。例如，让他们尝试把不同形状的积木放入相应的孔中，或者给他们一些简单的谜题和挑战，激发他们的思维和解决问题的能力。

5. 创造重复和预测性的经验

重复和预测性的经验有助于婴幼儿建立认知模式和记忆。照护者可以通过重复游戏、歌曲和活动，让婴幼儿熟悉和掌握某些认知模式和概念。

6. 探索自然和外界

让婴幼儿接触自然和外界的环境，如户外活动、观察植物和动物等。这样可以拓宽他们的视野，培养他们的观察力、好奇心和理解力。

7. 读绘本和讲故事

给婴幼儿读绘本和讲故事，有助于发展他们的语言和词汇，同时激发他们的想象力和逻辑思维。

8. 培养自主性和自我控制能力

给婴幼儿提供一些培养自主性和自我控制能力的机会，例如让他们做一些简单的选择，参与决策过程。这有助于培养他们的决策能力和自信心。

第三节 婴幼儿语言发展

婴幼儿语言发展是指他们从出生开始逐渐掌握和使用语言的过程。婴幼儿语言发展的过程有很大的个体差异，每个婴幼儿发展的速度和方式都有所不同。照护者可以通过与婴幼儿的互动交流来促进他们的语言发展，要给予婴幼儿充分的时间和空间来探索和发展自己的语言能力，尊重他们的个体差异，适时提供支持和鼓励。

一、婴幼儿语言发展概述

语言是人类表征信息的符号系统，它既是个体交际的工具，也是发展认知能力的工具。在早期教育中，语言是婴幼儿重要的学习对象。为了能和他人进行有效沟通，婴幼儿必须习得语言的5个要素：语音（语言声音系统的知识）、词法（单词如何由语音构成的规则）、语义（对黏着词素、自由词素或单词以及句子意思的理解）、句法（如何组合单词以制造句子的规则）、语用（在不同的社交情境中如何使用语言的规则）。

在正确理解婴幼儿语言发展规律的基础上，将婴幼儿语言教育渗透到日常生活的方方面面，是婴幼儿语言教育的任务所在。婴幼儿语言教育有狭义和广义之分。狭义的婴幼儿语言教育指的是婴幼儿掌握母语口语的过程，其把婴幼儿早期掌握母语的听说训练和教育作为主要的研究对象，旨在加强婴幼儿母语口语听说训练。广义的婴幼儿语言教育指的是婴幼儿所有语言获得和学习的现象、规律以及训练与教育，旨在增强婴幼儿听、说、读、写等能力的训练。对婴幼儿来说，婴幼儿语言教育的基本内容主要是培养倾听与理解的能力、口头表达与交流的能力和文学欣赏与早期阅读的能力，重点是培养他们的倾听能力和口语表达能力，使其基本掌握母语口语，基本能运用语言与他人进行交流。

二、婴幼儿语言发展的特点

婴幼儿语言发展主要指口语中听和说的能力的获得。

1. 语言接受先于语言表达

语言是双向的活动，其活动过程主要包括语言接受（含语言感知、语言理解）和语言表达。在婴幼儿语言发展的过程中，两个过程并不完全同步，语言接受先于语言表达发展，例如语音知觉发展在先，正确发出语音在后；词语理解发展在先，说出词语在后；对语句意义理解在先，运用语句表达在后。

2. 经历"非语言交际—口语交际—书面语言"的3个阶段

语言是人际交流的重要手段，在语言产生以前，0～1岁婴幼儿主要利用声音、身体姿势及动作进行交流，这个阶段属于非语言交际阶段（如点头表示"是"，摇头表示"不是"），2～3岁婴幼儿以口语交际为主（听、说），4岁以后的儿童逐渐掌握书面语言（读、写）。

3. 口语表达能力经历从情境性语言到连贯性语言的发展过程

情境性语言是指婴幼儿在对话中常使用不连贯的短句。婴幼儿说话时辅以手势、动作和表情进行补充表达，听者必须结合具体情境才能理解其表达的含义。连贯性语言是指婴幼儿在独白中使用的语言。这类语言表达的意思完整，语义前后连贯，听者不需说话者的手势、表情做补充，仅从语言本身就能理解其表达的含义。

情境性语言和连贯性语言的区别主要在于是否直接依靠具体事物作支撑，3岁前的婴幼儿一般只能进行对话，不会独白，主要是使用情境性语言进行表达；4岁以后，儿童随着逻辑思维的发展，能运用连贯性语言进行表达。

4. 经历"外部语言—自言自语—内部语言"的语言发展过程

语言分为外部语言和内部语言两大类。婴幼儿语言发展经历了从"外部语言"到"自言自语"再到"内部语言"的过程。

（1）外部语言是用来与别人进行交流的语言，包括口头语言（说、听）和书面语言（读、写）两种。口头语言是人通过发音器官发出语音，用以表达思想和情感的语言，包括对话和独白两种形式。对话是最古老、最简单，也是最基本的语言形式之一（包括聊天、辩论、座谈等形式），是一种情境性、不连贯的语言。独白是个人独自进行的，与叙述思想、情感相联系的，较长且连贯的语言（如报告、演讲、讲课等），是一种连贯性语言。独白是在对话的基础上发展起来的，它比对话更复杂。0～3岁婴幼儿主要使用口头语言对话，不会独白。书面语言是用文字来表达思想、情感的语言，一般儿童在4岁以后才出现。

（2）自言自语。2～3岁婴幼儿常常会边玩边嘀咕，自言自语。婴幼儿自言自语是出声思维的表现，并不是用来与他人沟通，而是自我规范和自我沟通，引导自己的思考过程及行动。

（3）内部语言是一种无声的、对自己讲的语言，它与抽象思维和有计划的行为有密切联系。0～3岁婴幼儿一般不会出现内部语言，一般4岁的儿童开始产生内部语言。

三、婴幼儿语言发展的规律

（一）0～1岁婴幼儿语言发展规律

0～1岁是婴幼儿语言发展的准备期，也称前语言期或语音感知期。

1. 0～3个月：感知分辨语音

0～1个月的婴幼儿的语言发展以感知分辨语音为主，他们在生活环境中感知各种声音，尤其是照护者的说话声，不断积累对声音感知的经验。他们偶尔会自然发出一些单音节，因舌部、唇部等不发达，无法发出需要舌唇部多运动的音，同时因为没有牙齿，也发不出齿音。婴幼儿自2～3个月开始进入自发声阶段。2个月的婴幼儿能分辨两音之间的差异及节奏，并对照护者的逗引、说话、表情发出声音和做出反应。3个月时，婴幼儿开始学会辨认妈妈的声音，并会追寻新奇的声音。随着时间的推移，此阶段婴幼儿对声音的敏感性增强，追随声源方向的反应会越来越灵敏。

2. 4～6个月：寻找声源和语音交往

4～6个月时，婴幼儿会寻找声源，能较准确地寻找声音的来源，并懂得和成年人进行语音交往。当照护者和他说话时，婴幼儿有明显的发音愿望，会发出声音以应和，能和成年人一起"啊啊""呜呜"地"聊天"。

3. 7～9个月：发出双音节

7～9个月的婴幼儿已经能发连续的音节，他们发音的频率越来越高，喜欢重复发出相同的音节，并开始发近似词的音，会有意识地发出"ma——ma""ba——ba"等音节；能重复发出某些元音和辅音，能听懂成年人对自己的召唤，会用自己的语音来表达不同的情绪，发音越来越像真正的说话；懂得一些常用词语的意思，会用简单的动作、语调和表情等表达情感；发音与实际事物的联系更为密切，语音含义的指向性越来越明确。

4. 10～12个月：发出不同语调

10～12个月的婴幼儿处于学说话的萌芽期。随着婴幼儿发音器官的不断完善，婴幼儿能发出更多、更复杂的音，并将不同的音连起来发，同时他们的声调从之前的单调变得抑扬顿挫，形成了语调，听起来更接近成年人的发音。他们慢慢建立起语音、具体事物和语义之间的单一联系，虽然还不会说话，但已能初步理解话语的含义，开始以主动的方式参与语言交际活动，把语言、动作、表情结合在一起表达意见。

（二）1～2岁婴幼儿语言发展规律

当1岁左右的婴幼儿说出第一批能被人理解的词时，就标志着他已经进入语言的发生期。婴幼儿已经具备了学习语言的初步生理基础。婴幼儿听力愈加灵敏，发音器官愈加成熟，能辨认、理解、记忆及模仿周围成年人的语音和语调。1～2岁婴幼儿的语言发展主要表现为用单词句表达。1岁时婴幼儿开始有意识地说名词，1.5岁会说动词，2岁左右会说短语，当婴幼儿可以自发性地说出一些有意义的词，代表他迈入了口语交谈的发展期。

1. 1～1.5岁：以词代句

1～1.5岁的婴幼儿开始表现出明显的语言学习行为，主要表现是以词代句，即用同一个单词代表许多不同的含义，或是代表一个句子。这时婴幼儿的语言具有高度的情境性，词义的表示不够准确，需要成年人根据实际的情境加以判断，才能了解婴幼儿语言的真正含义。1岁以后，婴幼儿模仿发音的行为达到高峰，14个月左右主动发音行为日渐增多。但是1～1.5岁的婴幼儿发音不够清晰和准确，这是一种自然现象。有时1～1.5岁的婴幼儿会在发音时出现漏音、丢音或替代发音的现象，例如把"姑姑"说成"嘟嘟"，把"哥哥"说成"得得"等。

2. 1.5～2岁：说简单句

1.5～2岁的婴幼儿说话的积极性与主动性最高，他们喜欢模仿成年人，对成年人所说的语言极感兴趣；在与人交谈时，他们多用简单句，句子较短，多数在5个字以内，因此这个阶段也称电报语阶段。在这个阶段婴幼儿常用简略、结构不完整，具有高度情境性的词语组合成电报句，并夹带动作、声音及手势与人沟通，经常出现语法错误，如颠倒主谓结构等。

2岁左右是婴幼儿词汇获得的关键期。婴幼儿最初掌握的是常见的名词和动词，以及代词"我"，1.5岁左右的婴幼儿开始正确使用"我"的主格和所有格，2岁左右的婴幼儿开始正确使用"我"和"你"。这个年龄阶段的婴幼儿语言感知能力的发展先于语言理解能力，如他们还不识字，却能完整流畅地背诵整首儿歌或古诗。

（三）2～3岁婴幼儿语言发展规律

2～3岁是婴幼儿语言发展的第二个关键期。此时期婴幼儿语言发展的主要特点表现为词汇量的扩充和语法的形成。他们喜欢与人进行语言交流，听与说的积极性很高。他们爱念儿歌、爱听故事，并能记住一些主要的故事情节，能背诵一些诗歌。3岁时，婴幼儿的词汇量可以达1000个左右，几乎是1.5岁前的4～5倍；婴幼儿的口语表达中开始出现形容词、代词、副词。他们说的简单句比较合乎语法了，对复合句的运用也在不断增加。

1. 2～2.5岁：婴幼儿语言爆发期

这个阶段婴幼儿已经掌握了一些常用的基本词汇，同时不断说出新词汇、新奇的句子，进入语言爆发期。这个阶段婴幼儿热衷使用语言与人交谈、交往，喜欢重复模仿照护者说过的话来表达自己的想法，并在与成年人的沟通交流中了解了词语的意义，准确建立物与人的联系。他们开始对图书感兴趣，喜欢听照护者讲故事，特别喜欢听自己熟悉的事，或与自己有关的故事。这个时期的婴幼儿还有特别强烈的好奇心，使用疑问句的频率非常高，"为什么""这是什么"等成为他们的口头语。他们除了想知道各种事物是什么外，也能理解并正确回答"谁""哪儿""为什么"等各种问题。婴幼儿发音器官尚未完全发育成熟，无法发出许多复杂的音，但他们自己会有意识地避免说容易发错音的词，自觉模仿正确发音，纠正错音。

2. 2.5～3岁：说复合句

3岁左右的婴幼儿造句能力不断增强，能较好地运用更多的合乎语法的简单完整句来表述自己的想法，讲述见闻，复合句的比例迅速增加。他们更喜欢与成年人交谈，能通过自言自语来调节自己的行为。由于语言表达能力较差，他们还不能独立完整地表达感情和叙述所见所闻，句子结构不完整、成分次序颠倒等情况经常发生。婴幼儿在发音和与成年人交流方面基本不存在障碍，但流畅性和对语法运用的熟练性有待提高。3岁左右的婴幼儿在交流中使用的词汇仍以名词和动词为主，但两者的比例开始减少，比较抽象的形容词、副词、代词的使用比例显著增加，量词、连词的使用比例也有少量增加，使用关联词的过程中常会出现不对应的现象。

课堂讨论　　促进婴幼儿语言发展的方法

促进婴幼儿语言发展是非常重要的，以下是一些可以促进婴幼儿语言发展的方法。

1. 与婴幼儿互动

与婴幼儿进行频繁的互动，包括眼神接触、微笑、声音模仿等。与他们进行对话，用简单的语言描述周围的事物，以引起他们的注意并回应他们的动作和声音。

2. 创造丰富多样的语言环境

为婴幼儿创造一个丰富多样的语言环境。提供包含丰富词汇的图书、玩具和游戏，播放适合婴幼儿的音乐和儿歌，与他们一起唱歌和说故事。

3. 擅于倾听和回应

倾听婴幼儿的声音和表达，并给予积极回应和关注。回应他们的声音、笑容和表情，鼓励他们表达自己的需求和感受。

4. 鼓励语言模仿

鼓励婴幼儿模仿声音和语调。使用简单清晰的语言，重复关键词和短语，帮助他们建立语言连接。

5. 扩展语言

在与婴幼儿交流时，使用正确的语法和丰富的词汇。当婴幼儿说出一个词时，照护者可以扩展他们的表达，如提出一个问题或者描述一个事物的特征。

6. 讲述故事和进行角色扮演

讲述简单的故事，使用图画和手势帮助婴幼儿理解。进行角色扮演，让婴幼儿扮演不同的角色，通过语言表达角色的行为和感受。

7. 保持愉快和积极的氛围

在语言互动中保持愉快和积极的氛围，给予婴幼儿充分的赞赏和鼓励。让语言学习成为一种愉快体验，激发婴幼儿的兴趣和好奇心。

8. 鼓励其与其他婴幼儿交往

给予婴幼儿与其他婴幼儿交往的机会，如带婴幼儿参加亲子活动、送婴幼儿上托儿所或幼儿园。让同龄婴幼儿一起玩耍和交流，可以促进婴幼儿的语言和社交能力发展。

第四节　婴幼儿情绪发展

婴幼儿情绪发展是指婴幼儿在感知和表达情绪方面的成长和变化。照护者促进婴幼儿情绪发展的关键在于提供支持、理解和爱，帮助他们建立积极的情绪调节和表达方式。

一、婴幼儿情绪概述

（一）情绪的定义

情绪是指伴随着认知和意识发展过程产生的对外界事物的态度，是对客观事物和主体需求之间关系的反应，是以个体的愿望和需要为中介的一种心理活动。情绪既是主观感受，又是客观生理反应，具有目的性。情绪是多元的、复杂的综合事件。人的情绪是无时无处不在的，对于婴幼儿来说，情绪尤其重要。

情绪发生的时候，有5个基本动作必须在短时间内协调、同步进行。

1. 生理反应

情绪发生时，身体会出现一系列生理反应，如心率加快、呼吸加快、肌肉紧张等。这些生理反应与情绪发生密切相关，需要在情绪发生时迅速调整和协调。

2. 情绪表达

情绪表达是指通过面部表情、声音、姿势和动作等方式将情绪传达给他人。在情绪发生时，婴幼儿需要能够适当地表达他们的情绪，以便与他人进行有效的交流。

3. 认知评估

情绪发生时，婴幼儿需要对情境进行认知评估，即对当前情绪产生的原因和后果进行评估和理解。这有助于他们更好地管理和调节自己的情绪。

4. 情绪调节

情绪调节是指婴幼儿在情绪发生时，通过采取适当的策略来管理和调节情绪的能力。情绪调节方式包括深呼吸、寻求安慰、寻找解决问题的办法等。

5. 社交互动

情绪发生时，婴幼儿需要与他人进行积极的社交互动，以便获得支持和安慰。这包括与照护者、同伴或其他重要人物建立情感联系和沟通。

（二）情绪的分类方式

情绪可以分为多种不同的类别，以下是一些常见的情绪分类方式。

1. 基本情绪分类

基本情绪是指普遍存在于人类和其他动物中的几种基本情绪，包括喜乐、悲伤、愤怒、恐惧、惊奇和厌恶。这些基本情绪是人类情绪的基础，它们通常以明显的面部表情和生理反应表现出来。

2. 情绪谱系分类

情绪谱系分类认为情绪存在于一个连续的谱系中，该谱系从正向情绪到负向情绪，涵盖了广泛的情绪状态。例如，快乐、满足、宁静等属于正向情绪，而沮丧、愤怒、焦虑等属于负向情绪。

3. 情绪表达分类

情绪表达分类关注情绪在行为和沟通中的表达方式。情绪表达可以分为显性情绪表达和隐性情绪表达。显性情绪表达是指一种明确、直接和公开的表露在外的情感表达方式。这种表达通常包括言语、面部表情、肢体语言等多个渠道，以使他人能够准确理解个体的情感。隐性情绪表达是指一种不明显或不直接表露在外的情感表达方式。这种情绪表达可能不易被他人察觉或理解，通常需要他人更深入的观察和解释才能识别。

4. 情绪功用分类

情绪功用分类关注情绪在个体生活中的功能和作用。情绪可以有多种功能，如提供信息、调节人际关系、激发行动、应对压力等。不同的情绪在不同的情境中可能具有不同的功用。

5. 长期情绪状态分类

长期情绪状态是指较长时间内持续存在的情绪状态，如抑郁、焦虑、愉悦等。这些情绪状态可能由多种因素引起，包括个体的情绪调节能力、生活经历和环境因素等。

二、婴幼儿情绪发展的表现

（一）0～1岁婴幼儿情绪发展的表现

0～1岁婴幼儿心理活动开始萌芽，情绪、情感开始出现。婴幼儿依靠自身的情绪反应与照护者进行交往，适应最初的生活。

1. 0～1个月婴幼儿情绪发展的表现

在0～1个月，婴幼儿的情绪发展主要表现在以下几个方面。

（1）基本情绪表达

婴幼儿会表达基本的情绪，如对刺激的兴奋或因沮丧而做出相应的面部表情和声音反应。他们可能会展示出微笑、皱眉、眨眼等面部表情，以及发出哭泣声、呻吟声等声音。

（2）反应性情绪

婴幼儿对外界刺激会产生明显的情绪，包括声音、触摸和光线等刺激。他们可能会对某些刺激产生积极的情绪，如对亲人的声音或面孔表现出安抚和愉悦的情绪，对强光或突然的声音表现出惊恐或不安的情绪。

（3）情绪的调节

婴幼儿在这个阶段对于自我情绪的调节能力还很有限。他们可能会依赖于成年人的安抚来缓解不适或不安。哭泣是婴幼儿主要的情绪表达方式之一，它可以表示饥饿、困倦、不舒服或需要亲近和安抚等。

（4）社会互动

婴幼儿会与亲近的成年人进行眼神接触、面部表情的模仿和回应。他们开始逐渐建立起与照护者之间的情感联系，并通过视觉和听觉上的交流来建立情感上的联系和互动。

（5）需求的表达

婴幼儿会通过不同的方式表达他们的需求，如想吃东西、渴望亲近、想被呵护等。他们可能会通过哭泣、吮吸手指、摇头或扭动身体等来表达自己的需求。

2. 1～6个月婴幼儿情绪发展的表现

1～6个月的婴幼儿的情绪进一步丰富和复杂化。以下是1～6个月婴幼儿情绪发展的一些特点。

（1）情绪的多样性

婴幼儿开始展现较多种类的情绪，包括愉悦、不安、惊讶、兴奋、烦躁和厌恶等。他们的面部表情、声音和身体语言变得更加丰富，能够更准确地表达他们的情绪。

（2）情绪的持续与转换

婴幼儿在这个阶段可以持续表达某种情绪，如愉悦或不安。他们还能够从一种情绪转换到另一种情绪，如从哭泣转变为微笑，或从兴奋转变为烦躁。

（3）情绪的社会表达

婴幼儿逐渐学会用声音、表情和身体语言来与他人进行情绪上的互动和沟通。他们可能会尝试模仿成年人的面部表情和声音，以及对成年人的微笑和关注做出积极的回应。

（4）情绪的自我调节

婴幼儿在这个阶段开始逐渐学会通过一些自我调节的方式来管理和调整自己的情绪。他们可能会通过吮吸奶嘴或手指来安抚自己，或者将注意力转移到其他刺激上以分散注意力。

（5）情绪的认知体验

随着认知的发展，婴幼儿开始能够更好地理解和辨别自己和他人的情绪。他们能够对亲人的面部表情和声音做出反应，并逐渐学会区分不同的情绪。

知识链接

促进1～6个月婴幼儿情绪发展的方法

在促进1～6个月婴幼儿情绪发展时，可以使用以下方法。

1. 建立亲密的联系

婴幼儿在这个阶段非常依赖成年人的关怀和亲密的接触。与婴幼儿建立亲密的关系，如拥抱、亲吻和安抚等，有助于满足他们的情感需求，使他们感到被关爱和安全。

2. 提供稳定的环境和规律的日常生活

婴幼儿对于稳定的环境和规律的日常生活有着很高的需求。建立规律的作息时间以及提供安全、整洁和刺激适度的生活环境，有助于婴幼儿增强情绪的稳定性。

3．建立情绪的连接和认知

通过观察婴幼儿的面部表情、声音和肢体动作，与他们建立情绪的连接和认知。与婴幼儿互动时，可以使用积极的面部表情和声音来回应他们的情绪，让他们感受到情绪的回应和理解。

4．鼓励情绪的表达和交流

鼓励婴幼儿用声音、表情和肢体动作来表达他们的情绪。与婴幼儿进行面对面的互动，模仿他们的声音和表情，并用简单的语言描述他们的情绪，如"你好高兴啊！"或"你好生气哦！"，这样有助于婴幼儿学习用适当的语言表达情绪，并建立情绪和语言之间的联系。

5．提供适当的情绪安抚和调节

当婴幼儿焦虑、不安或不适时，可提供适当的情绪安抚和调节，包括轻拍、安抚摇动、轻柔的按摩或使用安抚的声音和话语等。关注婴幼儿的身体需求，如饥饿、疲劳或不适，也有助于他们情绪的平衡和稳定。

6．创造情感连接

与婴幼儿进行有意义的情感连接和互动，例如与婴幼儿一起唱歌、听故事、玩耍。

3．7~12个月婴幼儿情绪发展的表现

7~12个月的婴幼儿的情绪继续发展，并呈现出以下特点。

（1）情绪表达的多样性

婴幼儿开始表达更多种类的情绪，如兴奋、好奇、惊讶、恐惧、沮丧和不满等。他们通过面部表情、声音、肢体动作和姿势等来表达自己的情绪。

（2）情绪的共享和社会性

婴幼儿意识到他们的情绪可以与他人分享，并开始主动与他人进行情绪上的互动。他们可能会尝试引起他人的注意，通过表情和声音来引起共鸣，并期望得到他人的回应和关注。

（3）情绪的持续与转换

婴幼儿在这个阶段可以更长时间地保持某种情绪，如保持持续的好奇或挫折感。他们还能够更快速地从一种情绪转换到另一种情绪，例如从兴奋转变为沮丧，或从恐惧转变为平静。

（4）情绪的自我调节

婴幼儿逐渐学会使用一些自我调节策略来管理和调整自己的情绪。他们可能会寻求照护者的安慰和支持，或通过自我安抚的方式来平复自己的情绪，如吮吸拇指、抚摸自己或寻找安抚物等。

（5）情绪的认知体验

随着认知的发展，婴幼儿开始能够更好地理解和解读自己和他人的情绪。他们能够通过观察他人的面部表情、声音和身体语言，以及与他人的互动来获取情绪的线索，并对这些线索做出适当的反应。

知识链接

促进7~12个月婴幼儿情绪发展的方法

在促进7~12个月婴幼儿情绪发展时，可以使用以下方法。

1. 建立稳定的情感关系

与婴幼儿保持亲密的关系和稳定的情感联系。提供安全的环境和温暖的关怀，回应他们的需求和情感表达。

2. 通过游戏和互动促进情绪表达

与婴幼儿进行游戏和互动，通过表情、声音和肢体语言来促进婴幼儿情绪的表达。使用面部表情和声音回应他们的情绪，鼓励他们模仿你的表情和声音。例如，你可以一起玩"捉迷藏"等互动游戏，促使他们表达情感。

3. 鼓励自主性

提供安全的环境和机会，让婴幼儿自主地探索和表达情绪。给予他们适当的选择权，让他们自己选择玩具、探索周围的环境，并支持他们的选择。

4. 培养情绪调节能力

帮助婴幼儿学会适应和调节情绪。当他们面对挫折或情绪困扰时，提供安抚和支持。使用温和的声音和温暖的话语安慰他们，让他们有安全感。逐渐引导他们通过适当的方式来表达和处理情绪，例如让他们用声音、手势或表情来表达自己的情感。

5. 创建积极的情感环境

在婴幼儿周围创建积极的情感环境。保持快乐、温暖的环境氛围，与他们共享愉快的时刻。通过赞美和鼓励来强化他们积极的情绪和行为。

6. 注意情绪信号和需求

细心观察婴幼儿的情绪信号和需求，并及时回应。了解他们对于不同情绪的表现，并给予相应的关怀和照顾。

（二）1～2岁婴幼儿情绪发展的表现

1～2岁的婴幼儿情绪发展的表现如下。

1. 情绪表达的强烈和情绪的多样

婴幼儿在这个阶段会有强烈的情绪表达和更多种类的情绪。他们可能会展示出高兴、兴奋、愤怒、沮丧、害羞、焦虑等各种情绪，对于这些情绪的表达可能更加强烈。

2. 自我意识和情绪的认知

婴幼儿开始逐渐意识到自己的情绪和他人的情绪，并能够用简单的语言或动作表达自己的情绪。他们可能会用词语或动作来描述自己的情绪，如说"不开心""高兴""生气"等。

3. 情绪的表达和调节

婴幼儿在这个阶段会更有效地表达和调节自己的情绪。他们可能会通过语言、面部表情、肢体动作和声音来表达情绪，如大声哭泣、大笑和拥抱。同时，他们也开始学会一些简单的情绪调节策略，如自我安抚、寻求安慰和与他人分享等。

4. 情绪的转移和控制

婴幼儿在这个阶段开始学会在不同的情境中转移和控制自己的情绪。他们可能会在面对挫折或冲突时尝试冷静下来，或者在兴奋时尝试平复自己激动的心情。这种情绪的转移和控制能力是逐渐发展和提升的。

5. 情绪的社交理解和互动

婴幼儿开始理解他人的情绪，并尝试与他人建立情感上的联系和互动。他们可能会通过观察他人的面部表情、声音和动作来推测他人的情感，并通过模仿和回应来表达对他人情绪的理解和关心。

知识链接

促进1～2岁婴幼儿情绪发展的方法

促进1～2岁婴幼儿情绪发展的常用方法如下。

1. 提供情感上的支持和理解

照护者应该给予婴幼儿情感上的支持和理解，接纳他们的情绪，并尽可能满足他们的情感需求。

2. 提供情绪的模仿和标记

通过模仿婴幼儿的面部表情、声音和动作，帮助他们认识和理解不同的情绪，并给予相应的情绪标记。例如，当婴幼儿表达高兴时，照护者可以笑着回应并说出"你很开心吗？"，这有助于婴幼儿建立情绪和语言之间的联系。

3. 提供情绪的认知训练

照护者通过与婴幼儿开展互动游戏和活动，帮助他们辨认和区分不同的情绪，并提供相关的词汇来描述这些情绪。例如，可以使用阅读绘本、观看图片和进行角色扮演等方式，让婴幼儿学习并运用情绪词汇。

4. 鼓励情绪的表达和交流

鼓励婴幼儿用语言、肢体和面部表情来表达自己的情绪，并提供积极的反馈和回应。

5. 创建情绪友好的环境

照护者为婴幼儿创造一个情绪友好的环境，包括提供稳定、安全和温暖的生活环境，以及有组织、有结构的日常活动和游戏。

（三）2～3岁婴幼儿情绪发展的表现

2～3岁的婴幼儿情绪发展的表现如下。

1. 情绪表达更加丰富

2～3岁婴幼儿开始能够更准确地表达自己的情绪。他们会用语言、面部表情、肢体动作等方式来表达喜悦、兴奋、悲伤、愤怒等情绪。他们能够更好地理解并使用一些情绪词汇，如"开心""难过""生气"。

2. 情绪的转换速度加快

婴幼儿在这个阶段会经历情绪的快速转换。他们可能会从一个情绪状态迅速切换到另一个情绪状态，如从愤怒转变为开心，或从开心转变为沮丧。这是因为他们正在学习情绪的调节和管理。

3. 对他人情绪的关注增加

2～3岁的婴幼儿开始对他人的情绪产生更多的关注。他们能够观察到他人的表情和行为，并试图理解和回应他人的情绪。他们可能会表现出关心、安慰、安抚他人的行为，或者通过模仿他人的情绪来共情。

4. 自我认知的发展

婴幼儿在这个阶段开始意识到自己是独立的个体，并开始形成对自我和他人的认知。他们开始意识到自己的情绪和行为，并尝试将其与他人的情绪和行为进行比较和联系。

5. 情绪调节能力的增强

2～3岁的婴幼儿逐渐学会使用一些简单的情绪调节策略来处理情绪，如深呼吸、寻求安慰、分散注意力等。

知识链接

促进2～3岁婴幼儿情绪发展的方法

促进2～3岁婴幼儿情绪发展，照护者可以采取以下方法。

1. 提供情绪认知的支持

帮助婴幼儿认识和理解各种情绪，例如通过阅读与情绪相关的绘本、观看有关情绪的图片等方式。鼓励他们使用适当的情绪词汇来表达自己的感受。

2. 给予情绪的接纳和理解

接纳婴幼儿的情绪，尊重他们的感受，并以理解和支持的方式回应。帮助他们认识到情绪是正常的，同时提供情绪调节的指导和帮助。

3. 传授情绪调节的策略

教给婴幼儿简单的情绪调节策略，如深呼吸、数数、安慰自己等。提供适当的情境和机会，让婴幼儿运用这些策略来调节自己的情绪。

4. 模仿和角色扮演

让婴幼儿通过模仿和角色扮演，体验和理解不同的情绪，并学习如何应对和表达这些情绪。

5. 创建支持性的环境

为婴幼儿创建稳定、安全、温暖的环境，减少环境中可能引起焦虑和不安的因素。

三、影响婴幼儿情绪发展的因素

（一）早期亲子关系

早期亲子关系对婴幼儿情绪发展具有深远的影响。

1. 情感安全感

建立安全的亲子感是婴幼儿情感发展的基础。当婴幼儿感到父母或照顾者的爱和关怀时，他们会感到安全，从而有助于积极的情感发展。

2. 情感互动

亲子互动是婴幼儿情感发展的关键。父母和婴幼儿之间的积极、温暖和敏感的情感互动有助于婴幼儿学会理解和表达情感。

3. 情感表达的模仿

婴幼儿通过模仿父母或照护者的情感表达来学习如何处理和表达情感。当父母以积极的方式处理情感时，婴幼儿也更有可能采取积极的情感表达方式。

4. 情感调节

父母在帮助婴幼儿应对情感挑战方面发挥着关键作用。他们可以通过提供情感支持、教导情感调节策略和示范情感管理来帮助婴幼儿学会处理情感。

5. 共情和同情

父母的共情和同情对婴幼儿的情感发展至关重要。当父母表现出对婴幼儿情感的理解和关心时，婴幼儿更有可能学会共情和同情他人。

6. 情感教育

父母可以通过与婴幼儿一起探讨情感、情感表达和情感认知来提供情感教育。

7. 一致性和可预测性

父母提供一致性和可预测性的环境，有助于婴幼儿建立安全感。婴幼儿知道在情感受挫时可以寻求父母的支持和关怀。

8. 情感沟通

建立开放、尊重和积极的情感沟通渠道有助于婴幼儿表达他们的感受，而不会感到被否定或压抑。

（二）教养方式

戴安娜·鲍姆林德（Diana Baumrind）是美国加利福尼亚大学伯克利分校的发展心理学教授，她在20世纪60年代研究了100多个家庭，发现不同的照护者教养方式主要的差别就体现在爱和规矩这两个维度上。她用满足需要和坚持要求来代表爱和规矩。根据爱和规矩这两个维度上的强弱结合，可以勾画出4种教养方式。

1. 专制型教养方式

这是一种高限制型的教养方式，这种照护者会给婴幼儿强加很多规则，并要求婴幼儿严格遵守，又随便使用权势，不鼓励婴幼儿对照护者的决定和规则有不同的表示，但又很少对婴幼儿说明为什么要依从这些规则，而且常用惩罚、强制的策略（即威胁或收回爱的方式）以促使婴幼儿遵守。他们很少给婴幼儿温暖、和同情。专制型教养方式下的婴幼儿更容易喜怒无常，易被激怒，不愿意与同伴合作，相对来说没有目标。

2. 放任型教养方式

这是一种接纳而宽松的教养方式。照护者几乎不会对婴幼儿提出要求，允许婴幼儿自由地表达自己的感受。这类婴幼儿受到照护者的约束和控制比较少。很多照护者以采取放养式教育为荣，如果完全撒手放养，那就是放任、放弃了。放任型教养方式下的婴幼儿表现得更易冲动并具有攻击性，他们往往以自我为中心，缺少行为规范，独立性和成就感都比较低。

3. 不作为型教养方式

与放任型教养方式相类似，不作为型教养方式是一种极度宽松且对婴幼儿没有任何要求的教养方式。不作为型的照护者对婴幼儿的态度是冷漠的，他们常常沉浸在自己的压力和问题中，对婴幼儿既不管束，也不做回应，婴幼儿常常处于被忽视的状态。被照护者冷落的婴幼儿，更容易出现反社会倾向。

4. 权威型教养方式

这是既控制又灵活的教养方式。照护者会对婴幼儿提出要求，但要求合理，而且会耐心地向婴幼儿解释为什么要遵守这些要求。权威型的照护者能理解婴幼儿的需求和观点，也常让婴幼儿参与家庭决策，不过，他们期待婴幼儿能遵从他们所设定的限制，并在需要时使用权力和说理（即诱导式的管教），以确保婴幼儿遵从。权威型的照护者是温暖的、慈爱的、支持婴幼儿的、诚心诚意的，与婴幼儿有很好的交往，同时，他对婴幼儿是有控制的，要求婴幼儿有成熟的行为。

（三）家庭结构

不同的家庭结构对婴幼儿情绪发展的影响会表现出不同的特点，接下来主要介绍两种家庭结构。

1. 离异家庭

大部分的家庭在适应离婚时需经过一年或一年以上的危机期。在这段时间内，所有家庭成员的生活都会受到严重的干扰。婴幼儿对最近发生的事件常会生气、害怕以及产生忧郁情绪，也可能会产生罪恶感，特别是婴幼儿，他们常会觉得自己应该为照护者的分离负责任。在这个危机期里，照护者与婴幼儿的关系会形成一种恶性循环，婴幼儿哀伤的情绪和问题行为与照护者没有效率的教养方式相互影响，让彼此的生活都不愉快。

2. 重组家庭

照护者离婚后3～5年内，很多婴幼儿在照护者再婚及婴幼儿有继照护者时，要经历另一个重要的改变。再婚常能改善有监护权的照护者的经济和生活环境，这些重组家庭会为婴幼儿带来新的挑战，婴幼儿现在不仅必须适应不熟悉的照护者的教养方式，也必须适应继手足（如果有的话）的行为，而且有监护权和无监护权的照护者对他们的注意可能都会减少。

第五节 婴幼儿社会性发展

婴幼儿社会性发展是指婴幼儿在与他人互动和建立社会关系的过程中的成长和变化。婴幼儿社会性发展对于他们的情感和认知发展至关重要。通过与他人的互动和社交经验的积累，婴幼儿能够建立良好的社会关系、发展情感智力和学习社会技能，为未来的发展奠定基础。

一、婴幼儿社会性发展的定义

婴幼儿社会性发展是指婴幼儿在自我意识、人际交往、情绪交流与控制等方面的变化。通过社会性发展，婴幼儿开始初步掌握社会规范，形成初步的自理能力并且开始对社会角色的学习。

二、婴幼儿社会性发展的内容

神经科学家和婴幼儿心理学家对婴幼儿社会性发展做了比较全面的研究，发现婴幼儿社会性发展主要包含对他人的兴趣、自我意识的发展、情绪发展、社会性行为和自理能力的培养几方面内容，具体如下。

1. 对他人的兴趣

婴幼儿从早期开始表现出对他人的兴趣，他们会注意并观察他人的面部表情、声音、动作等特征。他们逐渐学会区分不同的人物，并展现出对特定人物的喜爱和亲近。

2. 自我意识的发展

在婴幼儿社会性发展中，自我意识起着重要的作用。他们逐渐认识到自己是一个独立的个体，能够区分自己和他人，并开始形成对自己的认知和自我概念。

3. 情绪发展

婴幼儿情绪发展对社会性发展至关重要。他们逐渐学会识别和表达自己的情感，如喜悦、悲伤、愤怒等，并开始理解和回应他人的情绪。

4. 社会性行为

婴幼儿在社会性发展中展现出各种社会性行为，如注视他人、微笑、哭泣、亲吻等。他们开始通过非语言的方式与他人交流和互动，建立起早期的社交关系。

5. 自理能力的培养

随着成长，婴幼儿逐渐发展出一定的自理能力，如喂食自己、穿脱衣物等。自理能力的培养不仅增强了婴幼儿的自信心，也为他们更好地适应社交环境和参与社会互动打下基础。

三、婴幼儿社会性发展的特点

1. 遗传素质是婴幼儿社会性发展的基础

遗传素质指的是个体在遗传上所具备的特定性格、行为倾向和基本能力，这些素质可以影响婴幼儿的社会交往和社会认知能力的发展。一方面，遗传素质可以影响婴幼儿的基本性格特点，如温和、活泼、内向或外向等，这些基本性格特点会在社交互动中体现出来。例如，一些婴幼儿可能更容易与他人建立亲密的关系，而另一些婴幼儿可能更具探索性和社交活跃性。另一方面，遗传素质还可以影响婴幼儿的社会认知能力和情绪调节能力。例如，一些婴幼儿可能更早地展示出对他人的兴趣，更容易理解和共享情感，而另一些婴幼儿可能需要更多的时间来发展这些能力。需要注意的是，遗传素质只是婴幼儿社会性发展的一个方面，环境因素同样起着重要的作用。家庭环境、社会互动、照护者的教育方式等都可以对婴幼儿社会性的发展产生积极影响。因此，除了遗传素质，提供良好的社会环境和支持也是促进婴幼儿社会性发展的重要途径。

2. 婴幼儿社会性发展是通过婴幼儿与其他个体及群体的相互作用实现的

在与他人的互动中，婴幼儿开始建立社会关系、学习社会规则和逐渐适应社会环境。通过与父母、兄弟姐妹、亲戚和其他婴幼儿的互动，婴幼儿开始学习与他人沟通、分享、合作和解决冲突的技巧。他们观察和模仿他人的行为、表情和语言，逐渐理解并运用社会交往的规则和方式。

婴幼儿在社会性发展过程中也开始意识到自己是独立的个体，并逐渐形成自我意识。他们能够区分自己和他人，并在互动中发展自我意识和自我表达的能力。他们开始表现出对他人的兴趣和关注，并通过表情、姿态和声音来表达自己的情感和需求。在群体中，婴幼儿也开始感知和适应社会规范和期望。他们通过观察他人的行为和反应，学习什么是受欢迎的、被接纳的行为，并努力使自身行为符合社会期望。他们逐渐学会分享、帮助他人和参与集体活动，从而形成社会责任感和团队意识。

3. 婴幼儿社会性发展是共性与个性的统一

婴幼儿在社会性发展过程中既会受到社会和文化的共同影响，也会表现出个体差异和个别发展轨迹。共性体现在婴幼儿在社会交往中学习和内化社会规范、价值观和文化习俗。他们通过观察和模仿他人的行为，逐渐理解和遵守社会的规则，并适应社会的期望。在亲子关系、家庭和托育环境中，婴幼儿会接受共同的教育和指导，学会与他人合作、分享和尊重他人。婴幼儿社会性发展也受到个体差异和个别发展的影响。每个婴幼儿都有独特的个性、兴趣和需求，以及不同的发展节奏和能力。他们在社会互动中可能表现出不同的社交技巧、情绪反应和社会适应能力。

4. 社会性发展是持续终生的过程

社会性发展不但发生在婴幼儿阶段，而且在整个人的生命周期中持续发展和演变。婴幼儿时期是社会性发展的关键时期，婴幼儿开始与家庭成员、亲近的人和托育环境中的其他婴幼儿进行互动和交往。在这个过程中，他们逐渐学会理解和回应他人的情感、需求和意图，建立情感连接和亲密关系。

社会性发展不限于早期婴幼儿阶段。在后续的幼儿、青少年和成年人阶段，个体会持续面临新的社会性发展的挑战和机会，需要不断调整和适应社会环境的变化。个体会在学校、社交团体、工作场所和社会交往中继续发展社会技能、合作能力和社会认知。社会性发展的终生过程也包括个体社会角色的塑造、身份认同感和价值观的形成。个体在社会性发展过程中不断接受来自家庭、教育、文化和社会的影响和教育，逐渐建立自己的社会身份和参与社会互动的意识。

四、婴幼儿社会性发展的过程

1. 婴幼儿社会性发展是不平衡的

婴幼儿社会性发展在不同方面存在着不平衡。例如，婴幼儿在情绪表达和交流能力方面可能相对较早地发展，而在理解他人意图和合作行为方面可能发展得相对较晚。这种不平衡是正常的，因为不同方面的社会能力需要时间和经验的积累才能逐步发展。婴幼儿社会性发展的不平衡还与个体差异和环境影响有关。每个婴幼儿都有自己的个体差异，包括性格特点、情绪调节能力、社交偏好等，这会对婴幼儿社会性发展产生影响。同时，家庭环境、托育环境和文化背景等外部环境因素也会对婴幼儿社会性发展的不平衡产生影响。

2. 婴幼儿社会性发展过程受生物因素与社会因素的制约

生物因素包括婴幼儿的遗传素质、基本生理功能和大脑发育等。婴幼儿的遗传素质对其社会性发展起着基础性的作用；包括基因对婴幼儿行为、情绪和社交能力的影响。

社会因素包括家庭环境、托育环境和文化背景等。家庭是婴幼儿最早进入的社会化环境，家庭的亲密关系和互动对婴幼儿的社会性发展具有重要影响。托育环境中的照护者和同龄伙伴也对婴幼儿的社会性发展起重要作用。此外，文化背景对婴幼儿的社会性发展方式和期望也产生了影响，不同文化对亲子关系、社会角色和社交行为有不同的价值观和规范。

生物因素和社会因素相互作用，共同塑造了婴幼儿社会性发展的过程。婴幼儿的生物因素为其社会性发展提供了动力和限制，而社会因素则提供了具体的刺激和经验，促进婴幼儿社会能力的发展。同时，社会因素也可以影响婴幼儿的生物因素，如家庭互动和照护者的反应方式可以对婴幼儿的大脑发育产生影响。

3. 婴幼儿在社会性发展过程中的主动性

婴幼儿在社会性发展过程中会表现出较强的主动性，即他们在社会性发展过程中会积极主动地与他人和环境互动。

在早期阶段，婴幼儿通过面部表情、眼神接触、声音和身体动作等方式与照护者建立情感联系，并通过积极的反应引起照护者的关注和回应。他们会主动寻求亲近、安慰和互动，表达自己的需求和情绪。随着婴幼儿的生长和发展，他们逐渐展示出对周围环境的兴趣和好奇心，开始通过运动和感官来探索环境。他们会主动触摸、抓取、探索物体，并试图与人和事物建立联系和关系。婴幼儿还会通过模仿他人的动作和表情来学习和理解社会化行为。随着语言和认知能力的发展，婴幼儿开始使用语言表达自己的需求、感受和意愿，并积极参与语言交流。他们会主动模仿和学习他人的语言和行为，并试图与他人进行互动和合作。

婴幼儿在社会性发展过程中还表现出参与社会性游戏的主动性。他们愿意与同龄伙伴一起参与各种游戏和活动，分享玩具和经验，并掌握合作、分享和解决问题的能力。

五、婴幼儿社会性发展的表现

通过社会性的互动和交流，婴幼儿能够满足他们的情感和社会化需求，逐步建立起与他人的社交联系和相互关系，并逐渐理解和适应社会的规则和行为准则。

（一）0～1岁婴幼儿社会性发展的表现

0～1岁婴幼儿社会性发展的表现分为0～6个月和7～12个月婴幼儿社会性发展的表现。

1. 0～6个月婴幼儿社会性发展的表现

0～6个月的婴幼儿社会性发展主要表现在以下几个方面。

（1）做出社交反应

婴幼儿会对照护者和熟悉的人展示社交反应，如对他们的微笑、注视和声音做出回应。他们能够辨认照护者的面部表情和声音，并对亲近的人产生积极的情感反应。

（2）开始发展注视和追踪能力

婴幼儿开始发展注视和追踪能力，眼睛能够跟随人和物体运动，并对周围环境产生兴趣。他们会寻找视觉刺激，并通过注视和追踪与他人进行眼神接触。

（3）引起注意和回应

婴幼儿在与他人的互动中逐渐有更多的表现，如面部表情、声音和肢体动作。他们会通过"咿咿呀呀"的声音、手舞足蹈和微笑等方式与他人交流，并试图引起他人的注意和回应。

（4）开始表达情感

婴幼儿开始表达情感，包括喜悦、不安、兴奋和不满等。他们可以通过面部表情、声音和肢体动作来表达自己的情感，并寻求照护者的关注和回应。

（5）建立社会认知

婴幼儿逐渐开始认识到自己与他人之间的互动关系，并尝试模仿他人的表情和动作。他们能够通过观察和学习来理解社会化行为，并在互动中建立起一定的社会认知。

2. 7～12个月婴幼儿社会性发展的表现

7～12个月的婴幼儿，社会行为进一步扩展和丰富，具体表现如下。

（1）社交互动增加

婴幼儿开始更主动地与他人进行社交互动。他们会使用声音、手势和面部表情来引起他人的注意，并期待他人的回应。他们可能会尝试模仿他人的动作和表情，以及发出更多不同的声音。

（2）表达和分享情绪

婴幼儿能够更好地表达和分享情绪。他们会通过面部表情、声音和肢体动作来表达自己的情绪，如高兴、不满或焦虑。他们也能够感知他人的情绪，并展示出对他人情感的共鸣和关注。

（3）开始参与社会游戏

婴幼儿开始参与简单的社会游戏，如捉迷藏、拍手等。他们会与他人一起玩耍，通过与他人互动和合作来享受游戏的乐趣。

（4）探索社会环境

婴幼儿对周围的社会环境更感兴趣，并积极主动地探索。他们会观察和模仿他人的行为，试图理解和学习社会化的规则和行为准则。

（5）情感依恋加强

婴幼儿的情感依恋逐渐加强，特别是对照护者的依赖和亲近。他们会表现出对照护者的安全依恋，寻求他们的陪伴和安慰。

（二）1～2岁婴幼儿社会性发展的表现

1～2岁婴幼儿社会性发展的表现分为13～18个月和19～24个月婴幼儿社会性发展的表现。

1. 13～18个月婴幼儿社会性发展的表现

13～18个月婴幼儿的社会行为进一步扩展和丰富，以下是一些常见的表现。

（1）开始社会模仿

婴幼儿开始更加积极地模仿他人的行为和动作。他们观察并模仿照护者和其他婴幼儿的动作、表情和语言，以学习和适应社会化的行为模式。

（2）学会分享合作

婴幼儿开始参与简单的社会游戏，如抓追游戏、拍手和扔球等。他们享受与他人一起玩耍的乐趣，并逐渐学会分享和合作。

（3）表示情感和需求

婴幼儿通过言语、肢体语言和表情来表达情感和需求。他们可能会使用简单的词语和手势来表达自己的欲望、喜好。

（4）理解社会概念

婴幼儿开始意识到自己是独立的个体，有与他人不同的身份和角色。他们开始关注自己和他人之间的相似性和差异性，并开始理解一些基本的社会概念，如家庭成员和朋友等。

（5）接受规范指导

婴幼儿在这个阶段开始接受一些简单的社会规范和指导。他们逐渐理解什么是可以接受的行为，如分享玩具、等待自己的轮次和对他人友好等。

（6）探索社会环境

婴幼儿对周围的社会环境表现出更大的兴趣。他们会主动与他人互动，探索不同的情境和人际关系，并开始对社会环境的规则和期望产生更多的理解。

2. 19～24个月婴幼儿社会性发展的表现

19～24个月婴幼儿的社会性发展呈现出一系列新的表现。以下是一些常见的表现。

（1）社交增加

婴幼儿更加积极地参与社交，表现出更多的社交行为。他们会主动与他人打招呼、握手、拥抱，并展示出更多的亲善行为。

（2）语言发展迅速

在这个阶段，婴幼儿的语言能力发展迅速，他们开始使用更多的词汇和短语来表达自己的意愿和需求。他们能够更好地与他人交流，并开始理解简单的指示和问题。

（3）进行角色扮演

婴幼儿开始通过角色扮演来模仿现实生活中的情境和角色。他们喜欢扮演父母、医生、老师等角色，通过模仿他人的行为来理解社会角色和关系。

（4）学会情绪控制

婴幼儿在这个阶段逐渐学会控制自己的情绪。他们能够更好地识别和表达自己的情绪，并开始学习适应和管理情绪，例如通过言语、动作或请求来表达自己的需求。

（5）学习合作分享

婴幼儿会展示合作和分享的行为。他们能够与其他婴幼儿一起进行简单的合作活动，如搭积木、合唱歌曲等，并分享玩具和食物。

（6）开始理解规则

婴幼儿在这个阶段开始理解一些简单的规则和约定。他们会学习等待自己的轮次、分享玩具、保持安静等基本的社会规范。

（三）2～3岁婴幼儿社会性发展的表现

2～3岁婴幼儿社会性发展的表现分为25～30个月和31～36个月婴幼儿社会性发展的表现。

1. 25～30个月婴幼儿社会性发展的表现

25～30个月婴幼儿社会性发展呈现出一系列新的表现。以下是一些常见的表现。

（1）意识到自我与他人的差异

婴幼儿开始逐渐认识到自己和他人是不同的个体，他们能够使用人称代词（如我、你）来区分自己和他人，并开始表达自己的意愿和偏好。

（2）扮演角色和参与情节游戏

婴幼儿越来越喜欢扮演角色和参与情节游戏。他们能够模拟日常生活中的情境，扮演不同的角色，并通过言语和动作表达自己扮演的角色和演绎的情节。

（3）社交游戏

婴幼儿更加喜欢与其他婴幼儿进行社交游戏，如追逐、捉迷藏等。他们继续学习合作、分享、等待轮次等社交技能，并享受与其他婴幼儿的互动和玩耍。

（4）情绪理解和表达

婴幼儿在这个阶段进一步发展了对情绪的理解和表达能力。他们能够识别和区分不同的情绪，如喜悦、愤怒、悲伤等，并通过言语和面部表情来表达自己的情绪。

（5）社会规范和道德观念

婴幼儿开始逐渐理解和遵守社会规范和道德观念。他们能够识别一些基本的道德行为，如分享、帮助他人等。

（6）自我控制和独立性

婴幼儿在这个阶段开始展示更强的自我控制能力和独立性。他们能够在一定程度上管理自己的行为和情绪，如等待、自己穿脱衣服、自己进食等，表现出更强的自主性和自立性。

2. 31～36个月婴幼儿社会性发展的表现

31～36个月婴幼儿社会性发展的表现如下。

（1）参与社交游戏的积极性增强

婴幼儿更加积极地参与社交游戏，如模仿游戏、角色扮演和合作游戏。他们开始理解规则和角色的概念，并学会与他人共享游戏体验。

（2）情绪表达和理解能力进一步发展

婴幼儿可以更准确地表达自己的情绪，并开始理解他人的情绪表达。他们会使用言语、面部表情和体态语言来表达和分享自己的喜悦、愤怒、悲伤等情绪。

（3）同伴关系的建立

婴幼儿对与同龄朋友的互动表现出兴趣，开始主动与他人建立友谊和合作关系。他们能够共享玩具和资源，解决简单的冲突，并参与小团体活动。

（4）自我意识增强

婴幼儿逐渐认识到自己是独立的个体，具有自己的想法、需求和喜好。他们开始表达自己的意愿，并尝试通过语言和行为来实现自己的目标。

（5）规则意识的培养

婴幼儿逐渐理解和接受一些简单的规则和约束，并能够在社交活动中遵守规则。他们开始了解合作和分享的重要性，并学会尊重他人的意见和空间。

（6）模仿和学习能力的提升

婴幼儿对周围环境和他人行为表现出更强的模仿和学习能力。他们能够观察并模仿他人的动作、言语和行为，从中学习新的技能和知识。

（7）情绪调节的发展

婴幼儿逐渐学会更有效地调节自己的情绪。他们能够通过适当的情绪表达和行为来应对挫折和冲突，并寻求成年人的支持和安慰。

课堂讨论　　　　　　　　**促进婴幼儿社会性发展的方法**

促进婴幼儿社会性发展的方法有许多，以下是一些常见的方法。

1. 提供有机会和其他婴幼儿互动的环境

照护者应为婴幼儿创造与其他婴幼儿交往的机会，如安排固定的婴幼儿游戏时间或参加社区的亲子活动。这样可以帮助他们与其他婴幼儿建立联系，并学会与他人合作和分享。

2. 鼓励与关爱人员互动

照护者应鼓励婴幼儿与关爱人员进行眼神交流、亲密接触和肢体接触，以建立情感联系和信任感。

3. 提供模仿和角色扮演的机会

模仿是婴幼儿学习社会行为和技能的重要方式。照护者为他们提供模仿和角色扮演的机会，例如给他们电话玩具、玩偶或家居角色扮演道具，以鼓励他们模仿和模拟真实生活中的社交场景。

4. 鼓励语言和交流

语言是社交中重要的交流工具。照护者应与婴幼儿进行频繁的语言互动，包括与他们说话、唱歌、讲故事和回应他们的表达。

5. 教授分享和合作

照护者应鼓励婴幼儿与他人分享玩具和资源，并参与合作活动。可以使用游戏和绘本等，教导他们如何与他人合作、协商和解决冲突。

6. 培养情绪认知和调节能力

照护者应帮助婴幼儿认识自己的情绪，并提供适当的情绪调节策略。通过情感表达、讲情绪故事和角色扮演等方式，教导他们如何理解和处理自己以及他人的情感。

7. 提供安全稳定的环境

婴幼儿需要在安全、稳定和支持性的环境中成长，以促进社会性发展。良好的亲子关系、稳定的日常生活和适当的挑战和支持，都可以帮助婴幼儿建立安全感和信任感，从而使其积极参与社会互动。

课后练习题

1. 根据婴幼儿动作发展的规律，编写设计一节托育课程。
2. 根据婴幼儿认知发展的基本方式，编写设计一节托育课程。
3. 根据婴幼儿语言发展的规律，编写设计一节托育课程。
4. 根据婴幼儿情绪发展的表现，编写设计一节托育课程。
5. 根据婴幼儿社会性发展的表现，编写设计一节托育课程。

第四章

婴幼儿营养与科学喂养

本章学习目标

（1）掌握婴幼儿营养的定义和作用。

（2）了解婴幼儿营养组成。

（3）掌握婴幼儿科学喂养的概念和原则。

（4）了解新出生婴幼儿的科学喂养。

（5）了解0～3岁婴幼儿的科学喂养。

婴幼儿的营养应当均衡、多样化，并根据婴幼儿的年龄、发育阶段和个体差异进行调整。婴幼儿科学喂养在于提供婴幼儿所需的营养物质，促进他们的健康生长和全面发展。

第一节　婴幼儿营养

婴幼儿期是个体生长发育最为迅速的阶段，营养对于婴幼儿的发育和生长、健康至关重要。照护者提供均衡、多样化的饮食，关注食物安全，让婴幼儿及时进行体检和就体检结果咨询专业医生，将有助于确保婴幼儿获得充足的营养，并促进他们健康成长。

一、营养概述

营养是指通过食物或其他途径摄入身体所需的物质，以维持生命、促进生长和维持身体健康。营养包括人体所需的各种营养物质，如蛋白质、碳水化合物、脂肪、维生素、无机盐和水。这些营养物质通过个体对食物的摄入和消化吸收进入人体，提供能量和构建组织，维持正常的生理功能、生长和发育，同时参与各种代谢过程和维持健康状态。

营养可以分为以下两种。

1. 宏观营养素

宏观营养素是指提供能量和构建身体组织的大量营养物质，包括蛋白质、碳水化合物和脂肪。蛋白质是构成体内组织和细胞的基本结构材料，碳水化合物是主要的能量来源，脂肪则提供能量储存和保护器官的功能。

2. 微量营养素

微量营养素是指人体所需的少量营养物质，包括维生素和无机盐。维生素是调节身体代谢和维持生理功能的关键物质，无机盐则参与体内许多重要的生化反应并维持骨骼、神经和免疫系统的正常功能。

二、婴幼儿营养的定义和作用

1. 婴幼儿营养的定义

婴幼儿营养是指供应给婴幼儿身体生长、发育和健康所需的各种物质和能量。它涵盖了婴幼儿所需的各种营养素，包括蛋白质、脂肪、碳水化合物、维生素、无机盐和水。

婴幼儿期是个体生长发育最为迅速的阶段，此阶段个体对营养的需求量较大。合理摄入营养可以促进婴幼儿的正常生长和发育，维持免疫功能，支持器官和系统的发育，满足他们的身体对于能量和营养素的需要。

婴幼儿营养的定义还包括合适的喂养方法和饮食习惯的培养。母乳喂养被广泛认为是最佳的喂养方法，因为母乳中含有婴幼儿所需的所有营养物质，并具有抗感染和增强免疫力的作用。无法接受母乳喂养的婴幼儿，可将配方奶粉作为替代品。

婴幼儿营养的定义强调了合适的饮食习惯的培养。在婴幼儿期，逐渐引入适当的辅食是必要的，这样可以满足他们不断增长的营养需求。合理的、多样化的饮食，包括蔬菜、水果、谷物、蛋白质等，可以帮助婴幼儿获取全面的营养。

2. 婴幼儿营养的作用

婴幼儿营养在维持其健康和发育过程中起着至关重要的作用。以下是婴幼儿营养的主要作用。

（1）促进生长和发育

婴幼儿期是个体生长发育最为迅速的阶段，合理的营养摄入可以支持婴幼儿身体和脑部的正常发育。营养素如蛋白质、脂肪、碳水化合物、维生素和无机盐等提供了婴幼儿生长所需的能量和构建身体组织所需的物质。

（2）增强免疫功能

婴幼儿的免疫系统尚未完全发育，良好的营养可以支持婴幼儿免疫系统的正常运作，增强婴幼儿抗感染和抗病的能力。维生素和无机盐等营养素对婴幼儿免疫系统的发育起着重要的作用。

（3）维护消化功能

婴幼儿的消化系统也处于发育过程中，适当的营养摄入可以促进婴幼儿消化功能的正常发展。母乳喂养有助于婴幼儿消化系统的成熟和正常功能的建立。

（4）支持神经系统发育

大脑是婴幼儿发育的核心，充足的营养摄入对于婴幼儿神经系统的发育至关重要。脂肪、蛋白质和维生素等营养素对大脑发育和神经递质的合成具有重要作用。

（5）提供能量和活力

适当的营养摄入可以为婴幼儿提供所需的能量，支持他们进行日常活动和成长发育。

三、婴幼儿营养组成

婴幼儿营养组成是指婴幼儿所需的各种营养物质的种类和数量，以维持他们的生长、发育和健康。婴幼儿营养组成包括以下主要成分。

1. 蛋白质

蛋白质是构建和修复组织的关键营养素，对于婴幼儿的生长发育至关重要。

2. 脂肪

脂肪是能量的重要来源，同时也是脑部发育所需的。母乳和配方奶中含有丰富的脂肪，但对于婴幼儿的生长和发育，脂肪可能来自其他食物来源。

3. 碳水化合物

碳水化合物是婴幼儿的主要能量来源。它们提供婴幼儿和幼儿活动所需的能量，也是大脑的首选能源。

4. 无机盐

无机盐包括钙、铁、锌、镁等，对于骨骼健康、红细胞生产、免疫系统和神经系统功能至关重要。

5. 维生素

维生素包括维生素A、维生素C、维生素D、维生素E等，这些维生素对于婴幼儿的各种生理功能非常重要，如免疫系统、视觉、皮肤健康等。

6. 水

水是生命必需品，对于婴幼儿的健康至关重要。婴幼儿需要足够的水来保持体内的水平衡。

婴幼儿的营养组成会随着年龄增长和发育阶段的变化而变化，所以在不同的发育阶段，他们的饮食需求也会不同。婴幼儿的饮食应该是均衡的、多样化的，以确保婴幼儿摄取足够的各种营养素，满足他们的生长和发育需求。

（一）蛋白质

1. 蛋白质的定义

蛋白质是生物体内由氨基酸组成的大分子有机化合物。它们是生命体最基本的组成部分之一，具有多种重要的生理功能。蛋白质通过化学键将氨基酸连接在一起，形成多肽链或聚肽链，进一步组装成具有特定结构和功能的蛋白质分子。

蛋白质在生物体内扮演着多种重要的角色，具有多种功能，包括构建和维持细胞结构、参与代谢和能量供应、调节生理过程、催化化学反应、运输物质、免疫防御等。不同的蛋白质分子具有不同的结构和功能，其功能多样且广泛参与生命体的各种活动。

食物中的蛋白质是一种重要的营养物质来源，通过食物摄入的蛋白质可以为人体提供必需的氨基酸，用于维持生命活动和修复组织。人体需要多种不同的氨基酸，其中一部分是人体无法合成的必需氨基酸，必须通过摄入特定食物来获取。

2. 蛋白质在婴幼儿生长发育中的生理作用

蛋白质在婴幼儿生长发育中起着重要的生理作用。以下是蛋白质的主要生理作用。

（1）维持正常的细胞结构与促进组织发育

蛋白质对于婴幼儿的组织和器官的发育至关重要。蛋白质参与细胞分裂、增殖和修复，维持正常的组织结构和功能。

（2）支持肌肉发育与提升运动能力

蛋白质是肌肉组织的主要组成部分。婴幼儿需要足够的蛋白质来支持肌肉的发育，包括支持运动能力的发展。

（3）提升免疫力

蛋白质参与免疫系统的发育。免疫系统是婴幼儿抵抗病菌和疾病的重要防线，蛋白质是免疫球蛋白的主要构成部分，对于抗体的产生和免疫系统的功能调节至关重要。

（4）促进激素和酶的合成

蛋白质是许多激素和酶的重要组成部分，参与调节婴幼儿的生理功能和代谢过程。例如，生长激素、胰岛素和甲状腺激素等都是由蛋白质合成而来的。

（5）促进营养代谢和能量供给

蛋白质在婴幼儿体内可以被代谢为能量，尤其是在碳水化合物和脂肪供应不足时，蛋白质可以发挥能量供给的作用。

3. 婴幼儿蛋白质的来源

婴幼儿蛋白质的主要来源如下。

（1）乳制品

母乳或配方奶是婴幼儿蛋白质的主要来源，其中含有丰富的乳清蛋白和酪蛋白。

（2）肉类和鱼类

适量的肉类（猪肉、鸡肉、牛肉等）和鱼类（鲜鱼等）可以提供优质的动物性蛋白质。

（3）蛋类

蛋黄和蛋白都是良好的蛋白质来源。照护者可以给婴幼儿提供适量的煮熟的蛋黄或蛋白。

（4）豆类和豆制品

适量的豆类（黄豆、绿豆、红豆等）和豆制品（豆腐、豆浆、豆泥等）可以提供植物性蛋白质和其他营养物质。

（5）谷物和杂粮

适量的谷物（大米、小麦、玉米等）和杂粮（燕麦、小米、薏米等）可以提供一定量的植物性蛋白质。

（6）坚果和种子

适量的坚果（核桃、杏仁、腰果等）和种子（葵花籽、南瓜籽等）含有蛋白质和健康脂肪。

知识链接

婴幼儿蛋白质缺乏的影响

婴幼儿蛋白质缺乏可能对其生长和发育产生以下影响。

1. 生长受限

蛋白质是促进婴幼儿生长和细胞修复的重要营养素。蛋白质缺乏可能导致婴幼儿无法正常生长和发育，可能出现体重下降、身高增长受限等问题。

2. 肌肉发育受限

蛋白质是肌肉组织的主要成分，蛋白质缺乏可能导致婴幼儿肌肉发育不良，出现肌肉松弛、力量不足等问题。

3. 免疫功能下降

蛋白质是免疫系统所需的重要营养素，蛋白质缺乏可能导致婴幼儿免疫功能下降，增加婴幼儿患病的风险。

4. 神经系统发育受影响

蛋白质是神经系统发育所必需的营养素，蛋白质缺乏可能影响婴幼儿的神经系统发育，可能使婴幼儿出现智力发育受限、认知能力低下等问题。

5. 营养不良

蛋白质缺乏可能伴随其他营养素的不足，导致婴幼儿出现综合性营养不良，影响身体各方面的正常功能。

（二）脂肪

1. 脂肪的定义

脂肪是一种生物化学物质，属于脂类。它是由碳、氢和氧元素组成的有机物质，其特点是在水中不溶解。脂肪在生物体中起着重要的能量储存、保护和调节作用。

在营养学中，脂肪通常是指食物中的脂肪，它是一种重要的营养素，为人体提供能量和吸收必需的脂溶性维生素（如维生素A、维生素D、维生素E和维生素K）。脂肪在人体中能够提供较高的能量密度，每克脂肪可以产生9千卡（1千卡≈4.2千焦）的热量。

脂肪在人体中还具有维持细胞结构和功能的作用，它是细胞膜的主要成分之一，对于维持细胞结构的完整性和功能的正常运作至关重要。此外，脂肪还起到保护内脏器官、绝缘神经、调节体温和贮存脂溶性维生素等作用。

脂肪在食物中的常见形式包括动物性脂肪（如肉类、乳制品、黄油）和植物性脂肪（如油脂、坚果、种子）。婴幼儿需要适量的脂肪来维持正常的生理功能，但过度摄入脂肪可能会导致肥胖和相关疾病，因此照护者需要合理控制婴幼儿脂肪的摄入量，并选择健康的脂肪来源，如植物油、鱼类和坚果。

2. 脂肪在婴幼儿生长发育中的生理作用

脂肪在婴幼儿生长发育中扮演着重要的生理作用，具体如下。

（1）提供能量

脂肪是婴幼儿主要的能量来源之一。由于婴幼儿的能量需求较高，脂肪可以提供高能量密度的营养，满足他们快速生长和发育的能量需求。

（2）促进大脑发育和神经系统发育

脂肪在婴幼儿的脑发育和神经系统发育中起着关键作用。脑组织中的脂肪含量较高，它们需要脂肪酸来维持正常功能和结构。脂肪还参与神经细胞膜的构建和神经递质的合成，对于婴幼儿的智力和认知发展至关重要。

（3）有助于脂溶性维生素的吸收和代谢

脂肪有助于婴幼儿吸收和代谢脂溶性维生素，如维生素A、维生素D、维生素E和维生素K。这些维生素在婴幼儿的生长和发育中起着重要的作用，包括促进骨骼发育、增强免疫功能和促进视觉发育等。

（4）参与细胞膜的构建

脂肪是细胞膜的重要成分，它参与细胞膜的构建，维持细胞的完整性和功能性。这对于婴幼儿各个器官和组织的正常发育和功能至关重要。

3. 婴幼儿脂肪的来源和摄入量

婴幼儿脂肪的主要来源有两种：母乳和其他食物。

（1）母乳

母乳是婴幼儿最理想的食物之一，其中含有丰富的脂肪。母乳中的脂肪是婴幼儿生长发育所必需的，包含多种脂肪酸和脂溶性维生素。母乳的脂肪含量会随着喂养时间的推移而变化，刚开始母乳中的脂肪含量较低，但后期会逐渐增加。

（2）其他食物

随着婴幼儿的成长，他们开始逐渐引入辅食。脂肪是辅食中重要的营养成分之一。在引入辅食后，照护者可以选择含有适量脂肪的食物，如奶粉、鸡蛋、肉类、鱼类、豆类、坚果和植物油等。这些食物可以提供婴幼儿所需的脂肪和其他营养素。

婴幼儿的脂肪摄入量应根据其年龄和生长发育的需要进行适当调整。脂肪在婴幼儿的饮食中应占据适当的比例，但具体的摄入量会因个体差异而有所不同。一般而言，婴幼儿每日脂肪摄入量应占总能量摄入的25%～40%。然而，具体的脂肪摄入量仍需根据婴幼儿的生长发育状况、营养需求和医生或营养师的建议来确定。

照护者应选择健康的脂肪来源，如植物油、鱼油和坚果等，避免给婴幼儿摄入过多的饱和脂肪酸和反式脂肪酸，这类脂肪对婴幼儿的健康可能不利。婴幼儿膳食应适度搭配各类食物，以满足他们的全面营养需求。

婴幼儿脂肪缺乏的影响

婴幼儿脂肪缺乏会对他们的生长发育和健康产生不利影响。

1. 导致生长迟缓

脂肪是能量密度高的营养物质，对婴幼儿的生长发育至关重要。脂肪缺乏可能导致婴幼儿生长迟缓，即体重和身高增长较慢。

2. 造成营养不良

脂肪是婴幼儿膳食中的重要能量来源之一。脂肪缺乏可能导致能量摄入不足，影响婴幼儿的整体营养状况，进而引发营养不良问题。

3. 导致脑发育受损

脂肪是神经系统发育所必需的，尤其是脑发育。脂肪缺乏可能对婴幼儿的脑发育产生不良影响，可能影响他们的认知能力、学习能力和神经系统的发育。

4. 导致免疫功能下降

脂肪对维持免疫系统的正常功能也很重要。脂肪缺乏可能导致婴幼儿的免疫功能下降，增加患病的风险。

5. 造成皮肤问题

适量的脂肪有助于维持皮肤的健康。脂肪缺乏可能导致皮肤干燥、粗糙和敏感等问题。

（三）碳水化合物

1. 碳水化合物的定义

碳水化合物是一类由碳、氢和氧元素组成的有机化合物。碳水化合物在自然界中广泛存在，是大多数植物食物的主要成分，如蔬菜、水果、谷类、豆类等。

碳水化合物是人体主要的能量来源，它们在人体内经过代谢产生能量，提供人日常生活和运动所需的能量。此外，碳水化合物也是人体合成其他重要物质的原料，如核酸、脂肪和氨基酸等。

常见的碳水化合物包括单糖（如葡萄糖、果糖）、双糖（如蔗糖、乳糖）和多糖（如淀粉、纤维素）。单糖是最简单的碳水化合物，多糖是由多个单糖分子组成的复杂碳水化合物。

2. 碳水化合物在婴幼儿生长发育中的生理作用

碳水化合物在婴幼儿生长发育中具有重要的生理作用。

（1）提供能量

碳水化合物是婴幼儿主要的能量来源。它们被消化吸收后转化为葡萄糖，提供身体运动、生长和发育所需的能量。

（2）支持大脑发育

碳水化合物是大脑发育的主要能量来源，特别是在婴幼儿期间。足够的碳水化合物摄入可以支持婴幼儿大脑的正常发育和功能。

（3）维持细胞功能

碳水化合物在细胞内参与多种代谢过程，包括脂肪代谢、蛋白质代谢和核酸合成等。它们为细胞提供能量和原料，维持正常的细胞功能。

（4）保持肠道健康

一些碳水化合物，如膳食纤维，对婴幼儿的肠道健康至关重要。膳食纤维可以促进肠道蠕动、维持肠道菌群平衡，预防便秘和其他肠道问题。

（5）增强免疫功能

某些碳水化合物，如乳糖和一些单糖，可以促进益生菌的生长，增强免疫系统的功能，有助于预防疾病。

3. 婴幼儿碳水化合物的来源和摄入量

婴幼儿可以从多种食物中获得碳水化合物。一些常见的碳水化合物来源如下。

（1）主食

主食包括米饭、面条、面包、麦片等。

（2）水果

新鲜水果和果汁都是良好的碳水化合物来源。注意，对于婴幼儿来说，最好选择新鲜水果，避免过多的果汁摄入。

（3）蔬菜

蔬菜中含有一定量的碳水化合物，尤其是淀粉类蔬菜，如土豆、红薯等。

（4）乳制品

牛奶、酸奶等乳制品中含有乳糖，这是一种天然的碳水化合物。

（5）豆类和谷物

豆类和谷物是良好的碳水化合物来源，如大豆、黄豆、绿豆、小麦、玉米、燕麦等。

婴幼儿碳水化合物摄入量存在个体差异，也会随着年龄和生长发育状况的变化而变化。根据世界卫生组织的推荐，婴幼儿应该以碳水化合物为主要能量来源，其应占总摄入能量的45%～65%。

具体的碳水化合物摄入量需要根据婴幼儿的年龄、体重、生长发育状况和活动水平进行调整。通常来说，母乳或配方奶提供了婴幼儿所需的大部分碳水化合物，辅食中也应逐渐引入主食以供给碳水化合物。

在添加辅食后，婴幼儿应逐步引入含有碳水化合物的食物，例如米饭、面条、面包、麦片等。在确定摄入量时，照护者应根据婴幼儿的食欲、胃容量和消化能力进行调整。

知识链接

婴幼儿碳水化合物缺乏的影响

婴幼儿碳水化合物缺乏可能对其生长发育和健康产生负面影响。

1. 导致能量不足

碳水化合物是婴幼儿主要的能量来源之一。碳水化合物缺乏可能导致能量不足，影响婴幼儿正常的生长和发育。

2. 造成生长受限

碳水化合物是支持细胞增殖和组织生长的重要营养素。碳水化合物缺乏可能影响婴幼儿的体重增长和身体发育。

3. 导致精神状态和活力下降

碳水化合物是大脑的主要能量来源之一。碳水化合物缺乏可能导致婴幼儿精神状态不佳，缺乏活力，影响他们的注意力和学习能力。

4. 导致免疫功能下降

碳水化合物参与维持免疫系统的正常功能。碳水化合物缺乏可能削弱婴幼儿的免疫系统功能，增加患病的风险。

5. 造成营养不均衡

碳水化合物是饮食中其他营养素吸收和利用的调节剂。碳水化合物缺乏可能导致婴幼儿饮食营养不均衡，影响其他营养素的吸收和利用。

（四）无机盐

1. 无机盐的定义

无机盐是指由无机物质组成的化合物，其中包含金属离子和非金属离子或多种离子的化合物。它们通常以固体形式存在，可溶于水或其他溶剂。无机盐在化学和生物系统中发挥重要的功能，包括维持生理平衡、参与酶催化反应、调节细胞功能等。常见的无机盐包括钙、磷、钠、钾、氯等。这些无机盐在婴幼儿的生长发育中起着重要的作用，如骨骼形成、神经传导、肌肉收缩等。

2. 无机盐在婴幼儿生长发育中的生理作用

无机盐在婴幼儿生长发育中具有重要的生理作用。

（1）钙

钙是骨骼和牙齿的关键成分，对于婴幼儿的骨骼生长和发育至关重要。钙还参与神经传导、肌肉收缩和血液凝固等生理过程。

（2）磷

磷是骨骼和牙齿的主要成分，对于婴幼儿的骨骼生长和维持骨骼健康至关重要。此外，磷还参与能量代谢、DNA和RNA合成等生理过程。

（3）钠和钾

钠和钾是体内重要的电解质，负责维持细胞内外的电位平衡，调节神经传导、肌肉收缩和心跳等。

（4）氯

氯是体内主要的阴离子之一，与钠和钾一起维持电解质平衡，参与酸碱平衡和体液调节。

（5）硫

硫是一种必需的无机盐，参与体内多种酶和蛋白质的合成，对于婴幼儿的生长发育至关重要。

3. 婴幼儿无机盐的来源

婴幼儿的无机盐主要源于饮食，包括母乳或配方奶以及适当的辅食。

（1）钙

牛奶、酸奶、芝士、豆腐、鱼类（如鲑鱼）、绿叶蔬菜（如菠菜、羽衣甘蓝）等钙含量高的食物。

（2）磷

鱼类（如鳕鱼、金枪鱼）、家禽肉、乳制品、豆类和豆制品、全麦食物等磷含量高的食物。

（3）钠和钾

盐、肉类、家禽肉、鱼类、乳制品、蔬菜、水果等含钠和钾的食物。

（4）氯

盐和钠含量丰富的食物。

（5）硫

肉类、鱼类、奶制品、豆类等蛋白质含量高的食物。

知识链接

婴幼儿无机盐缺乏的影响

婴幼儿无机盐缺乏可能对其生长发育和健康产生负面影响。

1. 钙缺乏

钙缺乏可能导致婴幼儿骨骼发育不良，易出现佝偻病或骨质疏松等问题。

2. 磷缺乏

磷缺乏可能影响婴幼儿骨骼和牙齿的正常发育，导致骨骼和牙齿畸形等问题。

3. 钠和钾缺乏

钠和钾缺乏可能导致婴幼儿体内电解质紊乱，影响神经和肌肉功能，产生疲劳、肌肉无力等症状。

4. 氯缺乏

氯缺乏可能导致婴幼儿体内电解质紊乱，影响水分和酸碱平衡。

5. 硫缺乏

硫缺乏可能影响蛋白质合成和氨基酸代谢，对婴幼儿生长发育产生不利影响。

（五）维生素

1. 维生素的定义

维生素是指一类人体需要的微量有机化合物，它们对于维持人体正常生理功能至关重要，但人体无法自行合成或合成量不足，因此需要通过食物或其他外部来源摄入。维生素在人体内参与许多关键的生化过程，如能量代谢、免疫系统功能、细胞生长和修复等。

维生素通常分为两大类：脂溶性维生素和水溶性维生素。

脂溶性维生素包括维生素A、维生素D、维生素E和维生素K。这些维生素可以在脂肪中溶解，并储存在肝脏和脂肪组织中。它们在人体内的储存量相对较高，因此不需要每天摄入。过量摄入脂溶性维生素可能会导致中毒，所以需要适当控制。

水溶性维生素包括维生素C和多种B族维生素，如维生素B1（硫胺素）、维生素B2（核黄素）、维生素B3（烟酸）、维生素B5（泛酸）、维生素B6（吡哆醇）、维生素B7（生物素）、维生素B9（叶酸）和维生素B12（钴胺素）。这些维生素可在水中溶解，不易储存，大部分需要每天摄入。水溶性维生素相对较稳定，但容易在食物加工过程中流失。

2. 维生素在婴幼儿生长发育中的生理作用

维生素在婴幼儿生长发育中起着重要的生理作用。

（1）维生素A

维生素A对于婴幼儿的视力发育至关重要。它是视网膜色素的主要成分，有助于维持婴幼儿的正常视力和夜间视力。此外，维生素A还参与婴幼儿的免疫系统发育、细胞分化和骨骼生长。

（2）维生素D

维生素D在婴幼儿的骨骼发育中起着重要作用。它促进钙和磷的吸收和利用，有助于骨骼的形成和硬化。维生素D还参与免疫调节和细胞分化过程。

（3）维生素E

维生素E具有抗氧化作用，可以保护婴幼儿体内的细胞和组织免受氧化损伤。它对于婴幼儿的神经系统发育和免疫系统发育具有重要意义。

（4）维生素K

维生素K在血液凝固过程中起着关键作用。它促进血液中凝血因子的合成，预防出血和出血性疾病。

（5）维生素C

维生素C参与婴幼儿体内胶原蛋白的合成，对于婴幼儿的骨骼、牙齿和结缔组织的发育至关重要。它还有助于增强免疫系统功能，促进铁的吸收和利用。

（6）B族维生素

B族维生素包括多种维生素，如维生素B1、维生素B2、维生素B3、维生素B5、维生素B6、维生素B7、维生素B9和维生素B12等。这些维生素在婴幼儿的能量代谢、神经系统发育、血红蛋白合成和细胞分裂等方面发挥着重要作用。

3. 婴幼儿维生素的来源和摄入量

婴幼儿维生素的主要来源如下。

（1）水果和蔬菜

新鲜的水果和蔬菜是丰富的维生素来源。其中，柑橘类水果富含维生素C，胡萝卜和深绿色蔬菜富含维生素A。

（2）动物性食物

蛋类、奶类和肉类是维生素B12的主要来源。鱼类也是维生素D的良好来源。

（3）维生素补充剂

在某些情况下，医生可能会推荐给婴幼儿摄入维生素补充剂。

知识链接

婴幼儿维生素缺乏的影响

婴幼儿维生素缺乏可能产生以下影响。

1. 导致发育迟缓

维生素在婴幼儿的生长和发育过程中起着重要作用，特别是维生素A、维生素D和维生素C。维生素A缺乏可导致夜盲症和生长迟缓，维生素D缺乏可导致佝偻病和骨骼发育不良，维生素C缺乏可导致坏血病和生长发育受限。

2. 造成免疫功能下降

维生素A、维生素C和维生素D对婴幼儿的免疫系统发育和功能起着重要作用。维生素A和维生素C缺乏可导致免疫力下降，容易受到病菌和疾病的侵袭。维生素D缺乏则可能影响免疫细胞的功能和免疫应答。

3. 导致神经系统问题

B族维生素对婴幼儿的神经系统发育和功能维持至关重要。维生素B1缺乏可导致脚气病，维生素B12缺乏可导致贫血和神经系统问题。

4. 导致营养代谢紊乱

维生素缺乏可能导致婴幼儿营养代谢紊乱，影响营养物质的吸收、利用和代谢。

5. 造成其他不良影响

不同维生素的缺乏还可能导致其他症状和问题，如口腔溃疡、贫血、消化系统问题等。

（六）水

1. 水的定义

水是一种无色、无味、透明的液体，由氢和氧元素组成。它是地球上最常见的化合物之一，也是生命存在和维持所必需的物质。在常温常压下，水以液态形式存在，具有很高的溶解性，可以溶解许多物质。在自然界中，水有地表水、地下水、湖泊、河流、海洋等多种形式。它在生物体内扮演着重要的角色，包括作为溶剂和反应介质，参与新陈代谢和物质运输，维持体温调节和保持细胞结构的稳定性等。水也在许多工业、农业和生活领域中广泛应用，是人类生活不可或缺的资源之一。

2. 水在婴幼儿生长发育中的生理作用

水在婴幼儿生长发育中具有以下重要的生理作用。

（1）维持细胞正常功能和促进新陈代谢

水是细胞内外的基础溶液，参与细胞内的各种化学反应和代谢过程，包括蛋白质合成、碳水化合物代谢和脂肪酸氧化等。水的存在有助于维持细胞的正常功能和促进新陈代谢。

（2）促进消化和吸收

水是消化系统的重要组成部分，帮助稀释食物，促进食物的消化和吸收。它在口腔、胃和肠道中起到润滑和溶解食物的作用，使营养物质能够更好地被吸收和利用。

（3）帮助调节体温

婴幼儿的体温调节能力相对较弱，水对于婴幼儿维持体温的平衡至关重要。通过排汗，水能帮助调节体温，并防止过热或过冷对婴幼儿的不利影响。

（4）维持水平衡

婴幼儿的身体组织和器官对水的需求量较高，婴幼儿通过排尿、排汗和呼吸等途径排出体内多余的水分，同时补充体内丢失的水分，维持水平衡。

（5）维持正常的组织结构和功能

水是体内细胞、组织和器官的主要组成部分，对于维持正常的组织结构和功能至关重要。水的存在使细胞能够保持形态稳定，维持细胞内外的渗透压平衡。

3. 婴幼儿水的来源

婴幼儿水的主要来源包括以下几方面。

（1）母乳或配方奶

0～6个月的婴幼儿主要以母乳或配方奶为主要饮食来源，这些饮品中含有一定的水。

（2）饮用水

当婴幼儿开始添加辅食或过渡到吃固体食物时，可以逐渐引入适量的饮用水。婴幼儿的饮用水应是清洁、安全的饮用水，可以是煮沸后冷却的水或经过处理的瓶装水。

婴幼儿水的摄入量会随着年龄的增长而变化。以下是一般情况下的婴幼儿水的摄入量参考。

（1）0～6个月

婴幼儿在这个阶段主要以母乳或配方奶为主要的水分来源，因为母乳或配方奶已经提供了足够的水，所以通常不需要额外供水，除非在特殊情况下，例如在天气较热或生病时需要额外补水。

（2）6个月以上

婴幼儿开始添加辅食时，可以在饭前或饭后摄入适量的饮用水。具体的摄入量应根据个体需要和医生或营养师的建议进行调整。

知识链接

婴幼儿水缺乏的影响

婴幼儿水缺乏可能对其健康和发育产生不利影响。

1. 造成脱水

水是维持体液平衡的关键，婴幼儿水缺乏可能会导致脱水。脱水可能引起口渴、口干、尿量减少、皮肤干燥、体温升高等问题。

2. 影响营养吸收问题

水对于消化和吸收营养物质是必需的。婴幼儿水缺乏可能影响其对食物的消化和营养物质的吸收，进而影响其营养状况和生长发育。

3. 增加肾脏负担

水对于排除体内废物和代谢产物是很重要的。婴幼儿水缺乏可能会增加婴幼儿的肾脏负担，导致尿液浓缩和尿道刺激，增加尿路感染的风险。

4. 导致体温调节困难

水有助于体温的调节。婴幼儿水缺乏可能会对体温产生影响，使其更容易受到高温环境的影响，增加中暑和热衰竭的风险。

课堂讨论 如何保证婴幼儿饮食营养均衡多样化，促进其健康生长和全面发展

要保证婴幼儿饮食营养均衡多样化，促进其健康生长和全面发展，照护者可以采取如下措施。

1. 提供多种多样的食物

为婴幼儿提供多种多样的食物，包括蔬菜、水果、全谷物、肉类、鱼类、豆类和乳制品等。每种食物都能提供不同的营养素，多种多样的食物可确保婴幼儿获取全面的营养。

2. 保障食物的质量和新鲜度

选择新鲜、优质的食材，尽量避免过度加工和有添加剂的食物。新鲜的食物含有更多的营养素，有助于婴幼儿健康成长。

3. 注意饮食均衡

确保婴幼儿在每餐中摄入足够的蛋白质、碳水化合物和脂肪，并提供适量的维生素和无机盐。均衡的饮食有助于婴幼儿的免疫力提高和身体发育。

4. 鼓励自主进食

鼓励婴幼儿自主进食，逐渐培养他们选择食物和控制食量的能力。给予婴幼儿适当的时间和空间，让他们尝试不同的食物，并接受新的口味和质地。

5. 注意食物安全

确保食物的安全性，包括正确储存、处理和烹饪食材。避免给婴幼儿未处理好的食物，以降低食物中毒的风险。

6. 咨询专业人士

与儿科医生或婴幼儿营养师保持联系，获取针对婴幼儿的专业建议和指导。他们可以根据婴幼儿的发育和营养需求提供定制化的建议。

7. 建立规律的饮食时间表

建立规律的饮食时间表，使婴幼儿在固定的时间段内进食。这有助于培养健康的饮食习惯和消化系统的稳定性。

8. 正确使用营养补充剂

如有需要，在咨询专业人士的建议后，可使用适当的婴幼儿营养补充剂。但应注意，补充剂不能替代正常饮食，只能作为补充。

第二节　婴幼儿科学喂养

婴幼儿科学喂养在于为婴幼儿提供均衡的营养，促进其健康生长和发育，预防疾病，培养良好的饮食习惯。

一、婴幼儿科学喂养概述

（一）婴幼儿科学喂养的概念

婴幼儿科学喂养是指根据科学原则和最新的医学、营养学建议，以满足婴幼儿在不同成长和发育阶段的营养需求，促进他们的成长、发育和整体健康的喂养方式。这包括选择适当的食物，制订合理的饮食计划，确保婴幼儿获得各种必要的营养元素和能量，以满足他们的身体和生理需求。

婴幼儿科学喂养的关键目标如下。

1. 满足营养需求

确保婴幼儿获得足够的蛋白质、碳水化合物、脂肪、维生素、矿物质和水，以支持他们的生长和发育。

2. 促进健康生长

通过提供适当的营养，支持婴幼儿的身体生长，包括骨骼、肌肉、脑和其他器官的发育。

3. 维护免疫系统健康

提供足够的营养素，以增强婴幼儿的免疫系统，帮助他们抵抗疾病。

4. 培养健康的饮食习惯

引导和鼓励婴幼儿尝试各种不同的食物，培养健康的饮食偏好，以维持长期的健康。

5. 确保安全

确保食物的安全性，避免食品中的有害物质，以及适时处理和储存食物以防止细菌污染。

6. 制订个性化饮食计划

考虑到每个婴幼儿的独特需求和食物偏好，制订个性化的饮食计划。

（二）婴幼儿科学喂养的原则

婴幼儿科学喂养的原则基于婴幼儿的生理和发展需求，以及最新的科学研究和专业建议，具体如下。

1. 母乳喂养优先

母乳是婴幼儿最理想的食物，具有丰富的营养成分和抗体，有助于提升婴幼儿的免疫力和健康状况。世界卫生组织推荐在婴幼儿出生后的前6个月内进行纯母乳喂养，并在此后持续母乳喂养至少2年。

2. 适时引入辅食

通常在婴幼儿6个月左右，当他们的消化系统准备好时，可以逐渐引入辅食。辅食的选择应根据婴幼儿的年龄和发展阶段决定，包括米粉、蔬菜、水果等。逐渐引入不同种类的食物，以满足婴幼儿的营养需求。

3. 提供多样化的食物

婴幼儿需要从不同食物中获得丰富的营养。在引入辅食后，应逐渐增加食物种类和质地，包括蛋白质、碳水化合物、脂肪、维生素和无机盐等。多样化的食物有助于培养婴幼儿的味觉和食物偏好，促进婴幼儿养成健康的饮食习惯。

4. 注意食物安全和卫生

婴幼儿的免疫系统尚未完全发育，因此食物安全和卫生至关重要。照护者应确保食材新鲜、洁净，并遵循正确的食物储存、处理和烹饪方法，以防止婴幼儿食物中毒。

5. 尊重婴幼儿的食量和饱食感

每个婴幼儿的食量和饱食感不同，应根据婴幼儿的需求和信号来判断喂养量。不要强迫婴幼儿吃太多或太少，尊重他们的自我调节能力。

6. 建立良好的喂养环境和亲密联系

喂养过程应该在安静、舒适的环境中进行，以便与婴幼儿建立亲密的联系和互动。这有助于增进与婴幼儿的情感联系，提升婴幼儿的食欲和促进消化。

7. 注意食物过敏

有些婴幼儿可能对某些食物过敏，因此在引入新食物时要循序渐进，并观察婴幼儿的反应。如果发现过敏症状，应咨询医生并避免让婴幼儿再次接触过敏食物。

二、新出生婴儿的科学喂养

新出生婴幼儿生长非常迅速，身高、体重、身体内各个组织器官都处在发育旺盛的时期，为了维持这种生长速度，新出生婴幼儿需要吸收比成年人更多的营养。但是，这个阶段的婴幼儿消化吸收能力是非常不成熟的，加上各种代谢功能尚不完善，新出生婴幼儿如果喂养不当，极容易营养不良，最终影响其健康和生长。

（一）新出生婴幼儿的营养需求

对于新出生婴幼儿来说，最理想的营养来源莫过于母乳。母乳是新出生婴幼儿天然的、最理想的食物，不但能为婴幼儿提供均衡的营养，而且母乳中含有大量的免疫物质，能增强婴幼儿的抵抗力。这个阶段婴幼儿的消化吸收能力还不强，母乳中的营养无论是数量、比例还是结构形式，都最适合新出生婴幼儿。尤其是母亲产后几日产生的乳汁，即初乳，含有丰富的抗体，对多种细菌、病毒有抵抗作用，因此应该让新出生婴幼儿尽快喝上母亲的初乳。此阶段婴幼儿食谱仅限于母乳，母乳确实不足时，可以采用混合喂养的方式，增加配方奶。

（二）新出生婴幼儿的科学喂养概述

新出生婴幼儿有强烈的吸吮本能，他们渴望吃奶有两个原因：饥饿和喜欢吸吮。对新出生婴幼儿而言，吃奶是他们最大的乐趣，他们能从吃奶的过程中首次体会到生活的意义，并从给他们喂奶的人身上首次认知世界。吸吮本能是其生存的重要保障，如果吸吮愿望得不到满足，他们就会去吸吮别的东西。因此，母亲每次喂奶的时候都应该让他们尽情吸吮，并且喂奶的次数也要满足他们的需求。过去有一种说法是给婴幼儿喂奶要严格控制时间和奶量，如2小时喂一次奶等。实际上，婴幼儿对于饮食有一种本能，在喂养婴幼儿时应该牢记一个原则：尊重婴幼儿的意愿，让他们自己去享受美餐。要想让婴幼儿在出生第一年里建立自信心，热爱生活，热爱他人，满足其吃奶需求便是一个主要的途径。

1. 新出生婴幼儿科学喂养应注意的问题

婴幼儿出生以后应尽早进行哺乳，这样可以促进母亲的乳汁分泌，也有利于以后的母乳喂养。在婴幼儿刚刚出生时，大多数母亲都有乳汁分泌不足的现象，这一般称为暂时性母乳缺乏，这种情况并不会一直持续下去，所以母亲们不要着急给婴幼儿喂配方奶，争取提高乳汁量。

（1）喂奶次数

新出生婴幼儿的喂奶次数在一定程度上是根据其需求和母乳或配方奶的供给情况而定的。

① 母乳喂养

新出生婴幼儿通常在出生后的头几天内需要进行频繁的母乳喂养，每天可能需要喂养8~12次，甚至更频繁。要根据婴幼儿的需要来调节其母乳摄入量。通常情况下，每2~3小时喂一次是正常的。

② 配方奶喂养

如果使用配方奶喂养，新出生婴幼儿的喂奶次数可能会有所不同。通常情况下，新出生婴幼儿每天需要喂养6~8次，每3~4小时喂一次。根据婴幼儿的需求和配方奶的类型，喂奶间隔时间可能还会有所调整。

（2）喂奶姿势

在婴幼儿出生的头几周，母乳喂养专家推荐使用两种喂奶姿势：握头交叉环抱式和握头腋下挟抱式。母亲适应喂奶后，还可以采用扶腰臀抱篮式或扶腰臀侧卧式的喂奶姿势。母亲要正确选择喂奶姿势，反复尝试和练习。

① 握头交叉环抱式（见图4-1）

握头交叉环抱式是一种常见的喂奶姿势，适用于母乳喂养或配方奶喂养，具体步骤如下。

A. 母亲坐在舒适的椅子上或用垫子垫高腿，以用膝盖和手臂支撑住婴幼儿。

B. 母亲用手臂和手掌支撑住婴幼儿的背部和颈部。

C. 母亲用一只手支撑起婴幼儿的头部，将手掌放在婴幼儿颈部和后脑勺下方，另一只手臂交叉放在婴幼儿的背部上，手掌放在婴幼儿的臀部下方，用手指托住婴幼儿的肩膀。使婴幼儿的身体靠近胸部，使乳头或奶瓶奶嘴对准婴幼儿的嘴巴。

D. 母亲用较小的压力引导婴幼儿打开嘴巴，确保婴幼儿的嘴巴完全包住乳晕部分。

E. 在喂奶过程中，母亲可以用手指轻轻地托住婴幼儿的下巴，以帮助婴幼儿保持正确的吸吮姿势。

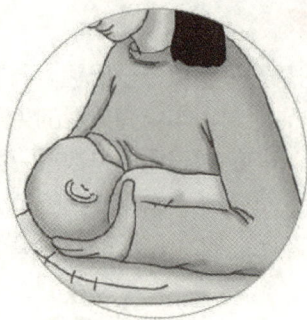

图4-1

这种姿势可以使婴幼儿的头部得到良好的支撑，同时也可以让母亲更好地观察和控制喂奶的过程。母亲在喂奶期间要保持舒适的姿势，并与婴幼儿保持良好的眼神接触和建立亲密关系。

② 握头腋下挽抱式（见图4-2）

握头腋下挽抱式是一种常见的喂奶姿势，特别适用于母乳喂养或配方奶喂养，具体步骤如下。

A. 母亲坐在舒适的椅子上，将一个垫子或抱枕放在大腿上，以提供额外的支撑。

B. 母亲将婴幼儿的头部放在手臂侧方，用手臂和手掌支撑住婴幼儿的背部和颈部，使婴幼儿的身体靠近自己，将婴幼儿的腹部放在手臂弯曲处，将婴幼儿的头部用手掌托住，手指放在婴幼儿颈部和后脑勺下方，以提供额外的支撑。

C. 母亲用另一只手臂支撑住婴幼儿的头部，用手指引导婴幼儿的头部靠近乳房或奶瓶，确保乳头或奶瓶奶嘴对准婴幼儿的嘴巴。

D. 在喂奶过程中，母亲可以使用手指轻轻地托住婴幼儿的下巴，以帮助婴幼儿保持正确的吸吮姿势。

这种姿势可以让母亲更好地控制喂奶的过程，同时也适合需要离开桌面时使用。使用这种姿势婴幼儿的头部能得到良好的支撑，同时母亲也可以更轻松地观察婴幼儿的吸吮过程和与婴幼儿进行眼神接触。母亲记得保持舒适的姿势，并确保婴幼儿的口腔完全包住乳晕部分以使婴幼儿有效地吸吮。

③ 扶腰臀抱篮式（见图4-3）

扶腰臀抱篮式是一种常见的喂奶姿势，适用于母乳喂养或配方奶喂养，具体步骤如下。

A. 母亲躺下或坐在床上，将婴幼儿放在身边，与自己的身体平行。

B. 母亲将一只手臂放在婴幼儿的背部下方，以支撑住婴幼儿的上半身和头部，使用另一只手臂从床或身体下方轻轻地托住婴幼儿的臀部，使婴幼儿的身体靠近自己的身体，使乳头或奶瓶奶嘴对准婴幼儿的嘴巴。

C. 在喂奶过程中，母亲可以使用手指轻轻地托住婴幼儿的下巴，以帮助婴幼儿保持正确的吸吮姿势。

这种姿势非常适合在床上喂奶时使用，尤其适用于夜间喂养。使用这种姿势，母亲可以自由地调整自己和婴幼儿的位置，以找到最舒适的喂奶姿势。同时母亲能确保乳头对准婴幼儿的嘴巴，让婴幼儿的嘴巴完全包住乳晕部分，以确保婴幼儿有效地吸吮。母亲记得在喂奶过程中保持舒适，并确保自己和婴幼儿都能放松身体。

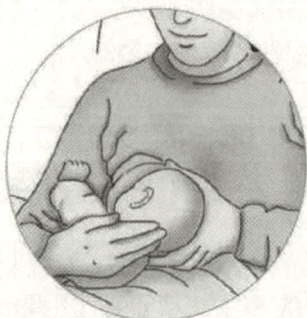

图4-2

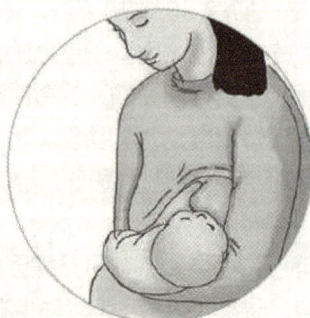

图4-3

④ 扶腰臂侧卧式（见图4-4）

扶腰臂侧卧式是一种常见的喂奶姿势，适用于母乳喂养或配方奶喂养，具体步骤如下。

图4-4

A. 母亲侧躺在床上或沙发上。

B. 母亲将婴幼儿放在床上或沙发上，使其头部与自己的胸部对齐，将婴幼儿的头部放在手臂上方，用手臂和手掌支撑住婴幼儿的背部和颈部，使婴幼儿的身体靠近自己的身体，使乳头或奶瓶奶嘴对准婴幼儿的嘴巴。

C. 母亲调整自己和婴幼儿的位置，以确保婴幼儿的嘴巴完全包住乳晕部分。

D. 在喂奶过程中，母亲可以使用手指轻轻地托住婴幼儿的下巴，以帮助婴幼儿保持正确的吸吮姿势。

这种姿势非常适合在夜间喂奶或休息时喂奶，因为母亲可以保持相对舒适的姿势，同时也为自己和婴幼儿提供了休息的机会。母亲记得保持舒适的姿势，让婴幼儿的口腔完全包住乳晕部分以使婴幼儿有效地吸吮。同时，确保自己和婴幼儿都能放松身体，以获得更好的喂奶体验。

无论采用哪种喂奶姿势，母亲都要确保婴幼儿的头部和颈部得到支撑，乳头或奶瓶奶嘴对准婴幼儿的嘴巴，婴幼儿的嘴巴完全包住乳晕部分；同时注意婴幼儿的舒适度和吞咽动作，以确保有效喂奶。

（3）拍嗝

拍嗝是婴幼儿喂养过程中的常见动作，其原因通常是婴幼儿在进食时吞下了空气，导致胃部积气。有些婴幼儿在进食时可能会不小心吞下空气，特别是如果他们吸吮过快、吸吮力过强或吃得太匆忙时。有的婴幼儿胃部积气是因为喂养姿势不正确，例如婴幼儿的身体太直立或头部没有得到足够的支撑。这可能会导致婴幼儿在进食过程中吞下更多的空气。有些婴幼儿吃得太多或过度进食，他们的胃部可能无法容纳所有的食物，也会导致胃部积气。有些食物也可能导致婴幼儿胃部积气。例如，如果婴幼儿过早地开始吃较复杂的食物，或者对某些食物过敏或不耐受，就可能引起胃部不适和积气。

拍嗝是一种帮助婴幼儿释放胃部空气的方法，以舒缓他们的不适。拍嗝通常在喂奶后进行，帮助婴幼儿将吞下的空气释放出来，减少胃部积气的发生。不过，并非所有的婴幼儿都需要拍嗝，有些婴幼儿可以自行释放空气。

几种常见的帮助婴幼儿释放胃部空气的拍嗝方法如下。

① 轻拍背部

照护者将婴幼儿抱起，让他们的头部稍微高于胸部，用手掌轻轻地拍打或抚摸婴幼儿的背部，轻拍从肩膀到臀部的区域，力度要轻柔，以避免伤害婴幼儿的背部。这种方法可以帮助释放婴幼儿胃内的空气。

② 抱坐姿势

照护者使婴幼儿坐在自己的大腿上，背部靠着自己的胸部，用手臂和手掌支撑住婴幼儿。然后，用另一只手轻轻地拍打或抚摸婴幼儿的背部，帮助释放胃部空气。

③ 侧卧拍嗝

照护者使婴幼儿侧卧在自己的手臂上，用手臂和手掌支撑住婴幼儿的背部和颈部。然后，用另一只手轻轻地拍打或抚摸婴幼儿的背部。这种姿势有助于舒缓婴幼儿，并帮助释放胃内的空气。

不同的婴幼儿可能对拍嗝方法有所偏好，照护者拍嗝时要保持轻柔和耐心，尝试不同的拍嗝方法，找到最适合婴幼儿的一种。拍嗝通常在喂奶后进行，但有些婴幼儿可能需要在喂奶过程中拍嗝。如果婴幼儿持续胀气或不适，请咨询医生的建议。

2. 配方奶喂养应注意的问题

母乳喂养尽管有很多好处，但是也总有一些新出生婴幼儿会因为种种原因而被配方奶喂养。如母亲乳腺先天性发育不良，或者有某种疾病而无法哺乳，这就需要选择母乳替代品对新出生婴幼儿进行配方奶喂养。

（1）母乳替代品的选择

母乳是最理想和最适合婴幼儿的营养来源，但在某些情况下，如果母亲无法提供母乳或需要对母乳喂养进行补充，可以选择适当的母乳替代品。以下是选择母乳替代品时应考虑的几个要点。

① 选择适合婴幼儿年龄的配方奶

根据婴幼儿的年龄，选择合适的配方奶，如新出生婴幼儿配方奶、6个月以上配方奶等。不同年龄段的婴幼儿对营养需求有所不同，选择符合其年龄段的配方奶可以更好地满足其营养需求。

② 观察婴幼儿的反应

在选择母乳替代品后，要观察婴幼儿的反应和接受程度。有些婴幼儿可能对某些品牌的配方奶更敏感，可能出现肠胃不适、过敏反应等情况。如果出现不适，建议咨询医生或儿科专家，可能需要尝试不同品牌的配方奶。

③ 选择经过认证和监管的品牌

选择经过认证和监管的品牌，确保产品的质量和安全性。查看产品包装上的标识，确保配方奶符合当地的食品安全标准。

④ 咨询医生或儿科专家的建议

如果对母乳替代品的选择不确定，或者婴幼儿有特殊的健康状况或营养需求，建议咨询医生或儿科专家的建议。他们可以根据婴幼儿的具体情况给予适当的指导和建议。

（2）配方奶粉调配过程中的注意事项

采用奶粉喂养新出生婴幼儿时，要严格按照配方奶粉包装上标明的方法进行调配，以防止婴幼儿食入过多的蛋白质。幼小的婴幼儿，尤其是3个月以前的婴幼儿不能充分吸收配方奶粉中的蛋白质。

在调配配方奶粉的过程中，需要遵循以下步骤和注意事项。

① 清洁卫生

洗净双手，确保使用干净的奶瓶、奶嘴和配料容器。使用清洁的热水和洗涤剂彻底清洗奶瓶和奶嘴，然后用热水冲洗干净。确保工作区域和工具也是清洁的。

② 配方奶选择

选择符合婴幼儿年龄和营养需求配方奶。根据医生或营养师的建议选择合适的品牌和类型。

③ 准确称量

使用准确的计量工具（如奶粉勺或称量器）来测量奶粉的分量。按照奶粉包装上的指示，确保正确的奶粉与水的比例。

④ 准备水

使用清洁的自来水或矿泉水来配制奶粉。如果自来水不干净或水质不可靠，可以使用煮沸后冷却的水，确保水质安全。

⑤ 温度控制

将准备好的水放入干净的奶瓶中，根据奶粉包装上的指示加入适量的奶粉。确保水的温度适中，通常是温度与体温相近或比体温稍高的水。

⑥ 搅拌均匀

把奶瓶的盖子盖好，轻轻摇晃或搅拌，使奶粉完全溶解并均匀混合。

⑦ 测试温度

在喂食之前，将准备好的奶水滴在手腕内侧或内臂上，确保温度适中，避免烫伤婴幼儿的口腔。

⑧ 及时喂食

根据婴幼儿的需求和饥饿程度，及时喂食婴幼儿。根据医生或营养师的建议确定每次喂食的量和频率。

⑨ 清洁和消毒

喂食后，及时清洗和消毒奶瓶、奶嘴和其他喂奶用具，确保卫生。

（3）正确配方奶喂养新出生婴幼儿的步骤和注意事项

正确配方奶喂养新出生婴幼儿需要遵循以下步骤和注意事项。

① 准备工作

洗净双手，确保喂奶用具（奶瓶、奶嘴等）已经清洗消毒过，并确保所用奶粉符合婴幼儿年龄和营养需求。

② 控制温度

准备好温度适宜的奶水，以确保婴幼儿容易吞咽。

③ 姿势选择

选择合适的喂奶姿势，确保婴幼儿的头部和颈部得到适当的支撑，并保持婴幼儿的身体和头部在同一水平线上。

④ 奶嘴选择

选择适合婴幼儿年龄和吸吮能力的奶嘴，确保奶嘴的孔洞大小适中，能够让奶水以适宜的速度流出。

⑤ 喂奶过程

将奶嘴放入婴幼儿口腔中，让婴幼儿自行吸吮，避免强行将奶嘴放入婴幼儿口腔。保持奶瓶倾斜，确保奶嘴充满奶水，以避免婴幼儿吸入过多空气。

⑥ 观察婴幼儿吃饱信号

注意观察婴幼儿吃饱的信号，如停止吮吸、放松、闭上嘴巴等。避免过度喂养，婴幼儿的胃容量有限，应根据婴幼儿的需求和饱腹感来确定喂奶量。

⑦ 拍嗝排气

喂奶结束后，轻轻拍婴幼儿的背部，帮助婴幼儿排出吞入的空气，预防胃部积气。

⑧ 清洁卫生

喂奶后及时清洗奶瓶、奶嘴等喂奶用具并进行消毒，保持卫生。

除了以上的步骤和注意事项，还应注意婴幼儿的饮食频率和体重增长情况，以确保婴幼儿得到适当的营养。

三、1个月～1岁婴幼儿的科学喂养

1个月～1岁婴幼儿的科学喂养很关键，以满足他们的营养需求和促进其健康发展为目标。但每个婴幼儿的喂养需求和发展阶段可能有所不同，所以在喂养婴幼儿时一定要尊重婴幼儿的个性化需求，确保婴幼儿获得适当的营养，促进其健康成长和发展。

（一）1～6个月婴幼儿的科学喂养

1～6个月婴幼儿的营养需求和喂养方法如下。

1. 1～6个月婴幼儿的营养需求

1～6个月是婴幼儿的关键发育阶段，母乳或配方奶是主要的营养来源。以下是1～6个月婴幼儿的营

养需求。

（1）母乳或配方奶

母乳是最理想的营养来源，为婴幼儿提供了所需的所有营养和抗体。如果不能进行母乳喂养或需要补充喂养，可以选择适合婴幼儿的配方奶。

（2）蛋白质

婴幼儿需要蛋白质来支持生长和发育。母乳中蛋白质的含量是符合婴幼儿需求的，配方奶中的蛋白质经过调整也可以满足其需求。

（3）碳水化合物

碳水化合物是婴幼儿主要的能量来源。母乳和配方奶中含有乳糖，它是一种重要的碳水化合物。

（4）脂肪

脂肪对于婴幼儿的脑发育和能量供应至关重要。母乳中含有适当的脂肪，而配方奶也会提供必要的脂肪。

（5）维生素和无机盐

婴幼儿需要多种维生素和无机盐来支持生长和发育，包括钙、铁、锌、维生素D等。母乳和配方奶中通常含有充足的维生素和无机盐。在6个月之后，逐渐引入辅食可以为婴幼儿提供更多的维生素和无机盐。

（6）水分

婴幼儿需要足够的水分来保持水平衡。在1～6个月，母乳或配方奶已经提供了足够的水分，因此婴幼儿不需要额外补水。

2. 1～6个月婴幼儿的喂养方法

1～6个月期间，正确的喂养方法对于婴幼儿的健康和发育至关重要。

（1）母乳喂养或配方奶喂养

母乳是最佳的喂养选择，因为它提供了婴幼儿所需的营养。如果母乳喂养不可行或母乳量不足够，可以选择适合婴幼儿的配方奶。遵循医生或婴幼儿营养师的建议，按照正确的方式喂母乳或配方奶。

（2）喂养频率

新出生婴幼儿通常每天需要进行8～12次喂养，而随着婴幼儿的生长，喂养频率可能逐渐降低。注意根据婴幼儿的需求进行喂养，观察婴幼儿的饥饿信号，如吸吮手指、舔嘴唇、寻找乳头等。尽量遵循婴幼儿的需求进行喂养，而不是刻板地按时间表喂养。

（3）喂奶姿势

选择舒适和正确的喂奶姿势，确保婴幼儿和母亲的舒适度和安全性。确保婴幼儿嘴巴与乳头对齐，避免婴幼儿吸入过多空气。

（4）排空乳房

在母乳喂养时，确保彻底排空乳房，让婴幼儿获得前奶和后奶的营养。前奶是刚开始流出的较稀的液汁，后奶是随后流出的营养较丰富、高脂肪的液汁。确保婴幼儿将一侧母乳吸吮完后，再换到另一侧。

（5）配方奶喂养

如果选择配方奶喂养，根据配方奶的说明准备和配制奶瓶。遵循准确的配方奶量和水的比例，确保奶瓶和奶嘴清洁。

（6）观察婴幼儿的饱食和饥饿信号

观察婴幼儿的表现，注意他们的饱食和饥饿信号。通过观察和了解婴幼儿的需求，可以更好地满足他们的需求。

（7）喂养时注意卫生

在喂养之前，确保洗净双手和乳房或奶瓶的卫生。遵循正确的洗涤和消毒程序，以防止细菌感染。

（二）7～12个月婴幼儿的科学喂养

7～12个月婴幼儿的营养需求和喂养方法如下。

1. 7～12个月婴幼儿的营养需求

7～12个月婴幼儿的营养需求开始逐渐增加，因为他们正在发展和成长。

（1）蛋白质

婴幼儿需要蛋白质来支持生长和发育。蛋白质可以来自母乳、配方奶、肉类、鱼类、禽类、豆类和乳制品。照护者应确保提供适量的蛋白质，以满足婴幼儿的需求。

（2）碳水化合物

碳水化合物是婴幼儿的主要能量来源。蔬菜、水果、全谷类、面包、饼干和米饭等食物可以提供碳水化合物。

（3）脂肪

脂肪对于婴幼儿的大脑发育和能量供应非常重要。照护者应提供适量的健康脂肪，如母乳、配方奶、橄榄油、植物油和富含脂肪的食物（如鱼类）。

（4）铁

铁是婴幼儿的重要营养素，用于血红蛋白的合成和大脑发育。红肉、鸡肉、鱼类、豆类、全谷类、绿叶蔬菜和铁强化的谷物可提供铁。

（5）钙和维生素D

钙和维生素D对于婴幼儿的骨骼和牙齿健康至关重要。婴幼儿可以通过母乳、配方奶、乳制品、鱼类、绿叶蔬菜和钙强化的食物来获得钙和维生素D。

（6）维生素和无机盐

除了上述营养素，婴幼儿还需要其他维生素和无机盐来维持身体的正常功能。多样化的饮食，包括蔬菜、水果和全谷类，可以提供多种维生素和无机盐。

（7）水

摄入适量的水分对于婴幼儿的健康很重要。在添加辅食后，可以在餐间给婴幼儿提供适量的水。

2. 7～12个月婴幼儿的喂养方法

7～12个月期间，婴幼儿逐渐引入辅食，以满足日益增长的营养需求。

（1）母乳或配方奶喂养

如果婴幼儿仍在母乳或配方奶喂养阶段，照护者应继续提供母乳或配方奶作为主要的营养来源。通常情况下，每天的奶量应为500～600毫升。

（2）引入辅食

逐渐引入辅食是7～12个月期间的重要事项。开始时，可以引入单一食品，如米糊、面条糊或果泥。后逐渐引入多种蔬菜、水果、肉类、豆类和谷物。注意逐渐增加食物的种类，以促进婴幼儿咀嚼和吞咽能力的发展。

（3）食物的质地

在刚开始引入辅食时，可以选择将食物磨碎或切成小块，以适应婴幼儿的咀嚼能力。随着婴幼儿的咀嚼和吞咽能力逐渐发展，可以逐渐增加食物的质地和大小，让婴幼儿适应更多样的食物。

（4）提供多样化的食物

在引入辅食时，尽量提供多样化的食物，包括蔬菜、水果、蛋类、肉类、豆类、谷物和乳制品。这样可以确保婴幼儿获取各种营养素，促进他们全面发展。

（5）适量饮水

在逐渐引入辅食的过程中，可以开始让婴幼儿适量饮水。干净的饮用水对于婴幼儿的水分摄入和消化系统的正常运作非常重要。

（6）观察过敏反应

在引入新的食物时，要仔细观察婴幼儿是否出现过敏反应，如长皮疹、呕吐、腹泻等。如果婴幼儿对某种食物有过敏反应，应立即停止给予该食物，并咨询医生的建议。

（7）定时喂养和自主进食

建立规律的喂养时间表，并尊重婴幼儿的饥饿和饱食感。逐渐培养婴幼儿的自主进食能力，让他们尝试使用手指或小勺子自己进食。

四、1～3岁婴幼儿的科学喂养

1～3岁婴幼儿虽然对周围有了一定的适应能力，但如果喂养不当会导致其营养储备不足，不能满足其成长所需，势必会造成生长发育迟缓，甚至可能导致慢性疾病的发生，所以照护者必须掌握科学的喂养知识。

（一）1～2岁婴幼儿的科学喂养

1～2岁婴幼儿的营养需求和喂养方法如下。

1. 1～2岁婴幼儿的营养需求

1～2岁婴幼儿的营养需求继续发生变化，他们正在逐渐过渡到采用与成年人相似的饮食模式。

（1）碳水化合物

碳水化合物是能量的主要来源。建议照护者为婴幼儿提供富含复杂碳水化合物的食物，如全麦面包、糙米、全麦面粉制品和蔬菜；同时限制糖的摄入，尽量避免食用高糖食品。

（2）蛋白质

蛋白质是婴幼儿生长和发育所必需的。照护者应提供适量的优质蛋白质，如肉类（瘦肉、鱼）、豆类、乳制品和鸡蛋，鼓励多样化的蛋白质摄入。

（3）脂肪

脂肪对于婴幼儿的生长和大脑发育至关重要。照护者应提供适量的健康脂肪，如橄榄油、鱼油、坚果和种子；同时限制婴幼儿食用高脂肪和高盐食品，如炸薯条等快餐食品。

（4）蔬菜和水果

提供多样化的蔬菜和水果，以提供维生素、无机盐和膳食纤维。鼓励婴幼儿尝试各种颜色和种类的蔬菜和水果。

（5）钙和维生素D

钙和维生素D对于婴幼儿骨骼生长和发育至关重要。照护者应提供富含钙的食物，如乳制品、豆类和鱼类；同时，确保婴幼儿获得足够的维生素D。

（6）铁

铁对于婴幼儿血红蛋白合成和大脑发育非常重要。照护者应提供富含铁的食物，如红肉、鸡肉、鱼类、豆类和谷物；同时，结合富含维生素C的食物，以促进铁的吸收。

（7）水

确保婴幼儿每天摄入足够的水，以保持水分平衡和良好的消化能力。

2. 1～2岁婴幼儿的喂养方法

（1）提供均衡的饮食

确保婴幼儿的饮食均衡多样，包括蔬菜、水果、谷物、蛋白质和健康脂肪。提供适量的各类食物，以满足婴幼儿对不同营养素的需求。

（2）逐渐增加食物的质地

婴幼儿在这个阶段已经具备较强的咀嚼和吞咽能力，照护者可以逐渐增加食物的质地，提供切成小块或丁的食物，让他们锻炼咀嚼能力。

（3）鼓励自主进食

为婴幼儿提供适合他们小手握持的食物，鼓励他们自主进食。让他们尝试用小勺子或手抓取食物，培养他们的自主进食能力。

知识链接

如何指导婴幼儿用勺进食

指导婴幼儿用勺进食需要耐心，指导步骤如下。

1. 提供适当的勺子

选择适合婴幼儿小手的勺子，最好是圆头且边缘平滑的婴幼儿专用勺。避免使用尖锐的金属勺子，以防止婴幼儿受伤。

2. 示范正确的用勺方式

在婴幼儿进食前，照护者可以示范正确的用勺方式：拿起勺子，将食物轻轻地放在勺子上，并将勺子放在嘴边，让婴幼儿观察自己使用勺子的方法。

3. 鼓励自主进食

将一小勺食物放在婴幼儿的碗或盘子里，然后鼓励婴幼儿试着用勺子自主进食。初始阶段，婴幼儿可能会用手指抓取食物，但照护者可以引导他们用手指握住勺子，然后将勺子及食物送入嘴里。

4. 提供适量的食物

控制食物的分量，确保婴幼儿能够轻松地将食物放在勺子上，并能够顺利地送入嘴里。初始阶段，婴幼儿用勺可能会有些笨拙，需要时间适应。

5. 给予赞扬和鼓励

当婴幼儿成功使用勺子进食时，给予他们赞扬和鼓励。表扬他们的努力和进步，让他们感到自豪并乐于尝试。

6. 多练习和耐心

使用勺子进食是一项技能，需要婴幼儿耐心地反复练习。吃饭时，照护者应给予婴幼儿机会使用勺子自己进食，并提供必要的帮助和指导。

（4）饮水

确保婴幼儿每天摄入足够的水，以保持水分平衡。婴幼儿可以使用小杯子或吸管杯来饮水。

（5）控制食物分量

注意控制食物的分量，以避免过度饮食或营养不均衡。尊重婴幼儿的饥饱感，让他们根据自己的需要来决定饭量。

（6）培养餐桌习惯

培养良好的餐桌习惯，让婴幼儿在愉悦的氛围中进餐。与家人一起用餐，鼓励婴幼儿尝试各种食物，培养良好的饮食习惯和社交技能。

（7）注意食物安全和卫生

确保食物的安全和卫生，保持食物的新鲜和适当储存。避免给婴幼儿食用过期或不洁净的食物。

（二）2～3岁婴幼儿的科学喂养

2～3岁婴幼儿的营养需求和喂养方法如下。

1. 2～3岁婴幼儿的营养需求

2～3岁是幼儿期，这个阶段婴幼儿继续发展并逐渐适应成年人饮食模式。

（1）能量

婴幼儿在这个阶段需要充足的能量支持他们的生长和活动。照护者应提供适量的碳水化合物和脂肪作为能量来源。

（2）蛋白质

蛋白质对于婴幼儿的生长和发育非常重要。照护者应提供适量的蛋白质，如肉类（瘦肉、鱼）、豆类、乳制品和鸡蛋。

（3）碳水化合物

提供复杂碳水化合物的食物，如全麦面包、糙米、全麦面粉制品和蔬菜。同时限制糖的摄入，尽量避免食用高糖食品。

（4）脂肪

提供适量的健康脂肪，如橄榄油、鱼油、坚果和种子。脂肪对于婴幼儿的大脑发育和能量供应非常重要。

（5）蔬菜和水果

继续提供多样化的蔬菜和水果，以提供维生素、无机盐和膳食纤维。鼓励婴幼儿尝试各种颜色和种类的蔬菜和水果。

（6）钙和维生素D

钙和维生素D对于婴幼儿骨骼生长和发育至关重要。照护者应提供富含钙的食物，如乳制品、豆类和鱼类。同时，确保婴幼儿获得足够的维生素D，可以通过阳光暴露或补充维生素D来实现。

（7）铁

铁对于婴幼儿血红蛋白合成和大脑发育非常重要。照护者应提供富含铁的食物，如红肉、鸡肉、鱼类、豆类和谷物。结合富含维生素C的食物，以促进铁的吸收。

（8）水

确保婴幼儿每天摄入足够的水，以保持水分平衡和良好的消化。

2. 2～3岁婴幼儿的喂养方法

2～3岁婴幼儿已经逐渐能够自己进食，并且开始发展进食自主性和好奇心。

（1）提供均衡的饮食

确保婴幼儿的饮食多样化、均衡，并包括各种营养素，如蛋白质和健康脂肪。提供适量的食物，以满足婴幼儿日常的营养需求。

（2）鼓励自主进食

鼓励婴幼儿自己使用勺子进食，并尝试使用叉子。给予他们足够的时间和机会，让他们学习掌握使用餐具的技能。同时，也可以鼓励他们用手自己进食，培养他们的自主性。

（3）尝试更大块的食物

将食物切割成适合婴幼儿的小块，以方便他们咀嚼和吞咽。逐渐引导婴幼儿尝试吃更大块的食物，并慢慢适应成年人大小的食物。

（4）提供蔬菜和水果

继续提供丰富的蔬菜和水果，以满足婴幼儿对维生素、无机盐和膳食纤维的需求。可以将蔬菜和水果切成小块或条状，方便婴幼儿拿取和进食。

（5）保障饮水足够

确保婴幼儿每天摄入足够的水，以维持水分平衡和良好的消化。鼓励婴幼儿自己喝水，可以使用小杯子或吸管杯。

（6）培养餐桌习惯

创建良好的餐桌习惯，与家人一起进餐。鼓励婴幼儿参与餐桌交流，让他们学会分享和尊重他人。提供正面的进餐环境，让婴幼儿养成健康的饮食习惯。

（7）控制食物分量和营养均衡

注意控制食物的分量，以避免过度进食或营养不均衡。确保婴幼儿摄入足够的蛋白质、碳水化合物、脂肪、维生素和无机盐。

（8）保障食物安全和卫生

确保食物安全和卫生。正确保存、处理和加热食物，避免食物中毒的风险。

尊重婴幼儿的食欲和胃口，鼓励他们尝试各种食物，并与他们一起探索新的食物。同时，与儿科医生或婴幼儿营养师保持联系，获得针对婴幼儿个体情况的专业建议和指导。

课堂讨论　　　　如何指导婴幼儿自主用杯喝水

指导婴幼儿自主用杯喝水需要耐心，指导步骤如下。

1. 选择合适的杯子

选择适合婴幼儿小手的杯子，最好是具有握把和防漏设计的婴幼儿杯子。这样可以方便婴幼儿握持和控制流量，降低洒漏的可能性。

2. 示范正确的喝水方式

在婴幼儿喝水前，可以示范正确的喝水方式。拿起杯子，使杯口轻轻接触嘴唇，倾斜杯子使水缓慢流动，让婴幼儿观察正确使用杯子的方式。

3. 提供适量的水

将适量的水或温暖的母乳/配方奶倒入婴幼儿的杯子中，确保婴幼儿可以轻松地拿起杯子并将杯口放在嘴边。

4. 鼓励自主喝水

鼓励婴幼儿自己拿起杯子并尝试喝水。开始时，可以用手扶持杯子底部，帮助婴幼儿稳定杯子。随着时间的推移，逐渐减少帮助，让婴幼儿自己掌控杯子。

5. 给予赞扬和鼓励

当婴幼儿成功自主用杯喝水时，给予他们赞扬和鼓励。表扬他们的努力和进步，让他们感到自豪并乐于尝试。

6. 提供常规机会

在每餐和喂奶后，给予婴幼儿机会用杯子喝水。逐渐增加婴幼儿喝水的次数，帮助他们养成良好的饮水习惯。

7. 注意安全和卫生

确保杯子安全和卫生，保持杯子清洁，并及时更换磨损或破损的杯子。监督婴幼儿喝水的过程，以防止他们咬嚼杯子或将杯子放入口中过深。

8. 耐心和逐步过渡

每个婴幼儿的学习速度和适应能力不同。照护者应耐心地引导和支持婴幼儿，逐渐过渡到婴幼儿能完全独立地使用杯子喝水的阶段。

课后练习题

1. 简述婴幼儿营养的定义和作用。
2. 简述婴幼儿科学喂养的概念和原则。
3. 请设计一节培养婴幼儿良好用餐习惯的托育课程。
4. 请编写一篇0～6个月婴幼儿一日食谱。
5. 请编写一篇7～12个月婴幼儿一日食谱。
6. 请编写一篇1～2岁婴幼儿一日食谱。
7. 请编写一篇2～3岁婴幼儿一日食谱。

第五章
婴幼儿日常护理、常见疾病与意外伤害

本章学习目标

（1）掌握婴幼儿日常护理的概念。

（2）了解0～3岁婴幼儿日常护理。

（3）了解婴幼儿常见疾病的概念。

（4）了解0～3岁婴幼儿常见疾病。

（5）掌握婴幼儿意外伤害的概念。

（6）掌握0～3岁婴幼儿意外伤害与预防。

婴幼儿日常护理、疾病和意外伤害是照护者需要关注的重要方面。婴幼儿日常护理需要注重饮食、卫生、睡眠等方面，婴幼儿常见疾病需要提供适当的护理和医疗干预，婴幼儿意外伤害的预防需要保持安全的环境和密切的监护。

第一节 婴幼儿日常护理

婴幼儿日常护理是确保他们健康、安全和舒适的重要工作，但具体的护理需求可能因婴幼儿的年龄、健康状况和个体差异而有所不同。

一、婴幼儿日常护理的概念

1. 婴幼儿日常护理定义

婴幼儿日常护理是指为满足婴幼儿的基本生活需求而进行的一系列护理活动。这些活动旨在确保婴幼儿健康、安全和舒适，并促进他们的发育和成长。婴幼儿日常护理的概念基于婴幼儿的基本需求和发展特点，旨在为婴幼儿提供全面而综合的照顾，以确保他们健康、安全和幸福。这些护理活动需要照护者的关注和参与，并根据婴幼儿的个体差异和需求进行调整。

婴幼儿日常护理的目标是保证婴幼儿的基本需求得到满足，促进他们健康发育。同时，这也是照护者与婴幼儿建立深厚联系和进行互动的机会，为婴幼儿提供爱与关怀的环境。

2. 婴幼儿日常护理内容

婴幼儿日常护理的内容包括以下7个方面。

（1）饮食护理

这是确保婴幼儿获得足够营养的关键。它包括母乳喂养或配方奶喂养、引入辅食、确保适当的喂养频率和量等，以满足婴幼儿生长和发育的营养需求。

（2）卫生护理

这是保持婴幼儿身体清洁和卫生的重要方面。它包括洗澡、换尿布、清洁口腔、修剪指甲等活动，以确保婴幼儿身体的卫生状况良好。

（3）睡眠护理

良好的睡眠质量和规律的作息时间对婴幼儿非常重要。这包括建立适当的睡眠环境、确保安全的睡眠姿势、建立良好的睡眠习惯等，以促进婴幼儿的良好睡眠。

（4）穿着护理

婴幼儿需要适当的穿着和环境来保持温暖和舒适。这包括选择合适的衣物、调节室温、保持适宜的湿度等，以确保婴幼儿的身体舒适度。

（5）环境护理

环境护理包括保持婴幼儿所处的环境整洁、安全和舒适，定期清洁婴幼儿所使用的玩具、床铺等物品，保持空气流通，避免潮湿和污染等环境。

（6）健康监测

婴幼儿需要定期的健康监护和医疗检查。这包括接种疫苗、定期体检、监测生长发育情况等，以确保婴幼儿的身体健康，并及时发现和处理健康问题。

（7）亲子互动

与婴幼儿建立亲密的关系，进行适当的亲子互动和游戏，可促进婴幼儿的情感发展和社交能力的提升。

二、新出生婴幼儿日常护理

新出生婴幼儿除了喂养外，其他日常生活也需要照护者的帮助与照顾。因此，照护者要了解新出生婴幼儿的需要，为他们提供必要的支持，并在此过程中，注意引导其养成良好的生活习惯。

1. 饮食护理

饮食护理包括母乳喂养或配方奶喂养，合理安排喂奶时间和喂食量，确保新出生婴幼儿获得充足的营养。

2. 卫生护理

对于新出生婴幼儿，卫生护理是非常重要的。

（1）洗澡

使用温水和温和的婴幼儿沐浴液，用柔软的海绵或洗布轻轻擦洗新出生婴幼儿的皮肤。特别要注意清洁新出生婴幼儿的皱褶处，如脖子、腋下、大腿根部和臀部。洗完后，用干净柔软的毛巾轻轻擦干新出生婴幼儿的皮肤，确保皮肤干燥。

（2）换尿布

新出生婴幼儿的尿布需要经常检查和更换，以保持干燥和清洁。当尿布变湿或有排泄物时，应立即更换。使用婴幼儿尿布和湿巾，轻轻擦拭新出生婴幼儿的臀部，从前往后清洁。使用婴幼儿尿布疹膏可以帮助预防尿布疹的发生。

（3）皮肤护理

新出生婴幼儿的皮肤非常娇嫩，需要特别的护理，应使用温和的婴幼儿护肤品，避免使用含有刺激性成分的产品。定期涂抹适量的婴幼儿润肤霜，特别是在天气干燥的季节或皮肤较易干燥的部位，以保持皮肤的娇嫩和水分。

（4）剪指甲

定期修剪新出生婴幼儿的指甲，以防止他们抓伤自己的皮肤。使用特制的婴幼儿指甲剪或指甲锉，注意剪指甲时不要伤到婴幼儿指尖。

（5）清洁口腔

虽然新出生婴幼儿还没有长牙齿，但口腔卫生同样重要。用柔软的湿纱布或干净的纱布蘸取温水，轻轻擦拭新出生婴幼儿的牙床和舌头，可以帮助清除口腔中的细菌，并维持口腔的健康。

（6）脐带护理

新出生婴幼儿出生后，脐带需要特殊的护理。保持脐带干燥和清洁是防止感染的关键。在每次换尿布前，应用消毒棉球蘸取医生建议的酒精或抗菌溶液轻轻擦拭脐带周围的皮肤，以防止细菌滋生。同时，确保新出生婴幼儿的尿布不会覆盖住脐带，以保持干燥。

（7）保持衣物和床上用品的清洁

经常更换新出生婴幼儿的衣物和床上用品，以保持清洁和卫生。洗涤新出生婴幼儿的衣物时，使用温和的洗衣液，并确保彻底漂洗以去除残留物。

3. 睡眠护理

睡眠对于新出生婴幼儿非常重要，因为它有助于他们的生长、发育和整体健康。

（1）提供安全的睡眠环境

为新出生婴幼儿提供安全的睡眠环境是至关重要的。确保新出生婴幼儿睡在坚实且尺寸适当的婴幼儿床或婴幼儿摇篮上。床垫应该是平坦的，并用床单覆盖。避免在婴幼儿床上放置太多的床上用品或玩具，以减少窒息的风险，同时确保睡眠区域周围没有可卷缠的物品。

（2）规律的睡眠时间

规律的睡眠时间可以帮助新出生婴幼儿建立良好的睡眠习惯。尽量在同一时间让新出生婴幼儿入睡，并建立一个固定的睡前准备例行程序，如洗澡、按摩、喂食、安抚等，以帮助新出生婴幼儿逐渐进入睡眠状态。

（3）采取仰卧睡姿

婴幼儿睡觉时，让他们呈仰卧的姿势是最安全的。这有助于预防婴幼儿猝死综合征。确保婴幼儿的头部没有被被子或其他物品所遮盖，以免影响呼吸。

（4）定期喂养

确保新出生婴幼儿在睡前得到足够的饮食，以满足他们的能量需求。新出生婴幼儿的胃容量较小，因此需要频繁喂养。夜间喂养尽量保持环境安静和昏暗，以促进新出生婴幼儿维持睡眠。

（5）注意新出生婴幼儿的舒适度

确保新出生婴幼儿在睡眠中舒适。保持新出生婴幼儿的体温适宜，避免过度包裹或过度穿戴。使用适合天气的合适的睡衣和被褥，以使新出生婴幼儿感到温暖和舒适。

（6）创造舒适的睡眠环境

确保新出生婴幼儿的睡眠环境舒适宜人。适当调节室温，保持环境温暖但不过热。让新出生婴幼儿穿着适合当前天气的衣物，不要让婴幼儿受热或受冷。提供一个安静、昏暗的睡眠环境，有助于新出生婴幼儿入睡和维持睡眠。

（7）提供安抚和安全感

新出生婴幼儿只有感到安全才能入睡。使用安抚玩具，温柔地安抚新出生婴幼儿，以帮助他们放松和安心入睡。可以试着使用轻柔的音乐来营造宁静的环境，有助于新出生婴幼儿入睡。

（8）响应婴幼儿的睡眠需求

新出生婴幼儿的睡眠需求因个体而异，主要表现为揉眼睛、眼睛发红、咬手指等。当新出生婴幼儿表现出疲倦的迹象时，应尽量让他们进入睡眠状态，避免过度疲劳。尽量及时响应新出生婴幼儿的睡眠需求，以帮助他们舒适入睡和继续睡眠。

4. 穿着护理

穿着护理是新出生婴幼儿日常护理的重要方面。

（1）选择舒适的衣物

为新出生婴幼儿选择柔软、透气、无刺激的衣物。优先选择天然纤维材料，如棉布，以减少对新出生婴幼儿皮肤的刺激。避免选择过于紧身的衣物，以免限制新出生婴幼儿的活动和血液循环。

（2）根据天气调节穿着

根据天气选择适当的衣物。在温暖的天气中，选择轻薄、透气的衣物，以防止新出生婴幼儿过热。在寒冷的天气中，给新出生婴幼儿穿上保暖的衣物，如长袖连体衣、毛衣、帽子和袜子，以保持温暖。

（3）避免过度穿戴

注意不要过度穿戴，以免导致新出生婴幼儿过热或不舒适。在室内环境温暖时，可以适度减少新出生婴幼儿的衣物。

（4）使用合适的尺寸

选择尺寸合适的衣物非常重要。过小的衣物会限制新出生婴幼儿的运动和呼吸，而过大的衣物可能会扰乱新出生婴幼儿的舒适感。确保衣物宽松舒适，不过于紧身。

（5）注意头部和脚部的保暖

新出生婴幼儿的头部和脚部是散热的主要部位，需要特别保暖。在寒冷的天气中，给新出生婴幼儿穿戴上大小适当的帽子和袜子，以防止热量流失。

（6）注意季节性变化

随着季节的变化，适当调整新出生婴幼儿的穿着。在炎热的夏季，选择轻薄、透气的衣物，并保持室内通风。在寒冷的冬季，选择保暖的衣物，并确保室内温度适宜。

（7）注意衣物的清洁

保持新出生婴幼儿的衣物清洁是很重要的。使用温和的洗涤剂和柔和的洗衣程序来清洗新出生婴幼儿的衣物。避免使用过多的洗衣粉或柔顺剂，以免残留物对新出生婴幼儿的皮肤产生刺激。

（8）使用适宜的被褥和毯子

选择适宜的被褥和毯子，以保持新出生婴幼儿的温暖。确保被褥不过厚，以免窒息。还要注意被褥的材质应该柔软、透气，并符合安全标准。

（9）注意室内温度和湿度

保持室内温度和湿度适宜，温度通常在18～22摄氏度。过热或过干的环境可能会影响新出生婴幼儿的舒适度和睡眠质量。

（10）观察新出生婴幼儿的舒适度

留意新出生婴幼儿的表情和行为，观察他们是否出汗、发冷或表现出不适的迹象。根据新出生婴幼儿的反应调整衣物的厚度和数量。

5. 环境护理

环境护理在新出生婴幼儿的日常护理中扮演着重要的角色，它是指为新出生婴幼儿提供一个安全、干净和舒适的环境。

（1）保持适宜温度

保持室内温度适宜对新出生婴幼儿的舒适和健康至关重要。在冬季，使用合适的加热设备来保持温暖，但要避免直接将加热设备对准新出生婴幼儿，以免烫伤或过热。在夏季，使用空调或风扇来保持室内凉爽，并确保空气流通。

（2）保障室内空气质量

保障室内空气质量对于新出生婴幼儿的健康非常重要。保持室内通风良好，定期开窗换气，避免积聚过多的灰尘和有害物质。尽量避免使用化学物品、香水、烟草等有刺激性气味的物质。

（3）提供安全环境

为新出生婴幼儿提供安全的环境是至关重要的。移除可能造成新出生婴幼儿窒息、触电或其他伤害的物品，如塑料袋、电源插座等。确保家居设施稳固可靠，消除家具倾倒的风险。在婴幼儿活动区域使用安全的婴幼儿床、摇篮、推车和婴幼儿座椅等设备。

（4）创造安静的环境

为新出生婴幼儿提供一个安静的睡眠和休息环境有助于他们感到舒适。避免过多的噪声刺激，如说话声过大、电视声音过大等。在新出生婴幼儿睡眠时，尽量保持室内安静，可以使用轻柔的音乐来营造安宁的氛围。

（5）保持室内的清洁和卫生

保持室内的清洁和卫生对于新出生婴幼儿的健康至关重要。定期清洁新出生婴幼儿的睡眠区域、玩具、尿布台等。使用温和的清洁剂和洗涤剂，避免使用过于刺激的化学物品。经常洗手，尤其是在与新出生婴幼儿接触之前。

（6）提供防护措施

在特定的季节和环境中，采取适当的防护措施来保护新出生婴幼儿。例如，在夏季阳光强烈的时候，避免新出生婴幼儿直接暴露在阳光下，使用遮阳物保护新出生婴幼儿的皮肤。在冬季寒冷的时候，确保新出生婴幼儿保持温暖，避免出现低温损伤。

6. 健康监测

健康监测对于新出生婴幼儿是非常重要的，它可以帮助照护者及时发现任何潜在的健康问题并采取适当的措施。

（1）进行体温监测

定期测量新出生婴幼儿的体温，可以帮助检测其是否有发热或低温的情况。使用体温计在肛门、口腔或腋下测量新出生婴幼儿的体温。确保使用合适的体温计和正确的测量方法。

（2）进行体重监测

定期测量新出生婴幼儿的体重，可以了解他们的生长情况。可以使用婴幼儿秤或在医院定期进行体重测量。与儿科医生讨论并了解正常的体重增长曲线，以确保新出生婴幼儿发育正常。

（3）进行喂食监测

监测新出生婴幼儿的喂食情况，包括喂食的次数、喂食量和吃饱程度。观察新出生婴幼儿的吸吮、吞咽和排尿情况，以确保他们正常进食和消化。

（4）进行排便监测

关注新出生婴幼儿的排便情况，包括次数、颜色和质地。正常的新出生婴幼儿排便行为可能会有一定的变化，但如果出现异常情况，如持续腹泻、便秘或变化明显，应咨询医生。

（5）进行睡眠监测

观察新出生婴幼儿的睡眠模式和质量。注意他们的入睡时间、睡眠持续时间和觉醒次数。不同年龄段的新出生婴幼儿有不同的睡眠需求，了解他们的睡眠模式有助于确保他们充分休息。

（6）关注行为和发育进程

密切关注新出生婴幼儿的行为和发育进程。注意他们的反应、动作和交流能力。如果有任何担忧或发现偏离常规的行为或发育迟缓的迹象，及时咨询医生。

（7）注意免疫接种和健康检查

按照免疫接种计划，及时接种新出生婴幼儿所需接种的疫苗。参加定期的健康检查，与儿科医生讨论婴幼儿的健康问题和发育情况。

7. 亲子互动

亲子互动对于新出生婴幼儿的日常护理非常重要，它有助于建立亲密的关系，促进新出生婴幼儿情感和认知的发展。

（1）进行皮肤接触

与新出生婴幼儿进行皮肤接触，如拥抱和触摸。这种身体接触可以拉近亲子关系，帮助新出生婴幼儿建立安全感，并促进身体发育和情感发展。

（2）进行眼神交流

与新出生婴幼儿进行眼神交流，注视他们的眼睛，并微笑。通过眼神交流，新出生婴幼儿可以感受到被关注和爱护，这有助于建立情感联系。

（3）进行言语互动

与新出生婴幼儿进行言语互动，使用温柔的声音与他们说话、哼唱歌曲或讲故事。虽然新出生婴幼儿还不会说话，他们会倾听并会对声音做出回应。

（4）提供音乐

与新出生婴幼儿一起唱歌或为其播放轻柔的音乐。音乐有助于新出生婴幼儿放松，增强情感联系，并促进听觉和感官发展。

（5）提供视觉刺激

给新出生婴幼儿提供丰富的视觉刺激，如摆动玩具、彩色图画。与新出生婴幼儿一起观察和探索这些视觉刺激，可以促进他们的视觉和感知发展。

（6）提供触觉刺激

使用柔软的毛毯、触摸玩具等给新出生婴幼儿提供触觉刺激。轻轻按摩新出生婴幼儿的背部、手、脚等部位，可以帮助他们放松、促进其血液循环，同时增强亲子之间的互动。

（7）提供安抚

使用摇篮或轻柔的抚触来安抚新出生婴幼儿。摇晃新出生婴幼儿可以帮助他们放松入睡，并建立安全感。

（8）积极回应和反应

注意新出生婴幼儿的表情、动作和声音，并适时回应。与新出生婴幼儿的互动可以促进新出生婴幼儿的社会性和语言发展。

三、1个月～1岁婴幼儿日常护理

婴幼儿日常护理的关键是提供温暖、安全、清洁和爱的环境，保持婴幼儿健康和舒适。同时，与婴幼儿建立亲密的联系和互动，有助于促进他们的发展。

1. 饮食护理

饮食护理包括母乳喂养或配方奶喂养，合理安排喂奶时间和喂食量，根据婴幼儿的年龄适时引入辅食，确保婴幼儿获得充足的营养。

2. 卫生护理

1个月～1岁婴幼儿的卫生护理非常重要。

（1）洗澡

每天给婴幼儿洗澡是重要的卫生护理步骤之一。使用温水和适合婴幼儿肌肤的无刺激洗涤剂轻柔地清洁婴幼儿的身体。确保水温适中，使用柔软的浴巾轻轻擦干婴幼儿的皮肤。

（2）头发和头皮护理

定期洗涤婴幼儿的头发，使用适合婴幼儿的洗发水轻柔地清洁头发和头皮。用柔软的毛巾轻轻擦干头发，避免过度摩擦。

（3）口腔护理

从婴幼儿出生后就开始进行口腔护理。用湿纱布或婴幼儿牙刷轻轻擦拭婴幼儿的牙龈和牙齿，以保持口腔清洁。一旦婴幼儿的牙齿长出，可以使用适合婴幼儿的牙刷和无氟牙膏刷牙。

（4）耳朵清洁

使用湿棉球轻轻擦拭婴幼儿的外耳廓，但不要将棉球插入耳朵内部。确保棉球湿润但不要过湿，避免水进入耳朵。

（5）鼻子护理

使用婴幼儿专用的鼻吸球或鼻水吸引器来轻轻抽吸鼻涕。确保操作轻柔，并避免给婴幼儿鼻腔造成过多压力。

（6）指甲修剪

定期修剪婴幼儿的指甲，以防止他们刮伤自己。使用适合婴幼儿的指甲剪或指甲修剪器，小心地修剪指甲的边缘。

（7）臀部护理

对于使用尿布的婴幼儿，要经常检查其尿布是否需要更换。每次更换尿布时，用温水和无刺激的湿巾或棉球轻轻清洁婴幼儿的臀部，并涂抹适合婴幼儿肌肤的尿布膏或保护膏。

（8）手部和脚部护理

保持婴幼儿的手部和脚部清洁。每天用温水和无刺激肥皂给婴幼儿洗手和洗脚，确保手指指缝和脚趾间的清洁，并保持指甲的整洁。

（9）眼部护理

用干净的湿纱布或棉球轻轻擦拭婴幼儿的眼睛，从内眼角向外擦拭，每只眼睛使用一张新的湿纱布或棉球。

（10）个人卫生习惯养成

在婴幼儿逐渐学会自主进食和自主活动的过程中，引导他们养成正确的个人卫生习惯，如用餐前后洗手等。

除了以上的卫生护理，定期带婴幼儿进行健康检查，包括疫苗接种等，也是重要的一环。另外，保持婴幼儿周围环境的清洁和卫生，定期清洁玩具、床上用品等也是必要的。

3. 睡眠护理

1个月～1岁婴幼儿的睡眠护理非常重要，良好的睡眠对于他们的身体和大脑发育至关重要。

（1）确保规律的睡眠时间

建立规律的睡眠时间，确保婴幼儿每天都能获得足够的睡眠。根据他们的年龄和需求，设置固定的睡眠时间和起床时间。

（2）创造安静的睡眠环境

为婴幼儿创造一个安静、舒适、黑暗和安全的睡眠环境。降低房间的噪声和减弱光线，使用窗帘或窗户遮光，以帮助婴幼儿入睡和保持睡眠。

（3）建立睡前例行程序

建立睡前例行程序，例如洗澡、更换尿布、穿睡衣、听轻柔的音乐或阅读故事。这些例行程序可以帮助婴幼儿逐渐放松下来，并为入睡做好准备。

（4）使用安抚技巧

使用适当的安抚技巧来帮助婴幼儿入睡，包括轻拍背部、轻轻摇晃、给婴幼儿安抚奶嘴或安抚玩具等。确保这些安抚技巧是安全的，并符合婴幼儿的需求和喜好。

（5）注意睡眠姿势

确保婴幼儿采取安全的睡眠姿势。在婴幼儿睡觉时，将他们放置成仰卧的姿势，以降低突发性婴幼儿死亡综合征的风险。

（6）注意室温和衣物适宜

保持室温适宜，不要过热或过冷。根据环境温度为婴幼儿选择合适的衣物和被褥，确保婴幼儿在舒适的温度下入睡。

（7）回应夜间需求

婴幼儿在夜间可能需要喂奶、换尿布或安抚。尽量及时回应他们的需求，同时也要鼓励他们逐渐学会自我安慰和入睡。

4. 穿着护理

1个月～1岁婴幼儿的穿着护理主要是为了确保他们舒适和安全。

（1）选择尺寸合适的衣物

选择适合婴幼儿年龄和体型的衣物。衣物应该宽松舒适，尺寸合适，不过紧也不过大。

（2）注意天气和环境的变化

根据天气和环境的变化，选择适当的衣物。天气寒冷，给婴幼儿穿上保暖的衣物，包括帽子、手套和袜子。天气炎热，选择轻薄、透气的衣物。

（3）避免过度穿戴

不要给婴幼儿穿得过多，以免过热或不舒服。根据环境温度和婴幼儿的感受，适当增减衣物。

（4）选择柔软的材质

选择柔软、透气、亲肤的材质，如棉布。避免使用粗糙或刺激性的材质，以免对婴幼儿的皮肤造成不适。

（5）注意穿脱的方便性

选择容易穿脱的衣物，方便日常的护理和更换尿布。可选用开扣设计或搭扣式的衣物，避免过多使用有纽扣或拉链的衣物。

（6）注意着装的安全性

避免给婴幼儿穿戴小饰物松动或容易脱落的衣物，以防婴幼儿误食或窒息。

（7）注意季节性转变

随着季节的变化，及时更换合适的衣物。在温度转凉时，给婴幼儿添加轻薄的外套或毛衣来保暖。

（8）选择舒适的鞋袜

对于已经开始行走的婴幼儿，合适的鞋袜非常重要。鞋袜应该舒适、透气，并且提供足够的支撑和具有防滑功能。

（9）注意睡衣选择

婴幼儿睡衣应选择舒适、柔软、透气的材质，并确保尺寸合适。避免使用有过多纽扣的睡衣，以免不舒服或不安全。

5. 环境护理

1个月～1岁婴幼儿的环境护理主要是为了创造一个安全、干净和促进发展的环境。

（1）保持清洁和卫生

保持婴幼儿所处的环境清洁和卫生。定期清洁地板、家具、玩具和其他常用物品。注意使用安全的清洁剂，并将有毒的化学品和清洁剂放置在婴幼儿无法触及的地方。

（2）保持室内空气质量

保持室内空气流通和清新。定期开窗通风，让新鲜空气进入房间。避免让婴幼儿暴露在二手烟环境中。

（3）保护安全防护

确保婴幼儿所处的环境安全。安装婴幼儿安全门、防护网和护角，防止他们接触危险物品或受伤。移除尖锐物品、易碎物品和危险的家电设备，以降低出现意外伤害的风险。

（4）确保电器的安全使用

确保电器和插座的安全使用。隐藏电线，避免婴幼儿拉扯电线。使用插座保护器来防止婴幼儿触碰插座。

（5）保持室内温度适宜

保持室内温度适宜，避免过热或过冷。在冬季使用暖气设备，并确保其安全性。在夏季使用空调或风扇，但要避免直接吹向婴幼儿。

（6）控制噪声水平

控制噪声水平，为婴幼儿创造一个安静的环境。避免环境中有过于刺耳的声音或剧烈的噪声刺激，以免影响婴幼儿的睡眠和健康。

（7）创造刺激和有趣环境

为婴幼儿创造一个刺激和有趣的环境。提供符合他们年龄的玩具、图书和互动游戏，促进他们的感官和认知发展。

（8）提供安全的睡眠环境

为婴幼儿提供安全的睡眠环境。确保婴幼儿的床上用品符合安全标准，避免在婴幼儿床上放置过多的玩具和枕头，以降低窒息的风险。

6. 健康监测

1个月～1岁婴幼儿的健康监测对于他们的成长和发展至关重要。

（1）进行体重监测

定期测量婴幼儿的体重，可以了解他们的生长状况。婴幼儿体重增长应在正常范围内，并逐渐增加。可咨询儿科医生相应的参考标准。

（2）进行身高监测

测量婴幼儿的身高，可以评估他们的生长发育情况。根据儿科医生根据年龄和性别提供相应的生长曲线，以评估婴幼儿的生长发育情况。

（3）进行头围监测

测量婴幼儿的头围，可以了解他们的头部生长情况。头围的增长应逐渐稳定，并与体重和身高的发育相匹配。

（4）进行发育里程碑监测

注意婴幼儿的发育里程碑，如抬头、翻身、爬行、坐立、行走等。关注这些发育里程碑的达成情况，并咨询儿科医生相应的建议。

（5）进行饮食和喂养监测

监测婴幼儿的饮食和喂养情况。确保婴幼儿获得足够的营养，并遵循适当的喂养频率和方式。

（6）进行睡眠监测

监测婴幼儿的睡眠情况，包括睡眠时间、睡眠质量和睡眠习惯。确保婴幼儿获得充足的睡眠，并建立良好的睡眠习惯。

（7）进行排泄监测

注意婴幼儿的排泄情况。确保他们有规律地排泄，并关注是否有异常情况，如便秘或尿布湿度变化。

（8）进行健康状况观察

密切观察婴幼儿的健康状况，包括体温、皮肤颜色、精神状态等。注意任何异常症状，如发热、呼吸困难、持续哭泣等，并及时咨询儿科医生。

7. 亲子互动

亲子互动是1个月～1岁婴幼儿日常护理中非常重要的一部分，它有助于促进婴幼儿的情感、语言和认知发展。

（1）提供亲密接触

提供给婴幼儿充分的亲密接触，如拥抱、亲吻和抚摸。这有助于建立亲子之间的情感联系，增强婴幼儿的安全感。

（2）进行语言交流

与婴幼儿进行频繁的语言交流。使用温柔的声音和亲切的语调与他们说话，回应他们的咿呀声和表情。阅读婴幼儿书籍、唱儿歌和与他们进行简单的对话，有利于促进其语言发展。

（3）进行眼神交流

与婴幼儿进行眼神交流。当他们注视你时，回应他们，与他们进行眼神交流。这有助于建立亲子之间的情感联系，增强他们的社交能力。

（4）一起玩耍和互动

与婴幼儿一起玩耍和互动。使用符合他们年龄的玩具，如摇铃、布娃娃和填充玩具，与他们一起玩耍。在游戏过程中与他们互动，鼓励他们探索和发现新事物。

（5）进行肢体互动

与婴幼儿进行肢体互动，如一起摇摆、扔接球、拍手等，有助于促进他们的肌肉和协调能力发展。

（6）提供视觉刺激

提供丰富的视觉刺激，如给婴幼儿展示彩色图画、颜色鲜艳的玩具和移动的物体，可以激发他们的好奇心和视觉感知能力。

（7）模仿面部表情

模仿婴幼儿的面部表情，例如微笑、皱眉、张嘴等，有助于他们理解情感表达和面部表情的意义。

（8）提供各种感觉的体验

提供各种感觉的体验，如轻轻按摩他们的背部、手脚和头部，让他们体验不同的触感。

四、1～3岁婴幼儿日常护理

1～3岁婴幼儿日常护理的注意事项、具体的护理方法需根据婴幼儿的个体差异和家庭情况进行调整。在护理过程中，照护者应始终关注婴幼儿的健康和安全，与他们建立亲密的联系，提供适当的支持和关爱。

1. 饮食护理

饮食护理包括母乳喂养或配方奶喂养。照护者应合理安排喂奶时间和喂食量，根据婴幼儿的年龄适时引入辅食，确保婴幼儿获得充足的营养。

2. 卫生护理

1～3岁婴幼儿的日常卫生护理非常重要，用以确保他们的健康和卫生。

（1）教导正确洗手

教导婴幼儿正确洗手的方法和时机。鼓励他们在关键时刻洗手，如使用厕所后、外出回家后、接触到污垢或进食前。教导婴幼儿使用温水和肥皂彻底清洗双手，并帮助他们正确擦干。

知识链接

如何教婴幼儿正确洗手

教婴幼儿洗手是培养良好卫生习惯的重要一步。

1. 示范洗手

首先，照护者可以向婴幼儿展示正确的洗手方法。站在洗手盆旁边，先卷衣袖，轻轻拧开水龙头，将手心、手背、手腕浸湿，然后搓肥皂，最好搓出泡沫，揉搓双手的每个部位，如手心、指缝、指尖、手背和手腕，清水冲洗干净，最后再用毛巾将手擦干。

2. 亲自引导

在婴幼儿学会洗手之前，照护者需要亲自引导他们伸出手，打湿手并涂抹肥皂。照护者可以一边与他们一起揉搓双手，一边唱歌或数数，使洗手过程变得有趣。

3. 使用合适的肥皂

选择温和、无香料和无刺激性的婴幼儿肥皂，以免对婴幼儿的皮肤造成刺激。

4. 频繁洗手

教导婴幼儿在特定情况下洗手，例如餐前、饭后、接触脏物后、外出回家后等。强调洗手的重要性，使婴幼儿养成勤洗手的习惯。

5. 温度合适的水

确保用温度合适的水来洗手，不要用过热或过冷的水。

6. 轻柔地揉搓

在揉搓婴幼儿的手部时要轻柔，避免过度揉搓或使用过大的力量。小心地揉搓每根手指和手掌的每个部位，确保彻底清洁。

7. 鼓励独立洗手

随着婴幼儿的成长，鼓励他们逐渐独立地洗手。逐步放手，让他们尝试自己完成洗手的步骤，但仍需监督和指导。

8. 建立习惯

持续地教授和提醒婴幼儿洗手的重要性，帮助他们建立良好的洗手习惯。通过照护者持之以恒的教育和引导，婴幼儿将逐渐养成自觉洗手的习惯。

（2）坚持牙齿护理

建立良好的口腔卫生习惯。帮助婴幼儿刷牙，使用适合他们年龄的软毛牙刷和少量婴幼儿牙膏。每天刷两次，早晚各一次。尽量避免婴幼儿长时间吃含糖食物或饮料，以降低长蛀牙的风险。

（3）保持身体清洁

每天对婴幼儿进行全身清洁。使用温水和温和的婴幼儿肥皂或洗液洗澡。特别注意清洁腋窝、脚趾缝、皮肤褶皱和生殖器官区域。

（4）定期指甲修剪

定期修剪婴幼儿的指甲，以避免他们划伤自己或他人。使用小巧的指甲剪或指甲锉，小心地修剪或整理指甲。

（5）教导如何处理垃圾

教给婴幼儿正确的垃圾处理方法。告诉他们什么是可回收物、有害物品，并教导他们将垃圾放入相应的容器中。确保婴幼儿接触不到有害物品或危险的废弃物。

（6）预防病菌传播

教育婴幼儿预防疾病和病菌传播的方法。教导他们正确的咳嗽和打喷嚏礼仪，即用纸巾或肘部遮住口鼻。

（7）保障空气质量

保持室内空气流通和清新。经常开窗通风，确保室内空气新鲜和干净。避免婴幼儿暴露在有烟草烟雾、有害化学物质和过敏原的环境中。

（8）准备好个人卫生用品

为婴幼儿准备个人卫生用品，如毛巾、洗脸布、牙刷、牙膏、洗发水、沐浴露等。确保这些用品干净、安全，并定期更换。

3. 睡眠护理

睡眠对婴幼儿的健康十分重要，它能消除婴幼儿经过一天脑力、体力活动所产生的疲劳，使神经系统、骨骼和肌肉、内脏器官等得到休息。睡眠时身体会大量分泌生长激素，这能促进婴幼儿身高的增长以及大脑皮层的发育。

（1）建立规律的作息时间

建立规律的作息时间，包括固定的起床时间、午睡时间和睡觉时间。保持规律的作息时间可以帮助婴幼儿建立良好的睡眠习惯。

（2）提供安静、舒适、温暖的睡眠环境

为婴幼儿提供安静、舒适、温暖的睡眠环境。确保房间通风良好，并保持适宜的室温。选择舒适的床铺和床上用品，如柔软的床垫和适合季节的被褥。

（3）做好睡前准备活动

在睡前进行一些平静的活动，如阅读故事书、听轻柔的音乐或进行放松的按摩，帮助婴幼儿放松身心。

（4）建立睡前习惯

建立固定的睡前习惯，如洗澡、更换睡衣、刷牙等。这些习惯可以提醒婴幼儿即将入睡，并为他们创造一个安全、安心的环境。

（5）提供安抚和安慰

如果婴幼儿在夜间醒来或焦虑不安，给予适当的安抚和安慰。可以通过抚摸、拥抱或提供安抚玩具来帮助他们重新入睡。

（6）避免过度疲劳

确保婴幼儿在白天有足够的休息时间，避免过度疲劳。过度疲劳可能会影响他们的睡眠质量和入睡时间。

（7）保障睡眠安全

确保婴幼儿的睡眠安全。将婴幼儿放置在安全的睡眠位置，如婴幼儿床、婴幼儿床垫或婴幼儿睡袋中。尽量避免与婴幼儿在同一张床上睡眠，以防止窒息和其他安全风险。

（8）进行睡眠监测

关注婴幼儿的睡眠质量和睡眠习惯。观察他们的入睡时间、入睡困难程度、夜间醒来频率等，并与医生讨论任何睡眠问题或异常。

4. 穿着护理

在1～3岁婴幼儿的日常护理中，穿着护理起着重要的作用。

（1）选择合适的尺寸

确保为婴幼儿选择尺寸合适的衣物和鞋子。衣物应该舒适、宽松，并允许婴幼儿自由动作。鞋子应该合适，不过紧也不过松，以确保他们的脚趾有足够的空间活动。

（2）选择天然材质

选择柔软、透气的天然材质的衣物，如棉布，以保护婴幼儿的皮肤。避免选择过于紧身或合成纤维的衣物，以免引起不适或皮肤过敏。

（3）适应季节变化

根据季节和天气变化，为婴幼儿选择适当的衣物。在温暖的天气中，选择轻薄、透气的衣物，以防止婴幼儿过热和中暑。在寒冷的天气中，选择保暖的衣物，如毛衣、外套和帽子，以防止婴幼儿受凉。

（4）选择简单易穿脱的衣物

选择简单易穿脱的衣物，以便婴幼儿日常活动和换洗。避免衣物上有过于复杂的纽扣、拉链或绑带，以免给穿脱过程带来困扰。

（5）注意脚部保护

确保婴幼儿穿着舒适、适合的鞋子，以保护他们的脚部健康。选择软底、有良好支撑的鞋子，以促进婴幼儿的步态发展和脚部的正常生长。

（6）定期更换衣物和鞋子

定期检查衣物和鞋子的尺寸是否合适，并根据需要进行更换。婴幼儿快速成长，衣物和鞋子需及时更换以保持舒适。

5. 环境护理

在1～3岁婴幼儿的日常护理中，环境护理非常重要，因为婴幼儿的身体和大脑发育会受到环境的影响。

（1）确保安全环境

确保婴幼儿生活的环境安全无害。移除潜在的危险物品和较高的家具，锁好抽屉和橱柜，安装安全门和护栏，以防止意外伤害和摔倒。

（2）保持清洁和卫生

保持婴幼儿生活的环境清洁和卫生。定期打扫和清理房间，清洗玩具和床上用品，以防止细菌和病毒滋生。

（3）保持适宜的温度和湿度

保持适宜的室内温度和湿度，以确保婴幼儿舒适。避免环境过热或过冷，使用合适的衣物和被褥来调节温度。

（4）提供安静的环境

为婴幼儿提供安静的环境，以帮助他们入睡和休息。避免大声喧哗和嘈杂的声音，保持环境的安宁。

（5）提供适宜的刺激性玩具和书籍

提供适宜的刺激性玩具和书籍，以促进婴幼儿的发展和学习。选择符合他们年龄和发展阶段的玩具，提供丰富多样的游戏和学习机会。

（6）提供安全的睡眠环境

为婴幼儿提供安全的睡眠环境。确保婴幼儿睡在符合安全标准的婴幼儿床或婴幼儿床垫上，避免与照护者共睡，以减少窒息和其他安全风险。

（7）提供自由活动空间

为婴幼儿提供足够的自由活动空间，以促进他们的运动和探索。创造安全的游戏区域，让他们自由地爬行、站立和走动。

（8）营造愉快和温暖的家庭氛围

营造愉快和温暖的家庭氛围，提供稳定和安全的情感环境。与婴幼儿建立亲密的联系和良好的亲子关系，给予他们爱、关怀、支持。

6. 健康监测

在1～3岁婴幼儿的日常护理中，健康监测是非常重要的，以确保他们身体健康和正常发展。

（1）定期监测生长和发育情况

定期监测婴幼儿的生长和发育情况。这包括体重、身高、头围等的定期测量和记录，以确保他们的生长和发育处于正常范围。

（2）关注饮食和营养

关注婴幼儿的饮食习惯和营养摄入。确保他们获得充足的营养，包括蛋白质、碳水化合物、脂肪、维生素和无机盐。确保婴幼儿的饮食多样性和饮食质量，以及关注任何可能的营养不良问题。

（3）按时接种疫苗

遵循国家的疫苗接种计划，确保婴幼儿按时接种疫苗。接种疫苗是预防婴幼儿常见传染病的重要措施，可以保护他们的健康。

（4）关注视力和听力发育

关注婴幼儿的视力和听力发育。观察他们对声音和视觉刺激的反应，注意他们是否存在任何听力或视力问题的迹象。定期进行视力和听力检查，以确保他们的感官发育正常。

（5）关注一般健康状况

注意婴幼儿的一般健康状况。观察他们是否有任何不寻常的体征或症状，如发热、呼吸困难、消化问题等。及时咨询医生，了解任何健康问题并寻求适当的治疗。

（6）关注行为和情绪

关注婴幼儿的行为和情绪。观察他们的活动水平、社交互动、情绪变化等。如果有任何明显的行为问题或情绪困扰，及时向医生或婴幼儿心理专家咨询。

7. 亲子互动

在1～3岁婴幼儿的成长过程中，亲子活动对于促进亲子关系、提升婴幼儿的认知、情感和运动能力非常重要。

（1）建立亲密关系

与婴幼儿建立亲密关系是亲子互动的基础。提供温暖、关爱和安全感可建立亲密关系。与婴幼儿拥抱、亲吻、抚摸和说话都可以强化亲密关系。

（2）进行言语互动

与婴幼儿进行频繁的言语互动，有助于他们的语言发展。使用简单明了的语言与他们交流，鼓励他们模仿和回应你的话语，阅读绘本和讲故事等都是促进语言和阅读能力发展的有效方式。

（3）提供游戏和玩耍

通过游戏和玩耍，与婴幼儿建立联系和互动。参与他们的游戏，玩玩具，一起探索周围的环境。这样的互动不仅能促进婴幼儿身体运动和手眼协调能力的发展，还能增强亲子之间的情感联系。

（4）善于观察和回应

观察婴幼儿的兴趣和需求，并积极回应。注意他们的表情、姿势和声音，以理解他们的需求并提供支持。回应他们的需求和情感，给予他们安全感和信任感。

（5）创造学习机会

为婴幼儿创造丰富的学习机会。提供具有挑战性和启发性的玩具、游戏和活动，鼓励他们探索、解决问题和发展创造力。与他们一起参加音乐、绘画、手工等活动，促进他们的艺术能力和认知发展。

（6）鼓励社交互动

鼓励婴幼儿与其他婴幼儿和成年人进行社交互动。安排与同龄婴幼儿共同游戏，参加亲子活动或婴幼儿社交团体，帮助他们建立社交技能和友谊。

课堂讨论 托育机构中教师和家长如何配合进行婴幼儿的日常护理

在托育机构中，教师和家长的合作和配合对于进行婴幼儿的日常护理非常重要。以下是一些建议，可帮助教师和家长更好地配合，共同进行婴幼儿的日常护理。

1. 分享信息

建立有效的沟通渠道，教师和家长之间定期交流关于婴幼儿的日常护理信息，分享婴幼儿的进展、需求、喜好以及任何特殊要求或健康状况。

2. 共同制订日常护理计划

教师和家长可以一起制订婴幼儿的日常护理计划，涉及饮食、睡眠、卫生、健康监测等方面。确保双方的期望和做法保持一致，以便在家庭和托育机构之间提供连贯的护理。

3. 及时共享信息

及时共享婴幼儿的健康和发展信息。教师可以提供婴幼儿在托育机构中的观察和进展报告，而家长可以分享婴幼儿在家庭中的变化、特殊需求或任何健康问题。

4. 进行持续的反馈和互动

教师和家长之间进行持续的反馈和互动，分享关于婴幼儿的进展、成就和挑战。这有助于双方了解婴幼儿在不同环境中的表现和需求，并共同寻找解决问题的方法。

5. 执行统一的规则和做法

确保教师和家长在关键问题上保持一致的规则和做法，例如饮食偏好、卫生习惯、睡眠环境等。这样可以提供稳定和连贯的护理体验，对婴幼儿的适应和发展有益。

6. 定期举办亲子活动

托育机构可以定期举办亲子活动，邀请家长参与。这些活动可以为家长提供与婴幼儿互动的机会，并加强家长对于婴幼儿日常护理的了解和参与。

7. 互相尊重和支持

教师和家长应该彼此尊重，理解彼此的角色和责任，相互支持和合作，共同关注婴幼儿的健康和发展。

第二节 婴幼儿常见疾病

婴幼儿常见疾病涉及多个方面，包括呼吸系统、消化系统、免疫系统、神经系统等。这些疾病在婴幼儿期比较常见，但并非所有婴幼儿都会出现。预防和治疗这些疾病需要听从医生的指导和判断，照护者应密切关注婴幼儿的健康状况，若有异常情况及时带婴幼儿就医并遵循医生的建议。

一、婴幼儿常见疾病的概念

1. 定义

婴幼儿常见疾病是指在婴幼儿期（0～3岁）常见的疾病或疾病类型。这些疾病可能是由病毒、细菌、环境因素或其他原因引起的。婴幼儿由于免疫系统尚未完全发育，抵抗力较弱，因此容易受到疾病的影响。

2. 常见的婴幼儿疾病包括但不限于如下内容。

（1）呼吸道感染

婴幼儿很容易感染呼吸道病毒，导致流鼻涕、咳嗽、喉咙痛等症状。常见的呼吸道感染疾病包括感冒、流感、喉炎和支气管炎等。

（2）肠胃病毒感染

婴幼儿常见的肠胃病毒感染症状包括腹泻、呕吐、腹痛等。这些病毒可能由食物或水源传播，引起胃肠道炎症，常见的病毒有诺如病毒和轮状病毒。

（3）手足口病

手足口病是一种由柯萨奇病毒引起的常见传染病，主要表现为口腔溃疡、手部和足部的疱疹、发热和不适等症状。

（4）中耳炎

中耳炎是婴幼儿常见的疾病，由细菌或病毒感染引起，导致耳朵疼痛、听力受损和发热等症状。

（5）过敏性疾病

婴幼儿可能患有过敏性疾病，如湿疹、过敏性鼻炎和哮喘。这些疾病通常与过敏原接触后引起的过敏反应有关。

（6）痱子

痱子是由于婴幼儿的汗腺未发育完全或阻塞而引起的皮肤问题，常见于夏季。它表现为小红点、红疹或小水泡，通常出现在皮肤较易摩擦的部位。

（7）维生素缺乏症

婴幼儿如果饮食不均衡，可能会导致维生素缺乏症，如维生素D缺乏引起的佝偻病和维生素C缺乏引起的坏血病。

二、新出生婴幼儿常见疾病

新出生婴幼儿期是指出生后的第一个月，是婴幼儿生长发育非常重要的时期，此时婴幼儿的免疫系统较为脆弱，也是各种疾病的高发期。

由于新出生婴幼儿无法用语言表达自己的感受，这就更需要照护者对于一些常见疾病具有一定的辨识和紧急处理能力，以确保新出生婴幼儿身体健康。同时，新出生婴幼儿期也是计划免疫的重要时期，为进一步做好新出生婴幼儿保健工作，减少新出生婴幼儿常见病的发生，免疫接种工作尤其需要得到重视。

（一）新出生婴幼儿肺炎

1. 定义

新出生婴幼儿肺炎是指在婴幼儿出生后28天内发生的肺部感染，是新出生婴幼儿最常见的疾病之一，而且由于婴幼儿的免疫系统尚未完全发育，新出生婴幼儿对肺炎病原体的抵抗力较弱。

新出生婴幼儿肺炎可以由多种病原体引起，包括细菌、病毒、真菌和寄生虫等。病毒病原体包括呼吸道合胞病毒、人腺病毒和流感病毒等。

2. 症状

新出生婴幼儿肺炎的症状和体征可能会有所不同。

（1）呼吸困难

新出生婴幼儿呼吸急促，呼吸快而浅。

（2）发热

新出生婴幼儿体温升高，可能伴有寒战。

（3）咳嗽

新出生婴幼儿咳嗽，可能伴有呼吸急促或呼吸困难。

（4）食欲不佳

新出生婴幼儿可能因为呼吸困难而拒绝进食。

（5）脱水

新出生婴幼儿可能因为呼吸困难而出汗、呕吐或排尿减少，导致脱水症状。

如果怀疑新出生婴幼儿可能患有新出生婴幼儿肺炎，应立即就医。

3. 预防措施

为预防新出生婴幼儿肺炎，照护者可以采取以下措施。

（1）保持良好的卫生习惯，包括勤洗手、避免去人群拥挤的场所和与患病者接触。

（2）定期进行新出生婴幼儿的体检和免疫接种，根据医生的建议接种疫苗。

（3）避免婴幼儿接触吸烟者和二手烟，保持室内空气清新。

（4）遵循正确的喂养方法，提供充足的营养，增强新出生婴幼儿的免疫力。

如果发现新出生婴幼儿有任何异常症状，尤其是呼吸困难、发热等，应及时就医并告知医生可能存在的感染风险，以便进行及时的诊断和治疗。

（二）新出生婴幼儿黄疸

1. 定义

新出生婴幼儿黄疸是指婴幼儿在出生后几天内皮肤和眼睛呈黄色的现象。这是新出生婴幼儿体内胆红素水平升高导致的，胆红素是红细胞的代谢产物。婴幼儿出生后，他们的肝脏可能还没有完全发育成熟，无法有效地处理和排除过多的胆红素，导致其在体内积累，从而引发黄疸。

新出生婴幼儿黄疸通常在出生后的第2～3天出现，最常见的是生理性黄疸。生理性黄疸通常在出生后1～2周内逐渐消退，不需要特殊治疗。但是，如果黄疸出现得过早或过重，或伴有其他异常症状，可能需要进一步检查和治疗，以排除其他潜在的病因。

2. 类型

（1）生理性黄疸

最常见的类型，通常在出生后的第2～3天出现，并在出生后1～2周内自行消退。

（2）胆汁淤积性黄疸

这是胆道梗阻或胆道功能障碍引起的黄疸，需要进一步检查和治疗。

（3）感染性黄疸

某些感染，如乙型链球菌感染，可以导致黄疸，需要及时治疗。

如果新出生婴幼儿出现黄疸，建议及时就医，让医生评估和诊断。

3. 治疗

医生可能会进行血液检查，测量胆红素水平，并评估黄疸的严重程度。治疗方法可能包括光疗（将新出生婴幼儿暴露在特殊的蓝光下以降低胆红素水平）、增加喂养次数以促进胆红素排出等。

照护者应密切关注新出生婴幼儿的黄疸情况，并遵循医生的建议和指示，以确保婴幼儿的健康和安全。

（三）新出生婴幼儿破伤风

1. 定义

新出生婴幼儿破伤风是一种由破伤风梭菌引起的感染性疾病。破伤风梭菌存在于土壤、尘埃和动物粪便中，并通过伤口或破损的皮肤进入人体。当破伤风梭菌感染伤口后，会产生毒素影响神经系统，导致肌肉僵硬和痉挛。

新出生婴幼儿破伤风主要是由于未接种破伤风疫苗或未得到足够的免疫保护。

2. 症状

新出生婴幼儿破伤风的症状通常在出生后的1～2周内出现。最早的症状是吮吸困难和肌肉强直。随后，婴幼儿可能出现肌肉痉挛、面部抽搐、呼吸困难和体温升高等症状。

3. 预防

新出生婴幼儿破伤风可以通过免疫接种来有效预防。婴幼儿在出生后的几个月内接种破伤风疫苗是非常重要的。破伤风疫苗通常与百日咳和白喉疫苗结合在一起，作为联合疫苗接种。

4. 治疗

新出生婴幼儿破伤风是一种严重的感染病，需要及时的医疗干预。对于确诊感染破伤风的新出生婴幼儿，通常需要住院治疗。治疗包括清洁和处理感染部位，给予抗生素治疗，提供支持性护理（如氧气支持）以及对症治疗。

（四）新出生婴幼儿鹅口疮

1. 定义

新出生婴幼儿鹅口疮，也称新出生婴幼儿口腔念珠菌感染，是一种常见的口腔黏膜感染，主要由念珠菌引起。念珠菌是一种真菌，通常存在于人体的口腔和消化道中，但在某些情况下可能会过度生长导致感染。

2. 症状

新出生婴幼儿鹅口疮的主要症状是口腔内有白色或黄色的斑块或斑点，类似于奶渣，通常出现在舌头、颊部和口腔黏膜上。这些斑块可能与口腔黏膜表面不易剥离，并且可能导致口腔不适、吸吮困难和疼痛。

3. 预防与治疗

预防新出生婴幼儿鹅口疮的关键是保持良好的口腔卫生。

（1）定期擦拭新出生婴幼儿口腔

定期用湿纱布或纱布包裹在手指上，轻轻擦拭婴幼儿的口腔内侧和舌头表面。

（2）避免使用含糖的溶液

尽量避免给新出生婴幼儿使用含糖的溶液或液体药物，因为念珠菌在糖分较高的环境中容易繁殖。

（3）咨询医生

如果新出生婴幼儿口腔内出现斑块或有其他不适症状，照护者应及时咨询医生。医生可以根据症状进行评估，并根据需要开具药物治疗。

三、1个月～1岁婴幼儿常见疾病

1个月～1岁婴幼儿常见疾病是指在1个月至1岁期间，婴幼儿易患上的一些常见疾病。这个阶段婴幼儿的免疫系统尚未完全发育成熟，抵抗力较弱，因此容易受到各种病原体的侵袭。在1个月～1岁期间，婴幼儿处于快速生长和发育阶段，他们与外界环境接触频繁，容易受到细菌、病毒等病原体的侵袭。此外，婴幼儿的免疫系统尚未完全建立起来，对疾病的抵抗力较弱。

（一）婴幼儿呼吸道感染

1. 定义

婴幼儿呼吸道感染是指婴幼儿受呼吸道病毒侵袭所引起的病毒性感染。呼吸道感染在婴幼儿中很常见，因为他们的免疫系统尚未完全发育，对病毒的抵抗力较弱。

婴幼儿呼吸道感染通常由呼吸道病毒引起，如冠状病毒、腺病毒、流感病毒等。这些病毒通过空气中的飞沫传播，或者通过物体侵袭婴幼儿。婴幼儿的免疫系统尚未完全发育，因此较易感染。

2. 症状

婴幼儿呼吸道感染的常见症状包括流鼻涕、打喷嚏、鼻塞、咳嗽、发热、喉咙痛、轻度头痛和乏力。有的婴幼儿可能还会表现为食欲不振、睡眠质量下降、烦躁不安和哭闹等。

3. 治疗和护理

婴幼儿呼吸道感染通常是自限性的，会在1～2周内自愈。

（1）给予足够的休息和睡眠

确保婴幼儿有充足的休息时间，帮助他们的免疫系统抵抗病毒。

（2）保持水分摄入

确保婴幼儿充足地饮水，以保持体液平衡。可以给予其母乳或适当的配方奶。

（3）清洁鼻腔

使用盐水滴鼻剂来清洁婴幼儿的鼻腔，缓解鼻塞和流鼻涕等症状。

（4）避免病毒传播

勤洗手，避免与患有呼吸道感染的人密切接触，避免去人群拥挤的地方。

（5）保持室内空气湿润

使用加湿器或者放置湿毛巾来增加室内的湿度，有助于缓解鼻塞和喉咙痛等不适症状。

如果婴幼儿出现严重症状，如高热、呼吸急促、食欲完全丧失等，应及时就医。婴幼儿的免疫系统较弱，有时可能需要医生的治疗和指导来应对呼吸道感染。遵循医生的建议和注意婴幼儿的日常护理，有助于婴幼儿尽快康复。

（二）婴幼儿腹泻

1. 定义

婴幼儿腹泻是指婴幼儿排便频繁、粪便呈稀水状或者带黏液或血丝的情况。

婴幼儿腹泻的主要病因是病原体感染，其中最常见的是轮状病毒和诺如病毒。其他可能引起腹泻的病原体包括大肠杆菌、沙门氏菌、弯曲杆菌和寄生虫等。

2. 症状

婴幼儿腹泻的主要症状包括排便次数增多、粪便呈水样或稀水状、腹部胀气或腹痛、食欲不振、呕吐、发热和体重下降等。腹泻可能会导致婴幼儿脱水，因此要特别关注其水分摄入量和尿量。

3. 治疗和护理

（1）给予足够的水分

确保婴幼儿充足地饮水，以防止脱水。可以给予其母乳、配方奶或补液，还可以根据医生建议适量补充电解质。

（2）维持良好的营养摄入

继续喂养婴幼儿，包括母乳喂养或适量的配方奶喂养。在婴幼儿腹泻期间，可能需要增加喂养次数，但减少每次的喂养量。

（3）注意卫生习惯

保持良好的个人卫生习惯，勤洗手，避免交叉感染。更换尿布时要注意正确的清洁方法。

（4）咨询医生

如果婴幼儿出现严重的腹泻症状，如高热、持续呕吐、血便、显著脱水等，应及时就医。

婴幼儿腹泻可能会导致脱水，尤其是对于年龄较小的婴幼儿来说更容易发生。如果婴幼儿出现腹泻，请密切观察其一般状态、水分摄入量和尿量，并寻求专业医疗人士的建议和指导。只有医生能够对病情进行全面评估，并给予适当的治疗建议。

（三）婴幼儿湿疹

1. 定义

婴幼儿湿疹（也称特应性皮炎）是一种常见的皮肤炎症，特征是皮肤干燥、发红、瘙痒和出现红斑、皮疹、糜烂、结痂等症状。湿疹在婴幼儿中较为常见，尤其在出生后的前两年内。

婴幼儿湿疹的具体病因尚不清楚，但遗传因素和环境因素被认为是主要的影响因素之一。婴幼儿湿疹可能与家族史、免疫系统异常、皮肤屏障功能障碍和过敏反应等因素有关。

2. 症状

（1）皮肤干燥和发红。

（2）瘙痒和有不适感。

（3）长红斑、皮疹，结痂和脱屑。

（4）可能出现水疱、渗液。

3. 治疗和护理

（1）保持皮肤湿润

可在洗澡后或睡前涂抹温和、无刺激的保湿剂，如植物油、润肤霜或保湿乳液，帮助保持皮肤湿润。

（2）避免刺激和过敏原

避免使用刺激性的洗浴产品、香皂、洗衣粉和柔软剂等。尽量避免接触可能引起过敏的物质，如宠物毛发、尘螨等。

（3）保持清洁

使用温水洗澡，避免过热的水和长时间浸泡。避免过度搔抓受损的皮肤区域，以免引起交叉感染。

（4）避免过度穿着

穿着透气、柔软、不刺激皮肤的棉质衣物，避免过度穿着和环境过热。

（5）及时就医

如果婴幼儿湿疹严重或无法缓解，应及时就医，以获取进一步的治疗建议和药物治疗。

婴幼儿湿疹是一种慢性疾病，可能会反复出现。照护者应定期与医生进行随访，并根据医生的建议进行治疗和护理，以控制症状和预防复发。

（四）婴幼儿咳嗽

1. 定义

婴幼儿咳嗽是常见的症状，通常是由呼吸道感染引起的。

2. 类型

（1）呼吸道感染引起的咳嗽

如果婴幼儿伴有呼吸道感染症状，如流鼻涕、喉咙痛等，则咳嗽通常是由病毒感染引起的。在这种情况下，最重要的是确保婴幼儿保持足够的水分摄入和休息，可以使用适合婴幼儿的盐水滴鼻剂来缓解鼻塞，同时避免使用咳嗽药物，特别是对于年龄较小的婴幼儿。

（2）过敏性咳嗽

如果婴幼儿咳嗽伴有喷嚏、鼻塞、皮肤瘙痒等过敏症状，则咳嗽可能是由过敏引起的。在这种情况下，尽量减少婴幼儿接触可能引起过敏的物质，如宠物毛发、尘螨等。如果婴幼儿有明显的过敏症状，可以咨询医生并根据医生的建议采取相应的措施。

（3）哮喘

哮喘是一种慢性炎症性疾病，可能导致反复发作的咳嗽和呼吸困难。如果婴幼儿的咳嗽持续时间较长，伴有喘息或呼吸急促等症状，应及时就医。

（4）支气管炎引起的咳嗽

支气管炎是婴幼儿时期常见的疾病，通常由病毒感染引起，会导致咳嗽、喘息和呼吸困难。对于支气管炎引起的咳嗽，建议及时就医，咨询医生并遵循医生的治疗建议。

3. 治疗和护理

（1）保持室内空气湿润

使用加湿器或在室内放置湿毛巾，以保持空气湿润。干燥的空气可能会刺激婴幼儿的呼吸道，使咳嗽症状加重。

（2）提供充足的水分

确保婴幼儿充足地饮水，保持足够的水分摄入量。水分可以帮助稀释呼吸道分泌物，缓解咳嗽症状。

（3）保持适宜的室内温度

保持室内温度适宜，避免环境过热或过冷，以减轻咳嗽症状。

（4）使用蒸汽疗法

在婴幼儿房间使用蒸汽机或将婴幼儿带入浴室中开热水淋浴，利用蒸汽缓解咳嗽症状。

（5）避免刺激性物质

避免在婴幼儿周围使用刺激性物质，如香水、强烈的清洁剂或烟草烟雾等。这些物质可能刺激呼吸道，加重咳嗽症状。

（6）注意饮食和休息

确保婴幼儿获得充足的营养和休息。良好的饮食和充足的休息可以增强婴幼儿的免疫力，帮助他们抵抗病毒。

无论婴幼儿咳嗽的原因是什么，照护者都应密切关注婴幼儿的症状变化。如果婴幼儿的咳嗽症状严重或持续时间较长，或者伴有其他严重症状，如呼吸急促、发热等，建议立即咨询儿科医生。

（五）婴幼儿捂热综合征

1. 定义

婴幼儿捂热综合征也称婴幼儿热射病，是由于婴幼儿在高温环境下长时间暴露或穿着过多衣物导致体温升高而引起的一种严重的热应激反应。

婴幼儿的体温调节功能尚未完全发育，无法像成年人那样有效地散热。当婴幼儿在高温环境中暴露或过度穿着厚重衣物时，体温会升高，超过婴幼儿的耐受范围，捂热综合征就会发生。

2. 症状

婴幼儿捂热综合征的症状包括高体温、皮肤发红、烦躁不安、体温调节障碍、呼吸急促、出汗过多、虚弱和昏迷等。这是婴幼儿体温调节能力尚未完全发育的结果，其体温特别容易受到高温环境的影响。

3. 预防措施

（1）保持适宜的室温

确保室内温度适宜，通风良好，避免过热的环境。

（2）控制婴幼儿的着装

避免过度包裹婴幼儿，尤其是在高温天气中。选择透气、轻薄的衣物，避免使用过多的毛毯或被子。

（3）注意室外活动时间

尽量避免在气温高的时候带婴幼儿外出活动，尤其是在中午时段。如果需要外出，应避开强烈的阳光。

（4）提供足够的水分

确保婴幼儿充足地饮水，保持足够的水分摄入量。在天气炎热时，可以额外增加饮水量。

（5）观察婴幼儿的体温

定期测量婴幼儿的体温，如果发现体温异常升高，及时采取降温措施，如用凉毛巾擦拭等。

（6）保持婴幼儿的皮肤清洁和干燥

及时更换婴幼儿湿透的衣物和尿布，保持皮肤清洁和干燥，避免滋生细菌和真菌感染。

如果婴幼儿出现捂热综合征的症状，照护者应立即采取降温措施，将其转移到凉爽的环境中，并用凉水或温水擦拭身体以降温。如症状加重或持续存在，应尽快就医。

四、1～3岁婴幼儿常见疾病

1～3岁婴幼儿常见疾病的具体定义和症状可能因病因和个体差异而有所不同。如果婴幼儿出现任何不适或疾病症状，建议及时咨询医生，以进行准确的诊断和治疗。

（一）呼吸道感染

1. 定义

婴幼儿呼吸道感染是指由各种病毒或细菌引起的呼吸道疾病。这些感染通常涉及鼻腔、喉咙、气管和肺部等呼吸道结构。

2. 类型

（1）上呼吸道感染

上呼吸道感染包括鼻炎、鼻窦炎、咽炎等，常见症状包括鼻塞、流涕、咳嗽、喉咙痛、打喷嚏等。

（2）支气管炎

支气管炎是指支气管黏膜的炎症，常见症状包括咳嗽、咳痰、呼吸急促、胸闷等。婴幼儿由于呼吸道较窄且免疫系统尚未完全发育，容易受到支气管炎的影响。

（3）肺炎

婴幼儿肺炎是一种严重的呼吸道感染，常见症状包括高热、咳嗽、呼吸急促、鼻翼扇动、食欲不振等。肺炎可能由病毒或细菌引起，严重时需要及时就医治疗。

3. 预防和处理措施

（1）照护者注重个人卫生

照护者要注意个人卫生，尤其是在与婴幼儿接触前后。

（2）保持室内空气清新

保持室内通风良好，避免婴幼儿与烟雾和污染物的接触。

（3）避免接触患有呼吸道感染的人

尽量避免婴幼儿接触患有感冒或其他呼吸道感染的人，特别是在感染初期。

（4）饮食均衡

给予婴幼儿充足的营养，增强免疫力。

（5）注意婴幼儿的体温

定期测量婴幼儿的体温，如果发现体温异常升高，应及时采取降温措施。

（6）及时就医

如果婴幼儿出现严重的呼吸道感染症状，如高热、呼吸急促等，应立即就医寻求专业的医疗帮助。

如果婴幼儿出现呼吸急促、嗜睡、拒食、持续高热等严重症状，应尽快就医。及时咨询医生是确保正确诊断和适当治疗的关键。

（二）手足口病

1. 定义

婴幼儿手足口病是一种常见的传染病，主要由肠道病毒引起，症状是口腔、手部和脚部出现水疱或溃疡。

2. 症状

婴幼儿手足口病的常见症状包括发热、口腔溃疡、喉咙痛、食欲不振、疲倦、长皮疹等。皮疹通常出现在手掌、脚底、口腔、臀部等部位，并可能伴有水泡、疱疹和红斑。

3. 传播途径

婴幼儿手足口病主要通过直接接触病毒携带者的口水、粪便、鼻涕、唾液等体液传播。它也可以通过被污染的表面、空气、飞沫等传播。

4. 预防措施

（1）照护者保持良好的个人卫生

照护者应经常洗手，保持良好的个人卫生，尤其是在接触婴幼儿前后。

（2）避免接触患有手足口病的人

尽量避免婴幼儿接触患有手足口病的人，特别是在发病期。

（3）定期清洁物品和环境

定期清洁婴幼儿常接触的物品和环境，如玩具、床上用品等。

（4）避免共用物品

尽量避免与婴幼儿共用餐具、水杯、毛巾等个人物品。

（5）强化婴幼儿免疫力

确保婴幼儿接种相关疫苗，并提供营养均衡的饮食，以增强其免疫力。

如果婴幼儿出现手足口病症状，应及时就医并遵循医生的治疗建议。同时，确保婴幼儿休息、饮水和饮食充分，帮助他们恢复健康。

知识链接

托育机构如何预防和避免婴幼儿手足口病的传播

托育机构可以采取一系列措施来帮助预防和避免婴幼儿手足口病的传播。

1. 定期清洁环境和物品

定期清洁婴幼儿常接触的环境和物品，如玩具、桌椅、地面等，特别是经常触摸的区域。

2. 养成勤洗手的习惯

托育机构的工作人员和家长要养成勤洗手的习惯，尤其是在接触婴幼儿前后、用餐前后和更换尿布后。

3. 分离患病婴幼儿

如果有婴幼儿出现手足口病症状，尽量将其与其他婴幼儿隔离，减少病毒的传播。在婴幼儿症状消失后，根据医生的建议来判断其是否可以重新参与集体活动。

4. 注意个人卫生

教育婴幼儿养成良好的个人卫生习惯，如经常洗手、正确咳嗽和打喷嚏等。

5. 定期检查婴幼儿健康状况

托育机构可以定期检查婴幼儿的体温和身体状况，及时发现并隔离有手足口病症状的婴幼儿。

6. 保持通风和空气循环

保持室内通风良好，加速空气流动，有助于缩短病毒在空气中的滞留时间。

> **7. 教育家长**
>
> 与家长保持沟通，提醒他们关注婴幼儿的健康状况，并告知他们手足口病的症状、预防措施和处理方式。

（三）水痘

1. 定义

婴幼儿水痘是由水痘病毒引起的传染病，通常在婴幼儿期出现。

2. 症状

婴幼儿水痘的常见症状包括发热、长红斑和小水泡等。水痘疹通常从头部和躯干开始，然后扩散到全身，包括面部、手臂、腿等部位。水痘可能会导致皮肤瘙痒，并且可能会出现其他症状，如食欲不振、疲倦等。

3. 传播途径

婴幼儿水痘主要通过直接接触患有水痘的人或接触感染的飞沫传播。水痘病毒也可以通过被污染的物品传播。

4. 预防措施

（1）接种疫苗

婴幼儿可以接种水痘疫苗，这可以帮助预防水痘的发生或减轻症状。

（2）避免接触患有水痘的人

尽量避免婴幼儿接触患有水痘的人，特别是在发病期。

（3）照护者保持个人卫生

照护者应经常洗手，保持个人卫生，尤其在接触婴幼儿前后。

（4）定期清洁环境和物品

定期清洁婴幼儿常接触的环境和物品，如玩具、床上用品等。

（5）避免共用物品

尽量避免与婴幼儿共用餐具、水杯、毛巾等个人物品。

如果婴幼儿出现水痘症状，应及时就医并遵循医生的治疗建议。同时，保持室内清洁、舒适，避免婴幼儿搔抓水痘，让婴幼儿穿着宽松透气的衣物，以减轻不适感。

（四）婴幼儿耳部感染

婴幼儿耳部感染是指耳朵内部或外部的组织受到病菌或病毒的感染，常见的耳部感染包括中耳炎和外耳道炎。

1. 中耳炎

中耳炎是指中耳内的炎症，通常由病毒或细菌引起。它可以导致耳朵疼痛、发热、听力受损和一系列其他症状。中耳炎的常见症状包括耳朵疼痛、发热、听力下降，以及耳朵有堵塞感、流脓等。婴幼儿可能表现出烦躁、睡眠问题、食欲不振等非特异性症状。

中耳炎预防措施如下。

（1）避免接触二手烟

二手烟可能增加婴幼儿患中耳炎的风险，因此要尽量避免让婴幼儿接触二手烟。

（2）避免感染源

尽量避免婴幼儿接触感染病毒或细菌的人，如患有呼吸道感染的人。

（3）接种疫苗

根据医生的建议，按时接种疫苗，如肺炎球菌疫苗和流感疫苗，可以降低中耳炎的发病率。

（4）就医和治疗

如果婴幼儿出现中耳炎症状，应及时就医给予喷雾治疗。医生还会根据病情决定是否需要使用抗生素治疗，以及提供其他缓解症状的方法，如止痛药、退烧药等。

2. 外耳道炎

外耳道炎是指外耳道内发生炎症或感染，常导致耳道疼痛、瘙痒和耳垢增多等症状。外耳道炎通常由细菌或真菌感染引起。其他可能的原因包括湿度过高、水进入耳道、耳朵清洁不当、过度清洁耳道、过度使用耳塞或耳机等。

外耳道炎的常见症状包括耳道疼痛、耳朵瘙痒、耳垢增多、耳道肿胀、听力下降、耳朵红肿等。婴幼儿可能表现出烦躁不安、不敢触碰外耳等行为。

外耳道炎预防和处理措施如下。

（1）保持耳道干燥

避免让水进入耳道，特别是游泳或洗澡时。在游泳或洗澡后使用干燥的毛巾轻轻擦拭耳朵周围的皮肤。

（2）避免过度清洁

不要使用棉签或其他物品清洁耳道，这可能会刺激耳道皮肤或推动耳垢进入耳道更深的部分。

（3）避免使用耳塞或耳机

长时间使用耳塞或耳机可能导致耳道内湿度升高并阻塞耳道，增加患外耳道炎的风险。

（4）避免自行处理

如果婴幼儿出现外耳道炎症状，应及时就医，由医生进行诊断并给予合适的治疗。

（5）就医和治疗

如果婴幼儿出现外耳道炎症状，应就医寻求专业医生的建议。医生可能会建议使用抗生素或抗真菌药物，或者给予其他适当的治疗方法。

3. 预防婴幼儿耳部感染的方法

（1）保持耳朵清洁

定期清洁婴幼儿的耳朵是重要的预防措施。使用柔软的湿布或棉球轻轻擦拭外耳道周围的皮肤，避免用棉签等物品进入耳道清洁。

（2）避免耳道受潮

潮湿的耳道是细菌和真菌滋生的环境，因此应避免让水进入耳道。在洗澡或游泳时，尽量避免让水进入耳朵。

（3）避免共用个人物品

婴幼儿的个人物品，如毛巾、枕头等，应单独使用，避免与其他人共用，以减少传播细菌和病毒的机会。

（4）注意室内环境卫生

保持室内的清洁和通风，定期清洁婴幼儿所使用的玩具、床上用品等，以减少细菌滋生的机会。

（5）注重饮食营养

婴幼儿的免疫系统的健康与饮食有关，提供均衡营养的饮食可以增强其免疫力，减少感染的风险。

（6）定期接种疫苗

按照国家的免疫规划，确保婴幼儿按时接种疫苗，预防一些可能引起耳部感染的疾病，如流感和肺炎等。

（7）定期体检和就医

定期带婴幼儿进行体检，及时就医处理任何耳部感染或疾病症状，以便早期发现和治疗。

课堂讨论 托育工作人员处理婴幼儿常见疾病的基本原则

托育工作人员在处理婴幼儿常见疾病时，应遵循以下基本原则。

1. 密切观察和监测

密切观察婴幼儿的症状和表现，包括体温、食欲、睡眠、活动水平等方面的变化。定期检查婴幼儿的健康状况，记录病情的变化和进展。

2. 提供安全和舒适的环境

确保托育环境的清洁、卫生，定期消毒婴幼儿常接触的环境和玩具。保持适宜的室温和湿度，提供舒适的环境。

3. 遵循医嘱

如果婴幼儿已经诊断出患有某种疾病，并且医生已经提供了相应的治疗建议或处方药物，托育工作人员应确保按照医嘱正确给予药物并掌握正确的用药剂量和频率。

4. 采取隔离和预防传染

对于患有传染性疾病，如水痘、手足口病等的婴幼儿，托育工作人员应该采取必要的隔离措施，避免疾病的传播。确保婴幼儿的个人物品、餐具等不与其他婴幼儿共用，定期清洗和消毒。

5. 注意饮食和水分摄入

根据婴幼儿的病情，确保提供适当的饮食和水分摄入。如果婴幼儿出现食欲不振或呕吐等症状，应根据医生的建议进行适当的饮食调整。

6. 与家长定期沟通

与婴幼儿的家长定期沟通，及时告知婴幼儿病情变化和注意事项。了解家长在家中如何照顾婴幼儿，以便提供连续性的照护和支持。

第三节 婴幼儿意外伤害与预防

婴幼儿意外伤害的预防需要照护者的关注和努力，保持婴幼儿周围环境的安全性，提供安全的照顾和监督，并及时采取应急措施处理意外伤害。

一、婴幼儿意外伤害的概念

婴幼儿意外伤害指的是在婴幼儿生活中发生的非故意的、突发的伤害事件。这些意外伤害可能发生在家庭、托育机构、公共场所或其他环境中。婴幼儿由于其年龄和发育特点，对危险和风险的认知能力较弱，行动能力有限，因此容易遭受各种意外伤害。

二、新出生婴幼儿意外伤害与预防

以下是一些常见的新出生婴幼儿意外伤害和预防措施。

1. 跌落

新出生婴幼儿在换尿布时容易滑落或从高处掉落。照护者应注意保持婴幼儿稳定，并在换尿布时使用安全护栏或婴幼儿床。

2. 烫伤和烧伤

新出生婴幼儿对温度敏感，特别容易受到热水、热饮食和热表面的伤害。照护者应确保新出生婴幼儿远离热水、热饮食和热表面，并在给新出生婴幼儿喂食时测试食物的温度。

3. 溺水

新出生婴幼儿在水中的自我保护能力较弱，所以在洗澡时照护者必须始终监护新出生婴幼儿。同时，将新出生婴幼儿的洗澡水温度控制在适宜范围，并确保新出生婴幼儿的头部和脸部不会被水淹没。

4. 窒息和呼吸困难

新出生婴幼儿很容易被被褥蒙头，导致窒息。照护者应将小物品和塑料袋等危险物品放在新出生婴幼儿无法触及的地方，并定期清理其周围的环境。

5. 撞击和碰撞

新出生婴幼儿周围的家具和物体可能会对他们造成撞击和碰撞伤害。照护者应确保新出生婴幼儿的睡眠环境安全，避免将他们放在高处，同时将锐利的物体放置在新出生婴幼儿无法触及的地方。

6. 保证交通安全

在外出时，特别是在车辆中，必须妥善安装和使用适合年龄和体重的婴幼儿安全座椅。同时，避免将新出生婴幼儿单独留在车内。

三、1个月～1岁婴幼儿意外伤害与预防

1个月～1岁婴幼儿意外伤害是指这个年龄段的婴幼儿在日常生活中由于意外事件遭受的身体损伤或伤害。婴幼儿在这个阶段处于探索和学习的阶段，他们的认知和运动能力尚不完善，对危险物品和环境的认识有限，容易遭受意外伤害。

1. 婴幼儿窒息

婴幼儿窒息是指婴幼儿由于呼吸道被阻塞或缺氧而呼吸困难甚至停止呼吸的情况。窒息是婴幼儿常见的意外伤害之一，因此照护者需要特别注意预防和处理窒息的方法。

易致婴幼儿窒息的物品有大物件（被褥、薄型塑料袋、薄膜、大枕头、有拉链的袋子）、小物件（钉子、纽扣、扣型电池、硬币、别针、珠子、小玩具、破碎的气球、乳液、牙刷等）、食品（花生、瓜子、果冻、豆子、汤圆或荔枝、葡萄、硬糖、坚果、爆米花、口香糖）。

（1）预防婴幼儿窒息的措施

① 保持婴幼儿周围的环境整洁和安全，避免小玩具、硬币、纽扣、塑料袋等小物件放置在婴幼儿可以触及的地方。确保他们不会将这些物品放入口中。

② 避免让婴幼儿吃大块的食物或有潜在窒息危险的食物，如坚果、硬糖、葡萄等。将食物切成小块或将其煮熟、磨碎，确保食物易于咀嚼和消化。

③ 在喂养婴幼儿时，确保他们坐直并保持头部稳定。避免使用孔径过大的奶嘴或奶瓶，以免婴幼儿吸入过多的液体和空气。

④ 定期清洁和更换婴幼儿的床上用品、玩具和奶嘴等物品，以确保它们清洁卫生，避免积累灰尘、细菌和其他污染物。

⑤ 学会正确的急救技能，包括心肺复苏术和窒息急救方法，以便在紧急情况下能够及时采取适当的措施。

（2）婴幼儿出现窒息迹象的急救措施

① 轻拍婴幼儿的背部，看是否可以排出阻塞物。

② 如果婴幼儿仍无法呼吸，可以采取海姆立克急救法。将婴幼儿倒置，用手掌轻轻拍击他们的背部，直到阻塞物排出。

③ 如果窒息仍未解除，立即寻求医疗帮助，拨打紧急电话或前往最近的医疗机构。

知识链接

海姆立克急救法

海姆立克急救法（Heimlich Maneuver）是一种用于救助突发性窒息的急救方法，特别适用于成年人和婴幼儿。它是由美国外科医生亨利·海姆立克（Henry Heimlich）于1974年首次提出的，旨在清除气道中的异物，恢复呼吸。

（一）1岁以内婴幼儿海姆立克急救法

对于1岁以内的婴幼儿，执行海姆立克急救法需要更加谨慎和轻柔。以下是在这个年龄段的婴幼儿身上执行急救的步骤。

1. 判断窒息

救护者确认婴幼儿是否处于窒息状态。窒息的迹象包括无法呼吸、不能哭喊或发声、面部变色（通常会变成青紫色）、无法咳嗽、气喘或其他明显的呼吸困难迹象。

2. 坐下并抱住婴幼儿

救护者坐下来，让婴幼儿俯卧在救护者的大腿上，将婴幼儿的头部稍微低于身体。用一只手托住婴幼儿的下颌，以确保他的头部保持在适当的位置。

3. 施加背部敲击

救护者用另一只手轻轻拍击婴幼儿的背部，以刺激他咳嗽并排出可能的异物，用平坦的手掌，从下到上施加轻柔地拍击，但不要用力过猛，以免伤害婴幼儿。

4. 检查婴幼儿的口腔

如果背部敲击未能排出异物，救护者小心翼翼地打开婴幼儿的嘴巴，用手指轻轻检查口腔内有无异物。如果救护者能看到异物，小心地用手指将其取出。

5. 执行胸部挤压（见图5-1）

如果背部敲击和口腔检查都没有成功，救护者需要执行胸部挤压。

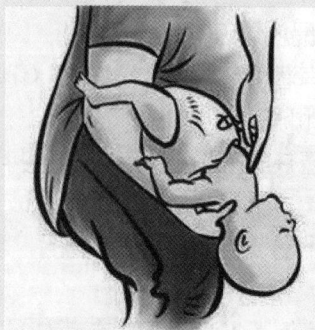

图5-1　1岁以内婴幼儿海姆立克急救法

①救护者让婴幼儿平躺在平坚硬的表面上，如桌子或台子上，头部稍微低于身体。

②救护者用两个手指（食指和中指）找到婴幼儿的胸骨，通常位于乳头线下。

③救护者轻轻而坚决地施加向内和向上的压力，使胸部下陷。注意，力度不宜过大以免伤害内部器官。

6. 重复动作

救护者重复以上步骤，每次拍击间隔约1秒钟，直到异物排出或婴幼儿能够呼吸为止。

（二）1岁以上婴幼儿海姆立克急救法

对于1岁以上的婴幼儿，救护者执行海姆立克急救法相对简单，但仍然需要小心和果断。以下是救护者在这个年龄段的婴幼儿身上执行急救的步骤。

1. 判断窒息

救护者确认婴幼儿是否处于窒息状态。窒息的迹象包括无法呼吸、不能说话、手势或表情表明窒息、喉咙发出高音响声，以及面部变色（通常会变成青紫色）。

2. 站在婴幼儿背后

救护者站在婴幼儿背后，确保救护者的腰部与婴幼儿的背部相平，确保婴幼儿的头部稍微低于身体。

3. 施加急救力量

救护者用一只手握住拳头，拇指朝内，将手置于婴幼儿的胃部上方，正好在胸骨下面。用另一只手抱住你的拳头，然后用快速且有力的运动向上按压，如图5-2所示。这个动作的目标是产生足够的气流压力，以推动异物从气道中排出。

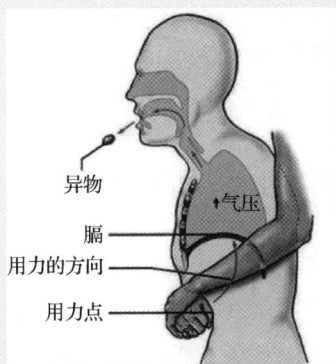

图5-2　1岁以上婴幼儿海姆立克急救法

4. 重复按压

如果窒息未解除，救护者继续重复施加急救力量，直到异物被排出或婴幼儿可以呼吸为止。

5. 监视婴幼儿

即使异物被排出，救护者也需要密切监视婴幼儿，确保他们没有其他呼吸问题或窒息风险。

2. 婴幼儿摔伤和跌落伤

婴幼儿摔伤和跌落伤是常见的意外伤害，因为他们在成长过程中的探索和行动能力有限。

（1）预防婴幼儿摔伤和跌落伤的措施

①监督婴幼儿

婴幼儿在学习行走和探索环境时特别容易摔伤和跌倒。照护者应始终监督婴幼儿的活动，特别是在高风险区域，如楼梯、沙发、桌子等附近。

② 创建安全环境

确保婴幼儿活动的环境安全无隐患。移除地板上的障碍物，确保地毯、地板和其他表面干燥，避免婴幼儿滑倒和摔倒。使用安全围栏、护栏和门锁保护楼梯和危险区域，防止婴幼儿靠近较高的台阶或平台。

③ 使用合适的家具和设备

使用符合安全标准的婴幼儿床、婴幼儿推车、婴幼儿座椅等设备。确保设备稳定可靠，婴幼儿在使用时能够得到良好的支撑和固定。

④ 增加保护措施

在婴幼儿学习行走时，可以在他们周围放置柔软的垫子或地毯，以减少跌倒时的撞击和伤害。在婴幼儿学习爬行和站立时，可以为他们提供稳定的支撑。

⑤ 学习急救技能

照护者应学习基本的急救技能，特别是处理摔伤和跌落伤的方法。照护者知道如何正确处理伤口、止血和应对紧急情况是非常重要的。

（2）婴幼儿发生摔伤或跌落伤的急救措施

① 保持冷静并安抚婴幼儿。

② 检查婴幼儿是否有明显的外伤，如出血、肿胀或骨折等。

③ 如果伤势严重，或者婴幼儿出现意识丧失、呕吐、呼吸困难等症状，应立即拨打紧急电话或前往最近的医疗机构寻求帮助。

尽管无法完全避免婴幼儿的摔伤和跌落伤，但通过正确的预防措施和紧急处理，可以减少意外伤害的发生和降低伤害的程度。

3. 婴幼儿误食

婴幼儿误食是指婴幼儿意外将不适合食用或有潜在危险的物品放入口中。这种情况可能发生在家中或其他环境中，因此照护者需要采取措施来预防婴幼儿的误服。

（1）预防婴幼儿误食的措施

① 保持监督

监督是防止婴幼儿误食的关键。照护者应始终保持对婴幼儿的密切监督，特别是在他们处于探索阶段时。

② 安全存放物品

将危险物品、有毒物品、清洁剂、药物等放置在婴幼儿无法触及的地方，如高处橱柜、上锁的抽屉或柜子中。同时，确保药物和清洁剂的包装完好，避免破损或泄漏。

③ 分类存放食品和非食品

婴幼儿的食品和非食品应分开存放，以避免混淆和误食。食品应储存在专用容器中，并且应正确标示。

④ 定期清理和检查

定期清理家中的环境，包括地板、床上用品、玩具等，以确保没有小物件、危险物品或碎片。定期检查家中的各个区域，特别是婴幼儿活动频繁的区域，以及婴幼儿的玩具和物品。

⑤ 进行教育和宣传

向家中的成年人和其他照护者提供关于婴幼儿误食的教育和宣传。提醒他们注意婴幼儿的行为，了解常见的误食物品，以及正确处理误食事件的措施。

（2）婴幼儿误食某种物品的急救措施

① 保持冷静并迅速行动，明确误食物品。

② 如果婴幼儿呼吸困难、昏迷或出现其他严重症状，应立即拨打紧急电话或就近寻求医疗帮助。

及时就医是处理婴幼儿误食的关键。这些措施仅为紧急情况下的初步处理，婴幼儿误食仍然需要专业医生的评估和治疗。

4. 婴幼儿烧烫伤

婴幼儿烧烫伤是常见的意外伤害之一，因为他们对周围的环境和热源缺乏足够的认知和防范能力。

（1）处理婴幼儿烧烫伤的基本原则

① 提供安全的环境

确保婴幼儿生活的环境安全无隐患。保持热源等危险物品远离婴幼儿的可触及范围，使用安全防护措施，如安装防烫锁、使用安全防护网等。

② 保持冷静

在处理烧烫伤时保持冷静，尽量不要惊慌，以便有效地采取必要的急救措施。不要使用家庭常用的一些药膏、油脂等涂抹在烧伤部位上，应该寻求专业医生的建议和指导。

③ 尽快就医

即使是轻度的烧烫伤，也建议及时就医，以确保伤口得到适当的处理和合适的护理。

（2）如果婴幼儿发生烧烫伤，应立即采取以下急救措施

① 将婴幼儿从热源移开，并迅速将其放置在安全的地方。

② 用流动的冷水冲洗烧伤部位，可以持续冲洗10~20分钟，以降低伤口温度和减少组织损伤。

③ 用干净的干布轻轻擦干伤口周围的皮肤，避免摩擦。

④ 如果烧烫伤面积较大或伤势严重，应立即拨打急救电话或前往医疗机构寻求专业医生的帮助。

上述措施仅适用于急救阶段，对于婴幼儿烧烫伤，及时寻求专业医生的评估和治疗非常重要。医生可以根据伤口的程度和位置，给予合适的治疗建议，并提供进一步的护理指导。

四、1~3岁婴幼儿意外伤害与预防

1~3岁婴幼儿开始探索环境、学习行走和玩耍，因此意外伤害发生的风险也会增加。照护者应密切监护婴幼儿的活动，并创造安全的环境，告知家长和其他照护者关于意外伤害的预防措施，并及时处理任何潜在的危险。在意外伤害发生时，应立即提供适当的急救措施，并尽快就医。

1. 婴幼儿溺水

婴幼儿溺水是一种严重的意外伤害，需要及时处理以挽救生命。

（1）婴幼儿溺水的预防措施

① 监督婴幼儿

无论在室内还是室外，只要婴幼儿接触水域就需要始终有成年人的监督。不要将婴幼儿独自留在浴缸、游泳池或其他水域中，即使水位很浅。

② 安全防护设施

在家中设置适当的安全防护设施，如安装婴幼儿防护栏或安全门，以防止婴幼儿接近水域。确保这些设施能够有效地限制婴幼儿的行动范围。

③ 游泳安全

如果婴幼儿参与游泳活动，确保他们穿着合适的救生衣或浮力辅助设备。选择专门为婴幼儿设计的救生衣，并确保其正确穿戴和固定。

④ 安全措施

学习急救知识，特别是婴幼儿溺水的急救措施。保持急救设备的可及性和清楚急救电话。及时告知家长和其他照护者关于婴幼儿溺水的预防和应对措施。

⑤ 避免容器积水

避免让婴幼儿接触容器内的水，如浴盆、洗脸盆、水桶等。及时清空这些容器，避免水积聚。

（2）婴幼儿溺水的紧急处理措施

① 立即将婴幼儿从水中抱出

如果发现婴幼儿溺水，应立即将他们从水中抱出。注意确保自己的安全，可以借助器具（如救生圈）或者寻求他人的帮助。

② 检查呼吸和意识

检查婴幼儿的呼吸和意识。如果婴幼儿没有呼吸或意识丧失，应立即开始进行心肺复苏。

③ 拨打急救电话

在采取急救措施的同时，立即拨打当地的急救电话，向急救人员报告婴幼儿溺水的情况，并请求紧急医疗援助。

2. 婴幼儿食物中毒

婴幼儿食物中毒是由于摄入受污染或不洁食物而引起的。

预防婴幼儿食物中毒的关键措施如下。

（1）接受食品安全教育

照护者应接受食品安全教育，了解正确的食品储存、加热、处理和准备方法；应了解食品中毒的常见原因，并知道如何预防。

（2）确保食品选择与储存符合要求

选购新鲜、优质的食材，并确保食材的储存条件符合要求。避免购买过期食品或包装损坏的食品。生鲜食材应冷藏或冷冻保存，避免与生肉或其他易受污染的食品接触。

（3）正确进行食品处理和烹饪

婴幼儿的食品应经过充分加热，确保食材彻底煮熟或加热至适当的温度，以杀死潜在的病原体。使用洁净的烹饪工具和餐具，并避免婴幼儿吃未煮熟的食物。

（4）采取卫生措施

在准备和处理食物之前，务必洗净双手，使用洗手液或肥皂并彻底冲洗。使用清洁的烹饪表面和切菜板，并确保处理婴幼儿食物的区域干净卫生。

（5）避免食品交叉污染

避免食物交叉污染，尤其要注意不要将生食和熟食、生肉和其他食物放在一起。使用不同的砧板、刀具和餐具来处理不同的食材，以防止交叉污染。

（6）确保喂食卫生

在喂养婴幼儿时，使用干净的勺子、奶瓶和奶嘴，并定期清洗和消毒。不要将剩余的食物留在婴幼儿的餐具中，以免细菌滋生。

（7）检查食品质量

定期检查食品的外观、气味和保存状态。如果发现食物有异味、变质或发霉，应立即丢弃。

如果婴幼儿出现食物中毒症状，如呕吐、腹泻、发热等，应立即就医并告知医生相关情况。

3. 婴幼儿夹伤

婴幼儿夹伤是指身体部位被夹住或夹伤，可能导致组织损伤、疼痛和其他并发症。这种伤害可能发生在手指、脚趾、手臂、腿部或其他身体部位。

应对婴幼儿夹伤的基本原则如下。

（1）安抚婴幼儿

当婴幼儿夹伤时，首先要安抚他们，避免婴幼儿过度惊慌和焦虑。亲切的语言和温柔的触摸可以帮助他们冷静下来。

（2）停止夹伤行为

立即停止夹伤的行为，以防止进一步的伤害。如果夹伤是由物体引起的，应迅速解除夹住婴幼儿的物体。

（3）立即评估伤势

评估婴幼儿的伤势。如果伤势严重或出现大量出血、严重疼痛、骨折等情况，应立即就医或拨打急救电话。

（4）采取温水冲洗

对于轻度的皮肤夹伤，可以用温水轻轻冲洗伤口，以清洁伤口和减轻疼痛和不适感。使用温水而不是冷水是因为冷水可能引起血管收缩，导致血液流速变慢。

（5）冰敷

如果婴幼儿夹伤后伤处出现肿胀或疼痛，可以在伤处轻轻敷上包裹了冰袋的毛巾。冰敷有助于减轻炎症和肿胀，并能缓解疼痛。但要注意，不要直接将冰袋放在婴幼儿的皮肤上，而是用毛巾等物品进行包裹，以避免冰冷引起的皮肤损伤。

（6）观察症状

观察伤处的症状，如肿胀、红肿、疼痛等。如果出现异常情况，如明显骨折、大面积出血等，应立即就医。

（7）及时就医

对于较为严重的夹伤或任何不确定的情况，建议尽快就医。专业医生能够对伤势进行准确评估，并提供适当的治疗和建议。

4. 婴幼儿动物咬伤

婴幼儿动物咬伤是指婴幼儿被动物咬伤引起的伤害。常见的动物包括狗、猫和其他宠物。动物咬伤可能导致创伤、感染和其他并发症，因此需要适当处理和预防。

婴幼儿动物咬伤是一种较为严重的伤害，需要及时采取适当的处理措施。

（1）保持安全

确保婴幼儿和其他人的安全。让婴幼儿远离动物，以免进一步受伤。

（2）控制出血

如果咬伤引起出血，用干净的纱布或清洁的绷带轻轻按压伤口，以止血。止血时避免力度过大，以免增加伤口疼痛和感染的风险。

（3）清洁伤口

用温水和温和的肥皂轻轻清洁伤口，以去除污垢和细菌。避免使用酒精、过氧化氢等刺激性物质清洁伤口。

（4）寻求医疗帮助

即使伤口看起来较小或没有出血，也建议尽快就医，以便医生进行进一步评估和处理。医生可能会给予接种疫苗或使用抗生素等治疗方法，以预防疾病和感染。

（5）注意接种疫苗

根据医生的建议，确保婴幼儿接受与动物咬伤相关的疫苗接种，如狂犬病疫苗等。

（6）观察伤口

密切观察伤口的情况，注意是否出现红肿、脓液流出、发热等感染迹象。如果有异常情况出现，应尽快就医。

预防是最重要的。在与动物接触时，特别是婴幼儿与陌生的或未接种疫苗的动物接触时，要保持警惕，并确保婴幼儿与动物互动时有成年人的监督。

5. 婴幼儿电击伤

婴幼儿电击伤是指婴幼儿接触电源或电器而遭受的伤害。电击伤可能对婴幼儿的身体造成严重的伤害，包括烧伤、心脏损伤和其他内外伤。因此，对于电击伤的处理和预防非常重要。

婴幼儿电击伤是一种严重的伤害，需要立即采取适当的应对措施如下。

（1）确保安全

确保婴幼儿和其他人的安全。照护者切勿直接触碰带电区域或电源设备，以免自身也受到电击伤害。

（2）切断电源

立即切断电源，断开电源插头或关闭电路开关。如果不清楚如何切断电源，请寻求专业人士的帮助。

（3）拨打急救电话

立即拨打当地的急救电话，寻求专业医疗帮助。在等待急救人员到达之前，尽可能使婴幼儿保持意识清醒和呼吸正常。

（4）不直接触碰伤者

尽量不要直接触碰受电的婴幼儿，以免电流通过自己的身体。如果需要移动婴幼儿，可以使用绝缘材料（如干木棍、塑料板等）将其推离带电区域。

（5）注意进行心肺复苏

如果婴幼儿失去意识或停止呼吸，立即进行心肺复苏。如果不熟悉心肺复苏步骤，可以通过电话向急救人员咨询。

（6）随身物品检查

仔细检查婴幼儿是否携带着金属物品（如首饰、钥匙等），有时这些物品可能成为电流的导体。如果有这样的物品，确保其远离婴幼儿。

（7）医疗检查和处理

尽快将婴幼儿送往医疗机构，接受专业的医疗检查和处理。医生会评估伤情并决定进一步的治疗方案。

电击伤可能引起严重的身体损伤，包括心脏损伤和烧伤，因此不容轻视。应保持冷静并尽力提供紧急援助，直到专业医疗人员到达。

6. 婴幼儿车祸

婴幼儿车祸是指婴幼儿在车辆事故中受到伤害的情况。婴幼儿车祸是一种严重的意外情况，可能导致严重的伤害。以下是处理婴幼儿车祸的一些基本原则。

（1）保持冷静并确保安全

在发生车祸时，首先要保持冷静并确保婴幼儿和其他人的安全。如果可能，将车辆移到安全的地方，避免造成交通问题，并确保婴幼儿远离危险。

（2）切勿移动婴幼儿

如果婴幼儿受伤且伤势严重，避免擅自移动他们，以免加重伤情。等待急救人员的到来，他们会采取适当的措施进行处理。

（3）拨打急救电话

立即拨打当地的急救电话，向急救人员提供详细的车祸情况，并告知他们婴幼儿的伤势。通话时尽量保持镇静和头脑清晰。

（4）采取急救措施

如果你有急救知识，并且婴幼儿需要立即处理，你可以根据自己的能力提供基本的急救措施，如止血、心肺复苏等。但请注意，在任何时候，等待专业医疗人员的到来都是最重要的。

（5）寻求医疗帮助

无论伤势看起来是否严重，都应立即将婴幼儿送往医疗机构接受专业的医疗评估和处理。即使没有明显的外伤，也可能存在内部伤害，只有医生才能进行准确的评估和诊断。

（6）积极合作与配合

在急救和医疗过程中，与急救人员和医护人员密切合作，提供婴幼儿的相关信息，告知他们任何已知的医疗条件、过敏反应或用药情况，以帮助他们做出适当的处理决策。

（7）提供舒缓和安抚

在处理紧急情况期间，尽可能安抚婴幼儿。保持环境安静，给予婴幼儿适当的安慰，如抚摸或说安慰性的话语等，以帮助他们稳定情绪。

　　每起车祸都是独特的，处理方法可能因具体情况而异。重要的是在发生车祸后立即采取行动，并尽快寻求专业医疗帮助。因此，应确保婴幼儿乘坐适合年龄和体重的安全座椅，司机也应遵循交通规则和安全驾驶的原则，以最大限度地减少车祸的发生。

课堂讨论　　　托育人员处理婴幼儿意外伤害的基本原则

处理婴幼儿意外伤害是托育人员的重要职责之一。以下是处理婴幼儿意外伤害的基本原则。

1. 保持冷静

在面对婴幼儿意外伤害时，托育人员首先要保持冷静和镇定。镇静的态度有助于稳定婴幼儿情绪，并能使托育人员更好地应对紧急情况。

2. 评估伤势

迅速评估婴幼儿的伤势，确定伤势的严重程度。如果伤势严重或出现危及生命的情况，立即拨打急救电话寻求医疗帮助。

3. 提供急救措施

如果婴幼儿需要急救，托育人员应根据自己的急救知识和能力提供适当的急救措施，如止血、心肺复苏等。但请注意，在任何时候，等待专业医疗人员的到来都是非常重要的。

4. 保持沟通

与婴幼儿的家长或监护人保持紧密的沟通，及时告知他们发生的意外情况，并协助他们采取适当的行动，如联系医疗机构、提供相关信息等。

5. 记录和报告

及时记录婴幼儿发生意外伤害的情况，包括时间、地点、伤势描述等，以备后续参考和报告。

6. 预防意外伤害

托育人员应积极参与婴幼儿的安全管理和预防工作，确保托育环境的安全性，定期检查并消除潜在的危险因素，提醒家长和婴幼儿应时刻保持警惕。

7. 持续学习

托育人员应不断更新急救知识和技能，参加相关培训课程，以提升处理意外伤害的能力和专业水平。

课后练习题

1. 简述婴幼儿日常护理的定义和内容。
2. 简述婴幼儿意外伤害的概念。
3. 请设计指导家长开展婴幼儿日常护理的托育课程。
4. 请设计指导家长预防婴幼儿常见疾病的托育课程。
5. 请设计指导家长预防婴幼儿意外伤害的托育课程。

第六章

托育机构对婴幼儿的日常照护

本章学习目标

（1）掌握托育机构的定义和保教工作的主要内容。

（2）掌握婴幼儿身体和心理照护指南。

（3）掌握婴幼儿生活能力照护指南。

（4）掌握婴幼儿日常作息照护指南。

（5）掌握婴幼儿生活习惯照护指南。

（6）掌握婴幼儿安全照护指南。

托育机构的工作人员根据婴幼儿的年龄和发展需求，制订相应的日常生活照护计划，并与家长密切合作，共同关注婴幼儿的成长。

第一节 托育机构概述

托育机构的目标是为婴幼儿提供安全、有爱和有益于发展的环境，促进他们的成长和学习。托育机构在社会中扮演着重要的角色，为婴幼儿提供全方位的照护和教育，帮助他们健康、快乐地成长，并为家长提供便利和支持。

一、托育机构的定义

托育机构是指专门提供婴幼儿日间照顾、保育和教育服务的机构。它们致力于满足家长在工作、学习或其他活动期间的婴幼儿照料需求，为婴幼儿提供安全、健康和有益的环境。

1. 年龄范围

托育机构通常接收的是年龄在0~3岁的婴幼儿。根据不同国家或地区的法律规定，托育机构可能有具体的年龄限制。

2. 提供服务的时间

托育机构通常提供全天制或半天制的服务，以满足家长的工作时间或其他活动时间的婴幼儿照料需求。

3. 照顾和教育服务

托育机构的工作涉及照顾婴幼儿和满足婴幼儿的基本需求，如喂食、换尿布、睡眠护理等，同时也提供婴幼儿发展所需的教育和学习机会。这可能包括提供适龄的教育活动、促进婴幼儿社交技能和认知发展等。

4. 专业人员

托育机构通常招聘专业的托育人员或教育工作者，他们具备相关的教育背景、培训和经验，能够提供满足婴幼儿需求的照顾和教育。

二、托育机构的分类

托育机构根据其组织形式、服务对象和提供的服务范围有以下分类。

1. 托儿所

托儿所是专门提供婴幼儿日间照顾和保育服务的机构。它可提供全天制或半天制的服务，接收婴幼儿入托，提供安全、卫生的照顾环境和各类婴幼儿活动。

2. 托管中心

托管中心通常是以提供全天制或半天制的婴幼儿照顾服务为主，并为家长提供灵活的托管选项。托管中心可以接收婴幼儿入托，提供基本的照顾、学习和娱乐活动，帮助婴幼儿发展和成长。

3. 家庭托育

家庭托育是指在家庭环境中提供婴幼儿照顾和保育服务的形式。这些托育机构通常由专业或非专业的托育工作人员责照顾一小组婴幼儿，提供个性化的照顾和教育。

4. 托育加盟连锁机构

这种类型的托育机构是基于特定品牌和运营模式经营的连锁机构。它们在不同地区设有多家分支机构，并提供统一的教育和服务标准。

三、托育机构保教工作的主要内容

托育机构保教工作旨在提供综合的照顾和教育，促进婴幼儿全面发展和健康成长。托育工作人员应确保婴幼儿安全，满足其基本需求，提供学习机会，培养其社交技能，并与家长紧密合作，共同关心和支持婴幼儿的发展。

1. 提供安全的环境

托育机构应确保提供安全、清洁、卫生的环境，包括室内和室外环境。这包括定期进行安全检查，消除任何潜在的安全隐患，并确保设施符合相关的卫生和安全标准。

2. 满足婴幼儿的基本生活需求

托育机构应满足婴幼儿的基本生活需求，如进食、更换尿布、洗澡、睡眠等。托育人员应根据每个婴幼儿的需求制订合理的日常护理计划，并与家长密切合作，以确保婴幼儿得到适当的照顾。

3. 提供适龄的教育活动

托育机构应根据婴幼儿的年龄和发展阶段，提供适合他们的教育活动。这包括游戏、音乐、绘画、手工艺和其他互动活动，旨在促进婴幼儿的感知、运动、认知和社会性发展。

4. 促进婴幼儿的身体发展

托育机构应提供适当的活动和环境，促进婴幼儿的身体和运动能力发展，包括进行室内和室外的游戏、活动和运动，帮助婴幼儿发展肌肉控制能力、协调性和平衡能力。

5. 提供丰富多样的学习机会

托育机构应提供丰富多样的学习机会，以促进婴幼儿的认知和语言发展，包括阅读故事书、唱歌、模仿游戏、探索自然和周围环境等活动，帮助婴幼儿建立基本的认知能力和语言表达能力。

6. 建立稳定的情感关系

托育工作人员应与婴幼儿建立积极、稳定和关爱的情感关系，提供温暖、关怀和安全感，与婴幼儿进行亲密的互动，以满足婴幼儿的情感和情绪需求。

7. 促进社交技能的发展

托育机构应提供机会，让婴幼儿之间进行互动和交流，可以通过小组活动、团队游戏和集体玩耍等方式实现，以促进婴幼儿发展社交技能、合作能力和共享行为。

8. 观察和记录婴幼儿的发展情况

托育工作人员应密切观察并记录婴幼儿的发展情况，这有助于了解婴幼儿的兴趣、能力和发展需求，并与家长分享相关信息，以共同支持婴幼儿的成长。

9. 与家长的合作和沟通

托育工作人员应与家长建立紧密的合作关系，共同关注婴幼儿的成长和发展，应定期与家长沟通，分享婴幼儿在托育机构的经历和发展情况，并提供家庭教育支持和照顾建议，以便家长能够在家庭中促进婴幼儿发展和学习。

课堂讨论　　合格的托育工作人员应具备的素养

合格的托育工作人员应具备以下素养。

1. 爱心和耐心

托育工作人员需要对婴幼儿们充满爱心和耐心。每个婴幼儿都有自己的独特需求和发展节奏，托育工作人员需要给予他们足够的关注和支持，耐心地与他们相处并引导他们。

2. 职业道德和责任感

托育工作人员应具备高度的职业道德和责任感，保护婴幼儿的权益和安全，积极履行职责。

3. 关注和观察能力

托育工作人员应善于观察婴幼儿的行为和表情，及时发现他们的需求和问题，并能够采取相应的措施。

4. 能力和专业知识

托育工作人员需要具备与托育相关的专业知识和技能，了解婴幼儿的发展特点和需求，并能够提供适当的照护和教育。

5. 观察和沟通能力

托育工作人员需要具备敏锐的观察能力，能够准确地观察和理解婴幼儿的行为和表达。此外，良好的沟通能力也是必要的，托育工作人员需要与婴幼儿、家长和其他教育专业人员有效地沟通，以促进相互合作和理解。

6. 适应性和创造力

婴幼儿的需求和兴趣各不相同，托育工作人员需要具备适应性和创造力，能够根据婴幼儿的个体差异和特点调整教育方法和活动，以促进他们全面发展。

7. 高度关注安全和健康

托育工作人员需要对婴幼儿的安全和健康保持高度的关注。确保托育环境安全，制订并执行适当的安全规范和紧急情况处理计划，同时提供健康的饮食和适当的活动，以促进婴幼儿健康发展。

8. 团队合作和专业发展

托育工作人员通常在一个团队环境中工作，需要具备良好的团队合作能力，与其他教育专业人员共同合作，以提供最佳的教育和关怀。此外，托育工作人员应该持续进行专业发展，跟进最新的教育研究和最佳实践，提升自己的教育水平。

第二节 婴幼儿身体和心理照护指南

一、0～1岁婴幼儿身体和心理照护指南

托育机构在对0～1岁婴幼儿进行身体和心理照护时，可以参考以下指南。

1. 饮食照护

① 提供母乳或配方奶喂养，并根据婴幼儿的年龄和发育需要适时引入辅食。

② 确保喂养姿势正确，避免呛奶。

③ 定时喂养，保持合理的喂养时间间隔。

④ 饮食过程中注意卫生，保持器具的清洁。

2. 卫生照护

① 维护婴幼儿的个人卫生，包括定期更换尿布、清洁皮肤、洗手等。

② 保持托育环境的清洁，定期清洁玩具和婴幼儿用具。

③ 注意婴幼儿的居住环境和空气质量，确保通风良好。

3. 睡眠照护

0～1岁婴幼儿的睡眠照护非常重要，以下是一些睡眠照护的建议。

（1）睡眠环境

① 提供安全、舒适和安静的睡眠环境，保持适宜的温度和湿度。

② 使用合适的婴幼儿床和床垫，确保婴幼儿周围没有杂物或软玩具，以防造成婴幼儿窒息。

③ 使婴幼儿采用合适的睡眠姿势，如仰卧睡眠。

（2）睡眠时间和规律

① 建立规律的睡眠时间，尽量在相同的时间安排婴幼儿午睡和晚间入睡。

② 根据婴幼儿的需要，为其提供足够的睡眠时间。0～3个月的婴幼儿通常需要16～20小时的睡眠时间，4～6个月的婴幼儿需要14～16小时的睡眠时间，7～12个月的婴幼儿需要12～16小时的睡眠时间。

（3）睡前准备

① 营造放松的睡前氛围，如给婴幼儿洗澡、按摩、放轻柔的音乐或讲故事等。

② 建立固定的睡前例行程序，如换尿布、穿睡衣、安抚婴幼儿等，以帮助婴幼儿逐渐进入睡眠状态。

（4）安抚和安慰

① 使用适当的安抚方式，如轻轻摇晃、拍背、抚摸或使用安抚奶嘴等，以帮助婴幼儿入睡。

② 逐渐延长夜间哺乳的时间间隔，帮助婴幼儿学会适应夜间睡眠。

（5）建立良好的睡眠习惯

① 鼓励婴幼儿在自己的床上入睡，使其逐渐能够独立入睡，减少依赖照护者入睡情况的发生。

② 建立安全的睡眠习惯，如不放置软玩具或枕头在婴幼儿周围，以降低窒息风险。

4. 情感照护

① 回应婴幼儿的需求，包括拥抱、安抚等，建立信任和情感联系。

② 提供适宜的互动活动和游戏，促进婴幼儿的感知、认知和语言发展。

5. 发展照护

① 提供丰富多样的刺激和活动，促进婴幼儿的身体和感知发展。

② 提供适宜的玩具和器具，鼓励婴幼儿进行探索和互动。

③ 关注婴幼儿的发展里程碑，记录和观察婴幼儿的成长情况。

二、1～2岁婴幼儿身体和心理照护指南

托育机构在对1～2岁婴幼儿进行身体和心理照护时，可以参考以下指南。

1. 身体照护

① 提供营养均衡的饮食，包括蔬菜、水果、蛋白质和全谷物。

② 确保适量的睡眠，制定规律的睡眠时间表。

③ 提供安全的活动环境，避免与尖锐物品和有潜在危险的物品接触。

④ 定期进行健康体检，包括疫苗接种和常规体格检查。

2. 心理照护

① 提供安全、稳定和温暖的环境，使婴幼儿建立信任和安全感。

② 提供丰富多样的玩具和活动，鼓励婴幼儿探索和发展。

③ 与婴幼儿进行亲密的互动，如抚摸、拥抱、说话和唱歌，促进情感交流。

④ 建立规律和可预测的日常活动，帮助婴幼儿建立安全感。

⑤ 鼓励婴幼儿发展自主性和自我表达能力，给予适度的支持和指导。

3. 社交互动

① 提供机会让婴幼儿与同龄人互动，促进社交技能的发展。

② 鼓励婴幼儿参与小组活动，如音乐、游戏和艺术活动。

③ 培养婴幼儿的合作精神和分享意识，通过分享玩具、食物等来促进社交互动。

④ 教授基本的社交礼仪和沟通技巧，如用语言表达需求和情感。

4. 语言和认知发展

① 提供丰富的语言刺激，如与婴幼儿交谈、阅读图书和唱歌。

② 鼓励婴幼儿使用手势和简单的词语来表达需求和意愿。

③ 提供适龄的智力刺激，如益智玩具和游戏，促进婴幼儿认知和思维能力的发展。

④ 培养婴幼儿的观察力和注意力，通过游戏和探索来提升观察能力和集中注意力。

三、2～3岁婴幼儿身体和心理照护指南

托育机构在对2～3岁婴幼儿进行身体和心理照护时，可以参考以下指南。

1. 提供安全的环境

确保托育环境安全，包括婴幼儿的活动区域、玩具和设施安全。定期检查和清洁环境，防止尖锐物品、危险药品等对婴幼儿构成威胁。

2. 提供营养均衡的饮食

为婴幼儿提供均衡营养的饮食，包括蔬菜、水果、蛋白质和全谷物。鼓励婴幼儿尝试各种食物，培养其良好的饮食习惯。确保婴幼儿有足够的水分摄入，并避免进食过多的糖分和加工食品。

3. 鼓励适当的体育活动

提供适当的室内和室外活动环境，鼓励婴幼儿进行各种体育活动，如跑步、跳跃、爬行和投掷等。这有助于婴幼儿发展身体协调性和大肌肉运动技能。

4. 培养良好的卫生习惯

教导婴幼儿正确的洗手方法，并鼓励他们在关键时刻洗手，如饭前、上厕所后等。培养良好的口腔卫生习惯，包括刷牙和漱口。教育婴幼儿如何正确咳嗽和打喷嚏，避免传播疾病。

5. 促进社交与情绪发展

提供机会让婴幼儿与同龄人互动和交流，如组织小组活动、游戏和合作项目。帮助婴幼儿学会分享、尊重他人、解决冲突和表达情感。鼓励婴幼儿积极参与集体活动，培养团队合作和社交技能。

6. 提供情感支持与安全感

与婴幼儿建立稳定的关系和信任，提供温暖、亲切和关爱的环境。倾听和回应婴幼儿的需求和情感表达，帮助他们建立良好的自尊心和情绪管理能力。

7. 观察和监测发展

密切观察婴幼儿的身体和心理发展，并记录重要的里程碑达成情况和变化。与家长分享观察结果和发展建议，以便及时发现潜在的问题并提供支持。

课堂讨论　　　婴幼儿身体和心理照护注意事项

托育机构对婴幼儿进行身体和心理照护时，需要特别注意以下事项。

1. 保证环境安全

确保托育环境安全，包括婴幼儿的活动区域、床铺、玩具和其他设施安全。移除可能存在的危险物品，如尖锐物品、小零件等，以防止婴幼儿误食或受伤。

2. 提供卫生与清洁

保持托育环境的卫生与清洁，定期清洁玩具、床铺和其他表面。婴幼儿的衣物、尿布和餐具也需要定期更换和清洗，以预防传染病的传播。

3. 提供饮食与营养

提供符合年龄的饮食，根据婴幼儿的发展阶段和需求提供营养均衡的食物。遵循婴幼儿喂养的原则和方法，确保安全和卫生，同时尊重每个婴幼儿的饮食习惯和食量。

4. 提供日常护理

提供适当的日常护理，包括洗澡、换尿布等。确保婴幼儿的个人卫生，同时提供温暖和安全的环境，以促进他们的身体发育。

5. 提供情感支持

提供温暖、亲密和安全的情感支持，建立稳定的情感关系。给予婴幼儿足够的关注、抚摸、拥抱和安抚，满足他们的情感需求，增强他们的安全感和信任感。

6. 鼓励社交互动

促进婴幼儿之间，婴幼儿与成年人之间积极社交互动。通过适龄的游戏和活动，鼓励婴幼儿与其他婴幼儿互动、分享和合作，培养他们的社交技能。

7. 提供发展激励

提供丰富多样的刺激和发展机会，包括适龄的玩具、游戏和活动。鼓励婴幼儿主动探索和尝试新事物，支持他们的感知、运动、语言和认知发展。

8. 制订紧急情况处理计划

制订并执行紧急情况处理计划，包括火灾、自然灾害和意外伤害等。托育机构应正确应对紧急情况，确保婴幼儿的安全和健康。

第三节　婴幼儿生活能力照护指南

托育机构对婴幼儿生活能力的照护包括培养婴幼儿的独立生活能力、情绪控制能力、自制能力、社会交往能力和道德行为能力。

一、培养婴幼儿的独立生活能力

（一）托育机构培养婴幼儿的独立生活能力的意义

托育机构培养婴幼儿的独立生活能力具有以下重要意义。

1. 促进脑发育

身体各部位动作的发展需要脑的协调，同时也在很大程度上促进脑的发育。科学研究表明，人出生的时候，脑表面的沟回还未全部出现，随着脑自身功能的不断发展及来自身体各部位的刺激，脑半球表面的沟回进一步明显和深化，脑的功能进一步增强。多让婴幼儿自己做事、增加锻炼机会，不仅是对其生活能力的培养，也是促进其脑功能发育和健全的一种手段。

2. 增强自信心和自尊心

通过培养婴幼儿的独立生活能力，他们能够自己完成一些日常活动，如自己吃饭、穿脱衣物、洗手等。这样的经历可以增强他们的自信心和自尊心，让他们感到自己能够独立应对生活中的各种挑战。

3. 培养自主性和责任感

通过让婴幼儿参与各种自助活动和生活技能的学习，托育机构可以帮助他们培养自主性和责任感。他们将学会自己满足自己的基本需求，懂得为自己的行为和选择负责。

4. 发展协调和精细动作技能

婴幼儿在独立生活能力的培养过程中，需要进行各种活动，如使用餐具、穿脱衣物、整理玩具等。这些活动可以促进他们的协调和精细动作技能的发展，增强他们的手眼协调能力和肌肉控制能力。

5. 促进社会性和情感发展

在托育机构中，婴幼儿可以与其他婴幼儿和成年人建立社交联系。他们将学会与其他人分享、合作和互动，培养友谊和团队合作的意识。

6. 促进认知和语言发展

托育机构提供了丰富多样的刺激和学习机会，有助于婴幼儿的认知和语言发展。通过参与各种游戏、活动，他们可以增强思维能力和语言表达能力，为日后的学习和发展打下坚实基础。

（二）托育机构在培养婴幼儿的独立生活能力方面采取的措施

托育机构可以采取以下多种措施培养婴幼儿的独立生活能力。

1. 提供自助活动

托育机构设置适合婴幼儿年龄的自助活动，如自己穿脱衣服、自己洗手、自己整理玩具等。鼓励婴幼儿主动参与这些活动，让婴幼儿通过实际操作和重复练习，增强自理能力。

2. 建立日常生活规律

托育机构制定有规律的日常生活安排，包括固定的吃饭时间、睡眠时间、洗手时间等。通过坚持规律的日常生活节奏，婴幼儿能养成良好的生活习惯，逐渐独立地进行自己的日常生活活动。

3. 提供示范和引导

托育人员可以引导婴幼儿采取正确的自理动作和技能，引导婴幼儿尝试自己完成各项任务，如自己吃饭、自己洗脸等。在示范和引导的过程中，托育人员应给予婴幼儿积极的鼓励和肯定，增强他们的自信心。

4. 创设自主选择环境

托育机构应设置一些自主选择的环境，让婴幼儿根据自己的兴趣和需求进行选择。例如，设置不同种类的玩具或活动区域，让婴幼儿自主选择参与。

5. 鼓励互助合作

托育机构应鼓励婴幼儿之间互助合作。例如，托育人员应鼓励婴幼儿互相帮助穿衣服、整理玩具等。通过互助合作，婴幼儿学会倾听他人的需求、尊重他人的权益，并培养团队合作和社交技能。

6. 提供挑战和支持

托育机构应为婴幼儿提供适度的挑战和支持。托育人员应根据婴幼儿的发展水平和能力，提供适当的任务和活动，这些任务和活动既能激发婴幼儿的兴趣和动力，又不至于难度过大，让他们过于沮丧或无法完成。同时，教师会给予婴幼儿必要的帮助和支持，逐步引导他们独立完成任务。

二、培养婴幼儿的情绪控制能力

（一）托育机构培养婴幼儿的情绪控制能力的意义

托育机构培养婴幼儿的情绪控制能力具有以下重要意义。

1. 掌握情绪调节能力

情绪控制是婴幼儿发展中的重要一环。通过托育机构提供的环境和指导，婴幼儿可以学习如何有效地识别、理解和调节自己的情绪。这包括学会面对挫折、处理失望和控制愤怒等情绪。掌握情绪调节能力有助于婴幼儿在日常生活中更好地应对各种情境，减少情绪爆发和不适应的行为。

2. 培养社交技能

情绪控制对于婴幼儿开展社交互动至关重要。通过托育机构提供的社交环境，婴幼儿可以学习如何与他人交往及如何处理情绪。他们将学会分享、合作、倾听和表达情感，从而建立积极的人际关系和友谊。

3. 发展自我认知与自我管理

培养情绪控制能力还涉及婴幼儿自我认知和自我管理的发展。婴幼儿通过托育机构的支持和指导，学会观察和了解自己的情绪，并逐渐学会采取适当的行为和策略来管理自己的情绪。

4. 减少压力和焦虑

情绪控制能力的培养有助于婴幼儿减少压力和焦虑的情绪。通过托育机构提供的情绪支持和安抚，婴幼儿可以学会放松和调整自己的情绪，缓解焦虑和紧张感。

5. 提升学习和适应能力

情绪控制能力的培养有助于婴幼儿学习和适应能力的提升。当婴幼儿能够控制情绪时，他们更能集中注意力、更好地处理信息和解决问题。情绪稳定的婴幼儿更容易适应新环境和变化，更能应对学习和发展中的挑战。

（二）托育机构在培养婴幼儿的情绪控制能力方面采取的措施

托育机构采取以下多种措施培养婴幼儿的情绪控制能力。

1. 教导情绪认知和表达

托育人员应教导婴幼儿认识和理解不同的情绪，如开心、生气、难过等，并帮助他们学会用适当的方式表达自己的情绪。托育人员引导婴幼儿用语言、肢体动作或绘画等方式表达情绪，从而增强他们的情绪认知和表达能力。

2. 提供情绪管理策略

托育人员可以教授婴幼儿一些简单的情绪管理策略，如深呼吸、数数、找安抚玩具等。托育人员通过示范和引导，教导婴幼儿在情绪激动或困惑时如何平复自己的情绪并冷静下来。

3. 提供情绪支持和安抚

托育人员应提供情绪支持和安抚，尤其是在婴幼儿面临情绪困扰或挫折时。托育人员应倾听婴幼儿的情绪表达，提供温暖、安全和亲切的环境，并通过安抚的话语、拥抱、安抚玩具等来安抚婴幼儿的情绪。

4. 开展情绪教育和情绪智力培养的活动

托育人员应开展情绪教育和情绪智力培养的活动，通过故事、角色扮演、游戏和讨论等方式，引导婴幼儿学习情绪的起因和变化，以及如何与他人共享和理解情绪。

5. 充当积极的角色

托育人员充当着积极的角色，应展示积极的情绪调节和表达方式，以及适当的处理情绪的方法。这种正面的角色对于婴幼儿的情绪发展起到榜样的作用，可以鼓励婴幼儿模仿和学习积极的情绪管理方式。

三、培养婴幼儿的自制能力

（一）托育机构培养婴幼儿的自制能力的意义

托育机构在培养婴幼儿的自制能力方面具有以下重要意义。

1. 发展自我管理能力

自制能力涉及控制冲动、延迟满足和抑制不适当的行为。通过托育机构提供的环境和指导，婴幼儿学会自我约束、自我控制，并逐渐能够在需要时做出更好的决策和选择。

2. 培养坚持和耐心的品质

托育机构通过提供适度的挑战和支持，帮助婴幼儿克服困难和挫折，并坚持完成任务，婴幼儿在这个过程中逐渐发展出坚持和耐心的品质。

3. 促进自主性和自信心的发展

自制能力的培养有助于婴幼儿发展自主性和自信心。当婴幼儿能够自主地控制自己的行为和情绪时，他们更能够相信自己的能力，并对自己的决策感到满意。

4. 适应社会规范和要求

自制能力的培养有助于婴幼儿适应社会规范和要求。社会生活中有许多行为和规则需要遵守，如等待自己的轮次、尊重他人的权益、控制情绪等。通过托育机构提供的指导和示范，婴幼儿学会遵守这些规范和要求，逐渐适应社会的期望。

5. 增强问题解决能力

自制能力的培养有助于婴幼儿增强问题解决能力。当婴幼儿面临挑战和困难时，自制能力使他们能够冷静思考、探索解决问题的方法，并持续努力。

（二）托育机构在培养婴幼儿的自制能力方面采取的措施

托育机构采取以下多种措施培养婴幼儿的自制能力。

1. 建立稳定的日常生活规律

托育机构通过建立稳定的日常生活规律，帮助婴幼儿建立起预期和规则的概念。这有助于培养婴幼儿的自制能力，因为他们需要按照规定的时间完成各项活动，如吃饭、睡觉、玩耍和学习等。

2. 提供明确的指导和规范

托育机构应提供明确的指导和规范，告诉婴幼儿什么是可以做的、什么是不可以做的。通过明确的限制，婴幼儿能够理解并遵守规则，从而培养自制能力。

3. 提供适当的挑战和机会

托育机构应提供适当的挑战和机会，以促进婴幼儿的自制能力发展。这包括一些简单的任务、游戏或活动，需要婴幼儿控制自己的冲动，等待自己的轮次或延迟满足。

4. 充当积极的角色

托育人员在日常生活中扮演着积极的角色。他们通过自己的言行和行为示范，展示积极的自制行为。教师示范如何控制情绪、等待自己的轮次、尊重他人的权益等，鼓励婴幼儿模仿和学习积极的自制行为。

5. 提供情绪管理和冲突解决技巧的教育

托育机构应教授婴幼儿一些简单的情绪管理和冲突解决技巧，如深呼吸、与他人沟通和分享等。教师通过角色扮演、讨论和练习等方式，帮助婴幼儿学会在情绪激动或冲突中保持冷静、寻找解决方案。

四、培养婴幼儿的社会交往能力

（一）托育机构培养婴幼儿的社会交往能力的意义

托育机构培养婴幼儿的社会交往能力具有以下重要意义。

1. 建立健康的人际关系

通过与同龄伙伴和教师的互动，婴幼儿学会分享、合作、尊重和互助。这种良好的人际关系有助于婴幼儿与他人建立情感联系，培养友谊和团队合作的能力，以及发展积极的社交支持系统。

2. 提升沟通和表达能力

婴幼儿与他人的交往促使自己学习使用语言、表情、姿势等来表达自己的需求、感受和想法。通过与他人互动的经验，婴幼儿逐渐学会有效地表达，并理解他人的意图和情感。

3. 培养合作和分享意识

婴幼儿与他人一起玩耍、合作解决问题和分享玩具等，促使自己学会与他人合作，并感受到合作的积极性。

4. 培养情绪和情感的理解能力

婴幼儿在与他人的互动中，会面临各种情绪和情感，如喜悦、愤怒、伤心和惊讶等。通过观察和参与他人的情绪体验，婴幼儿学会理解他人的情绪，并逐渐发展出情绪表达和调节的能力。

5. 培养社会适应能力

在托育机构的集体环境中，婴幼儿需要适应与不同背景、性格和需求的他人相处。这培养了婴幼儿的灵活性、包容性和适应性，让他们能够更好地适应各种社会环境和人际关系。

（二）托育机构在培养婴幼儿的社会交往能力方面采取的措施

托育机构采取以下多种措施培养婴幼儿的社会交往能力。

1. 提供社交互动的机会

托育机构创造了丰富的社交互动环境，让婴幼儿有机会与同龄伙伴和教师进行互动。例如，组织小组活动、游戏和合作项目，鼓励婴幼儿在集体中与他人互动、分享玩具、交流观点和解决问题。

2. 鼓励合作和分享

托育机构重视培养婴幼儿合作和分享的价值观，并积极鼓励婴幼儿在日常活动中展示这些行为。托育人员应提供引导，如鼓励婴幼儿共同完成任务、分享玩具、互相帮助和支持等，以培养婴幼儿的合作和分享意识。

3. 引导解决冲突

托育人员在婴幼儿之间出现冲突时，扮演着引导者的角色。他们应教导婴幼儿使用积极的解决冲突方式，如表达自己的需求、倾听他人的观点、寻找共同点和寻求妥协。通过教育和示范，婴幼儿学会与他人合作解决问题，发展出社交技能和解决冲突的能力。

4. 提供角色扮演和模仿活动

托育人员通过角色扮演和模仿活动，帮助婴幼儿学习社会交往技巧。例如，托育人员可以让婴幼儿扮演不同的角色，与其他婴幼儿进行对话和互动。这样的活动可以提供实践机会，让婴幼儿学会适应不同的社交情境和角色要求。

5. 教授基本的社交技能

托育人员应教授婴幼儿一些基本的社交技能，如问候、分享、感谢、道歉等。通过示范和实践，婴幼儿能学会与他人建立联系、尊重他人、表达感激和认识自己的行为对他人的影响。

6. 创建支持和关爱的环境

托育机构注重创建支持和关爱的环境，使婴幼儿感到安全、被关注和鼓励。这种积极的环境为婴幼儿提供了信任他人、与他人建立关系的基础，从而促进他们积极参与社交交往。

五、培养婴幼儿的道德行为能力

（一）托育机构培养婴幼儿的道德行为能力的意义

托育机构培养婴幼儿的道德行为能力具有以下重要意义。

1. 建立价值观和道德准则

托育机构通过教育和示范，帮助婴幼儿建立积极的价值观和道德准则。婴幼儿在托育环境中学会尊重他人、分享、关心和关爱他人的行为模式。

2. 培养社会责任感

通过参与集体活动、了解社区和环境保护等教育措施，婴幼儿开始认识到他们在社会中的角色和责任。这培养了婴幼儿的社会责任感，让他们明白自己的行为对他人和环境的影响。

3. 培养同理心和关爱他人的能力

通过与他人互动和观察他人的情感表达，婴幼儿逐渐学会理解他人的感受和需求，并对他人表现出关心和关爱。这种同理心和关爱他人的能力的培养有助于婴幼儿建立良好的人际关系，并发展出积极的道德行为。

4. 培养道德判断力和决策能力

婴幼儿通过与他人的互动和教师的引导，学会分辨善恶、公平与不公平，并在实际情境中做出道德决策。这培养了婴幼儿的道德意识和责任感，使他们能够在面对道德困境时做出正确的选择。

（二）托育机构在培养婴幼儿的道德行为能力方面采取的措施

托育机构采取以下多种措施培养婴幼儿的道德行为能力。

1. 提供示范和榜样

托育人员充当着婴幼儿的道德行为示范和榜样。他们通过自己的行为和言辞展示出尊重、关心和关爱他人的态度。

2. 提供教育和讨论机会

托育机构提供教育和讨论的机会，帮助婴幼儿理解和探索道德问题。托育工作人员可以引导婴幼儿思考关于友善、分享、公平、诚实等道德价值的情景和问题。通过这样的教育和讨论，婴幼儿开始意识到道德行为的重要性，并逐渐形成自己的道德观念。

3. 提供角色扮演和情景模拟活动

托育机构通过角色扮演和情景模拟活动，可以让婴幼儿亲身体验道德行为的意义和后果。例如，他们可以扮演分享玩具、帮助他人或解决冲突的角色，以此来学习和理解道德行为对他人和社会的影响。

4. 鼓励合作与分享

托育机构注重鼓励婴幼儿的合作和分享。教师会设立各种活动和游戏，让婴幼儿在集体中学习与他人合作、分享资源和互相帮助。

5. 引导解决冲突

当婴幼儿之间出现冲突时，托育人员扮演着引导者的角色。他们会教导婴幼儿使用积极的解决冲突方式，如倾听他人、表达需求、寻求妥协等。

6. 建立规则和纪律

托育机构应建立清晰的规则和纪律，让婴幼儿了解哪些行为是可接受的，哪些是不可接受的。这些规则和纪律有助于婴幼儿培养自我控制和自律的能力，并遵守社会共同约定的行为准则。

课堂讨论　婴幼儿生活能力照护注意事项

托育机构在对婴幼儿的生活能力进行照护时需要注意以下事项。

1. 提供适宜的食物

确保提供符合婴幼儿年龄的健康饮食，包括母乳或配方奶、适当的辅食和营养均衡的餐点。遵循婴幼儿的饮食习惯和特殊需求，如过敏食物。

2. 确保安全饮水

为婴幼儿提供干净安全的饮用水，避免给他们喂食含糖饮料或含咖啡因的饮品。

3. 建立规律的作息时间

建立稳定的作息时间，包括固定的睡眠时间、进食时间、活动时间和休息时间。帮助婴幼儿建立良好的生活习惯和规律。

4. 鼓励自主进食

逐步引导婴幼儿自主进食，使用适当的餐具和杯子，并鼓励他们尝试各种食物，培养他们的口腔运动能力和食物偏好。

5. 培养卫生习惯

教授婴幼儿正确的洗手方法，引导他们养成勤洗手的习惯。同时，帮助他们学习如何正确刷牙，养成良好的口腔卫生习惯。

6. 提供安全的活动环境

确保活动区域没有尖锐物品、危险的家具或设备，并保持地面干净、整洁。提供符合婴幼儿年龄的玩具和活动材料，以促进他们的探索和发展。

7. 培养自理能力

鼓励婴幼儿逐渐学会自己穿脱衣物、洗手、擦嘴等基本自理技能。给予适当的指导和支持，帮助他们逐步独立完成这些任务。

8. 给予充分的关爱、呵护和安全感

给予婴幼儿充分的关爱、呵护和安全感，建立稳定的情感连接。与他们进行互动、交流和抚慰，满足他们的情感需求。

9. 与家长密切合作

与婴幼儿的家长保持密切的沟通和合作，了解他们的需求、习惯和偏好，共同关注婴幼儿的生活能力培养。

第四节　婴幼儿日常作息照护指南

托育机构为婴幼儿提供规律的作息安排和细心的照料，促进他们的身体健康和全面发展，同时与家长密切合作，共同关注婴幼儿的日常作息需求，为他们提供最好的照顾和关爱。

一、婴幼儿日常作息的定义

婴幼儿日常作息指的是婴幼儿一天中活动和休息时间的安排和规律。这包括婴幼儿的睡眠时间、进食时间、活动和游戏时间，以及其他日常生活活动的安排，旨在满足他们的生理和心理需求，促进婴幼儿健康成长和发育。

对于婴幼儿来说，建立良好的日常作息是非常重要的，因为这有助于满足其生理和心理需求，促进其健康的成长和发育。良好的日常作息可以帮助婴幼儿获得足够的休息和睡眠，保持营养充足，促进身体和脑发育，提高免疫力，以及培养健康的生活方式。

1. 睡眠

婴幼儿需要充足的睡眠来支持他们的生长和发育。睡眠时间根据年龄段有所不同。随着年龄增长，睡眠时间逐渐减少。

2. 进食

婴幼儿需要经常进食，以满足他们的营养需求。对于母乳喂养的婴幼儿，进食频率可能较高，为每2～3小时一次。随着婴幼儿逐渐添加辅食，进食时间和频率可能有所变化。

3. 游戏和学习

婴幼儿需要有时间进行游戏和学习，以促进他们的发展。这包括探索玩具、听故事等。

4. 活动和运动

婴幼儿需要有机会进行活动和运动，以发展他们的运动能力和协调性。这可以包括在安全的环境中爬行、站立、行走，以及参与室内和室外的游戏和活动。

5. 洗漱和卫生习惯

婴幼儿的洗漱和卫生习惯也是日常作息的重要组成部分，包括每日早晚的洗脸、洗手、换尿布、穿脱衣物等。

二、托育机构建立婴幼儿日常作息制度的目的与原则

日常生活作息是婴幼儿每日生活活动的具体时间安排。托育机构建立婴幼儿日常生活作息是为了根据婴幼儿日常生活的基本需要，有计划地安排好生活活动、运动锻炼和各种游戏活动，在每天的生活中规定具体的活动时间，便于婴幼儿建立良好习惯。建立婴幼儿日常作息制度要以满足婴幼儿的生理需要为前提，要以培养婴幼儿的良好生活习惯为目标，要以促进婴幼儿全面发展为根本任务。

（一）托育机构建立婴幼儿日常作息制度的目的

托育机构建立婴幼儿日常作息制度是为了提供有组织、有规律的日常生活环境，促进婴幼儿的健康成长和全面发展。

1. 维护健康和安全

婴幼儿日常作息制度有助于确保他们获得足够的睡眠和饮食，维护他们的身体健康。有规律的作息时间可以提供稳定的生活节奏，减轻婴幼儿的疲劳和不适感，降低出现疾病和意外事故的风险。

2. 促进生活自理能力的发展

婴幼儿日常作息制度有助于培养他们的生活自理能力。定时的饮食、睡眠让婴幼儿学会按时吃饭、按时上床睡觉等，逐渐掌握自我照顾和生活技能，提升自理能力和独立性。

3. 促进学习和发展

有规律的日常作息制度有助于婴幼儿集中注意力、参与学习和发展各方面的能力。通过托育机构提供的安静的学习环境、有序的活动安排和适当的休息时间，婴幼儿能更好地吸收知识、掌握技能，促进认知、语言、运动和社会性发展。

4. 维持情绪稳定和安全感

婴幼儿日常作息制度的规律性和可预测性有助于维持婴幼儿的情绪稳定和安全感。他们知道何时会发生什么事情，可以预测并适应环境的变化，从而减少焦虑和不安情绪的产生，这有助于建立积极的情绪和心理状态。

（二）托育机构建立婴幼儿日常作息制度的原则

托育机构建立婴幼儿日常作息制度时，应遵循以下原则。

1. 符合年龄和发展状况

不同年龄段的婴幼儿有不同的睡眠需求、进食频率和活动能力，因此日常作息制度应根据他们的年龄和发展状况来设定。

2. 尊重个体差异

每个婴幼儿都有独特的睡眠习惯、食欲和兴趣爱好等。日常作息制度应尊重婴幼儿的个体差异，具有一定的灵活性，以满足婴幼儿的个别需求。

3. 提供规律和稳定性

日常作息制度应确保他们有足够的睡眠、进食和活动时间，并保持一定的节奏和规律，有助于他们建立生活习惯和安全感。

4. 提供安全和健康

日常作息制度应注重婴幼儿的安全和健康。确保他们有安全的睡眠环境、适当的饮食内容和时间安排，以及有组织、安全的活动和游戏。

5. 提供综合发展机会

日常作息制度应综合考虑婴幼儿各个方面的发展需求，包括身体、认知、语言、情感和社会性等。提供适当的学习、游戏和活动时间，促进婴幼儿全面发展。

6. 保持家校合作

托育机构应与家长保持紧密的沟通和合作，了解婴幼儿在家庭中的作息习惯和需求，尽可能使日常作息制度与家庭的作息安排相协调，形成一致的作息模式。

7. 持续观察和调整

日常作息制度需要持续观察和评估，根据婴幼儿的反馈和发展变化进行适时调整。不断关注婴幼儿的睡眠质量、进食情况和活动参与度，以确保日常作息制度的有效性和适应性。

三、托育机构的婴幼儿日常作息制度的安排

托育机构的婴幼儿日常作息制度是指为婴幼儿制定的一套固定的时间表和规范，用于安排他们的睡眠、进食、活动和其他日常生活习惯。

托育机构的婴幼儿日常作息制度的安排包括以下内容。

1. 睡眠时间

确定婴幼儿的睡眠时间，包括白天的小睡眠。制定固定的睡眠时间表，以确保婴幼儿获得足够的休息。

2. 进食时间

规定婴幼儿的进食时间，包括母乳喂养或配方奶喂养的时间以及吃辅食的时间。制定固定的进食时间表，确保婴幼儿获得充足的营养，并培养健康的饮食习惯。

3. 游戏和学习时间

安排适当的游戏和学习时间，并提供丰富多样的玩具和活动，以促进婴幼儿的认知、语言和运动发展。

4. 活动和运动时间

安排适当的活动和运动时间，包括在安全的环境中提供爬行、站立、行走和探索的机会，促进婴幼儿的身体发展和运动技能的提高。

5. 洗漱和卫生习惯

将每日的洗脸、洗手、换尿布、穿脱衣物等活动安排在固定时间进行，有助于培养婴幼儿的卫生习惯和自我照顾能力。

知识链接

托育机构婴幼儿一日生活安排

7:00—8:00：到达与问候

家长将婴幼儿送到托育机构，托育教师与家长交流问候，并接收婴幼儿的个人物品。

8:00—9:00：早餐时间

提供早餐食物和饮料，确保婴幼儿获得充足的营养。

9:00—10:00：自由游戏时间

提供各种玩具和探索活动，鼓励婴幼儿自由游戏、互动和探索。

10:00—11:00：室内/室外活动

安排室内/室外的活动，如做手工、唱歌、跳舞、游戏等，促进婴幼儿的身体和社交技能发展。

11:00—11:30：换尿布、洗手和洗脸

帮助婴幼儿更换尿布、洗手和洗脸，培养个人卫生习惯。

11:30—12:00：午餐时间

提供午餐食物和饮料，帮助婴幼儿进食，鼓励其自主进食和培养健康的饮食习惯。

12:00—14:00：午睡时间

提供安静、温暖的环境，帮助婴幼儿入睡并休息。

14:00—15:00：唤醒、换尿布和活动时间

唤醒婴幼儿，更换尿布，进行适当的活动，如唱歌、阅读故事书等。

15:00—16:00：户外活动时间

安排户外活动，如散步、做园艺、运动等，促进婴幼儿的运动发展和对大自然的探索。

16:00—16:30：小茶点时间

提供小茶点和饮料，帮助婴幼儿补充能量。

16:30—17:30：自由游戏和互动时间

提供自由游戏和互动的机会，鼓励婴幼儿之间的社交交流和合作。

17:30—18:00：准备离开和告别

整理婴幼儿的个人物品，与家长交流婴幼儿的一天情况，并送婴幼儿离开托育机构。

具体的托育机构的一日生活安排可能会因机构的规模、理念和实际情况而有所不同。每个托育机构都会根据婴幼儿的年龄、发展阶段和个别需求来制定适当的日常生活安排。

课堂讨论 婴幼儿日常作息照护注意事项

托育机构在对婴幼儿的日常作息进行照护时需要注意以下事项。

1. 规律的作息时间

建立规律的作息时间，包括固定的睡眠时间、进食时间、活动时间和休息时间，以满足他们的生理和心理需求。

2. 提供安静的睡眠环境

为婴幼儿提供安全、安静、舒适的睡眠环境，保持适宜的温度和湿度。使用合适的床垫、被褥和睡眠用品，确保他们能够获得良好的睡眠质量。

3. 鼓励自主进食

逐渐培养婴幼儿自主进食的能力。给予他们适量的时间，让他们使用适当的餐具和杯子，尝试各种食物，发展他们的口腔运动能力和食物偏好。

4. 提供丰富多样的活动

为婴幼儿提供丰富多样的活动，促进他们的身体发育和认知发展。提供有趣的玩具、游戏材料和互动活动，激发他们的好奇心和探索欲望。

5. 室内和室外活动平衡

确保婴幼儿在室内和室外都有充足的活动时间。在室外提供安全的活动场所，让他们接触大自然，享受阳光和新鲜空气。

6. 限制接触电子设备的时间

限制婴幼儿接触电子设备的时间，并选择符合他们年龄的高质量、教育性的内容。鼓励他们进行实际的互动和探索，而不是长时间沉迷于电子设备。

7. 维护卫生和个人清洁

保持婴幼儿的个人卫生，包括定期更换尿布、洗手、洗脸等。确保他们的周围环境干净卫生，防止传染病的传播。

8. 与家长合作

与婴幼儿的家长保持良好的沟通和合作，了解他们的作息习惯和需求。与家长分享婴幼儿在托育机构的作息情况，以便家长能够在家中延续相似的作息安排。

第五节　婴幼儿生活习惯照护指南

托育机构对婴幼儿生活习惯的照护包含培养婴幼儿的饮食习惯、睡眠习惯、饮水习惯、如厕习惯、保护五官的习惯、盥洗习惯和着装习惯。

一、培养婴幼儿的饮食习惯

婴幼儿饮食习惯的培养需要家长和托育机构共同努力。家长和托育机构提供丰富多样的食物选择，关注婴幼儿的食物偏好，注意饮食的营养均衡，同时关注食物过敏和窒息等安全问题，有助于婴幼儿培养健康的饮食习惯。

（一）婴幼儿的饮食习惯

婴幼儿的饮食习惯是指他们在日常生活中的饮食行为和偏好。婴幼儿饮食习惯的特点和注意事项如下。

1. 随着年龄增长，逐渐引入固体食物

婴幼儿在出生后的前几个月主要以母乳或配方奶为主食。随着婴幼儿的消化系统发育和吞咽能力增强，可以逐渐引入辅食，如米粉、果泥、蔬菜泥等。在1岁左右，婴幼儿可以开始吃成年人吃的饭菜，但仍需要特别关注食物的质地和口味。

2. 婴幼儿对食物的口感和质地敏感

婴幼儿通常对柔软、细腻的食物更容易接受，而对坚硬、粗糙的食物可能不感兴趣。因此，在引入固体食物时，可以逐渐增加不同口感和质地的食物，让婴幼儿适应。

3. 婴幼儿对新食物的接受程度存在个体差异

每个婴幼儿对食物的喜好和接受程度不同。有些婴幼儿可能对新食物持开放态度，愿意尝试各种食物；而有些婴幼儿可能对新食物持保守态度，需要时间逐渐适应。家长和托育机构可以通过多次尝试和提供丰富多样的食物，帮助婴幼儿扩展饮食品种。

4. 婴幼儿的饮食偏好可能会发生变化

婴幼儿的饮食偏好可能会随着时间推移而改变。有时他们可能喜欢某种食物，但一段时间后可能对其失去兴趣。这是正常的，家长和托育机构可以不断尝试不同的食物组合，确保婴幼儿获得均衡的营养。

5. 注意食物过敏和窒息的风险

婴幼儿对某些食物可能存在过敏风险，如鸡蛋、花生、牛奶等。在引入新食物时，应逐一引入，观察婴幼儿是否出现过敏反应。此外，避免给婴幼儿吃有潜在窒息风险的食物，如硬果、小颗粒食物等。

（二）婴幼儿饮食习惯照护指南

托育机构在婴幼儿饮食习惯的照护中应密切与家长合作，了解婴幼儿的个体需求和家庭的饮食习惯，提供个性化的饮食习惯照护。同时，注重婴幼儿的饮食体验，提供愉悦的用餐环境，鼓励他们尝试各种食物，培养健康的饮食习惯。

1. 鼓励母乳喂养或配方奶喂养

托育机构应鼓励母乳喂养，并支持婴幼儿的哺乳需求。如果婴幼儿接受配方奶喂养，托育机构应确保按照家长提供的喂养计划和量进行喂养。

2. 科学引入辅食

在适宜情况下，托育机构应与家长合作，逐步引入辅食，应与家长商讨婴幼儿的辅食偏好、过敏食物和特殊饮食需求，并遵循家长提供的食物和喂养时间表。

3. 保障饮食安全和卫生

托育机构应重视婴幼儿的饮食安全和卫生，确保食材的新鲜度和质量，并遵循食品安全标准。

4. 确保膳食多样化

托育机构应提供多样化的食物选择，以满足婴幼儿的营养需求，应提供富含蛋白质、碳水化合物、脂肪、维生素和无机盐等营养元素的食物组合。

5. 培养饮食习惯

托育机构应鼓励婴幼儿逐渐养成良好的饮食习惯，如自助进食、喝水习惯和尝试新食物，应提供适当的食物和饮水设施，让婴幼儿自主探索和学习。

6. 注意食物过敏和特殊饮食需求

如果婴幼儿食物过敏或有特殊饮食需求，托育机构应与家长密切合作，确保提供符合婴幼儿需求的

食物，同时避免过敏食物。

二、培养婴幼儿的睡眠习惯

婴幼儿的睡眠习惯可能会随着年龄的增长而发生变化，因此在托育机构或家庭中，适当地引导和调整婴幼儿的睡眠习惯是必要的。托育机构在制定和调整睡眠习惯时，应尊重婴幼儿的个体差异，倾听他们的需求，并与家长密切合作。

（一）婴幼儿的睡眠习惯

婴幼儿的睡眠习惯是指他们在睡眠过程中形成的个性化习惯和行为模式，包括婴幼儿入睡的方式、睡眠持续时间、睡眠周期和睡眠质量等内容。每个婴幼儿的睡眠习惯可能会有所不同，受到个体差异、生理发展和环境因素的影响。

婴幼儿的睡眠习惯通常包括入睡时间和睡眠环境的偏好，如需要使用安抚物品（如安抚奶嘴或毛绒玩具）才能入睡，需要父母的陪伴等。

（二）婴幼儿睡眠习惯照护指南

婴幼儿睡眠习惯照护指南通常包括以下内容。

1. 创造良好的睡眠环境

托育机构应提供安静、舒适、安全的睡眠环境，确保睡眠区域没有刺激性的声音、光线或温度。托育机构还应提供适宜的床垫和床铺，保持适宜的室温。

2. 制定固定睡眠时间

托育机构应制定固定的睡眠时间，确保婴幼儿有足够的睡眠时间，并帮助婴幼儿建立规律的睡眠习惯。托育机构还应根据婴幼儿的年龄和发展阶段确定合适的睡眠时长和睡眠周期。

3. 建立睡前例行程序

托育机构应建立睡前例行程序，通过一系列安抚活动来帮助婴幼儿入睡，包括洗澡、阅读故事、进行放松活动或听安抚音乐等。

4. 观察和记录睡眠情况

托育机构应观察和记录婴幼儿的睡眠情况，包括入睡时间、醒来次数和睡眠质量等。这有助于了解婴幼儿的睡眠习惯和发现睡眠问题，以便采取相应的措施。

5. 与家长密切合作

托育机构应与家长密切合作，了解婴幼儿在家庭中的睡眠习惯和家长的期望，共享婴幼儿的睡眠观察和记录结果，以便共同制订适合婴幼儿的睡眠计划。

三、培养婴幼儿的饮水习惯

水是构成人体组织的重要物质，人体肌肉、血浆、骨骼、牙齿、脊髓、关节、眼球等都含有丰富的水分。身体内的水还帮助人体进行一切生理活动和生物化学反应。每个婴幼儿的饮水需求和偏好可能有所不同，托育机构在制订具体的饮水计划时，应充分考虑婴幼儿的个体差异和特殊需求，并尊重家长的意见和选择。

（一）婴幼儿的饮水习惯

婴幼儿的饮水习惯是指婴幼儿在日常生活中对水的摄入及在饮水方面的习惯和偏好。婴幼儿饮水习惯包括婴幼儿对水的需求、摄水量、饮水频率和喜好等内容。

由于婴幼儿的身体构造和生理特点，他们对水的需求相对较高。足够的水分摄入对于维持婴幼儿的水平衡、体温调节、消化功能和排泄系统的正常运作至关重要。

婴幼儿的饮水习惯可能因个体差异和年龄的不同而有所不同。新出生的婴幼儿主要通过母乳或配方奶获得足够的水分，而随着婴幼儿饮食中逐渐添加固体食物，他们也需要适量的额外水分摄入。家长和托育机构应确保提供清洁安全的水源，并根据婴幼儿的年龄和需求适时给予水分补充。

（二）婴幼儿饮水习惯照护指南

婴幼儿饮水习惯照护指南主要包括以下内容。

1. 提供喂养母乳或婴幼儿配方奶

对于0～6个月的婴幼儿，母乳是最佳的饮食选择。托育机构应鼓励母乳喂养，如果无法进行母乳喂养，托育机构应提供适宜的婴幼儿配方奶。

2. 记录饮水情况

托育机构应根据婴幼儿的年龄和发展阶段，提供适量的水分。0～6个月的婴幼儿主要以母乳或配方奶为水源，因此饮水的需求较少。对于6个月以上的婴幼儿，托育机构应逐渐引入适量的水和辅食，以满足婴幼儿的饮水需求。

3. 采用适龄的饮水方式

托育机构应使用适合婴幼儿年龄的饮水容器，如奶瓶或水杯，以便婴幼儿能够舒适地喝水，并确保饮水容器的清洁和卫生，定期更换或清洗。

4. 保障饮水品质

托育机构应确保提供安全、干净的饮用水给婴幼儿，并采取必要的措施，如定期检测水质、使用过滤器等，以确保饮用水的安全性。

5. 观察和记录

托育机构应观察和记录婴幼儿的饮水情况，包括饮水量和频率，这有助于了解婴幼儿的饮水习惯和发现饮水问题，以便及时采取相应的照护措施。

6. 与家长合作

托育机构应与家长密切合作，了解婴幼儿在家中的饮水习惯和家长的期望，与家长共享饮水观察和记录的结果，以便共同制订适合婴幼儿的饮水计划。

四、培养婴幼儿的如厕习惯

婴幼儿生活在文明社会中，必须遵守一切社会文明准则和规范。在如厕方面，他们必须学会控制自己的大小便，知道大小便去厕所，不随地大小便，以及养成一切与排便有关的文明习惯。婴幼儿如厕习惯的培养需要家长和托育机构的耐心指导。他们可以通过观察婴幼儿的如厕习惯、提供合适的如厕设施、与婴幼儿建立积极的沟通和奖励系统等方式来帮助婴幼儿建立良好的如厕习惯。

（一）婴幼儿的如厕习惯

婴幼儿的如厕习惯指的是婴幼儿学会控制排尿和排便的能力，以及建立相应的如厕习惯和行为规律。在婴幼儿阶段，他们开始从使用尿布过渡到逐渐使用马桶或坐便器如厕。

婴幼儿如厕习惯的发展经历以下阶段。

1. 尿布使用阶段

在出生后的早期阶段，家长通常使用尿布来收集婴幼儿的尿液和大便。这个阶段主要是依靠家长更换尿布，定期检查和清洁。

2. 感知排泄信号

随着婴幼儿的成长，他们会逐渐开始感知排泄信号，如尿液或大便产生的紧迫感或压力。他们可能会表现出不安、扭动或其他行为来表达他们的如厕需要。

3. 如厕训练阶段

当婴幼儿逐渐能够坐稳、理解指示并能控制排泄时，就可以开始进行如厕训练了。这包括教会婴幼儿识别如厕信号、使用马桶或坐便器、自己脱穿裤子、自己清洁等。

4. 建立如厕习惯

随着时间的推移和训练的进行，婴幼儿会逐渐建立起稳定的如厕习惯。他们会逐渐掌握控制尿液和大便的能力，并在适当的时候主动寻找如厕设施。

（二）婴幼儿如厕习惯照护指南

婴幼儿如厕习惯照护指南通常包括以下内容。

1. 规定如厕时间

托育机构应根据婴幼儿的年龄和发展阶段，规定如厕时间，并将如厕时间纳入日常作息制度，并按照固定的时间间隔带领婴幼儿到卫生间或更换尿布。

2. 观察尿布湿度

托育人员应经常观察婴幼儿的尿布，检查是否需要更换，注意尿布湿度的变化，以便及时更换尿布。

3. 培养如厕习惯

当婴幼儿年龄适宜时，托育机构应培养他们的如厕习惯，鼓励婴幼儿在规定的如厕时间内尝试如厕，如使用婴幼儿马桶或坐便器。托育人员应给予婴幼儿适当的指导和支持，帮助他们逐渐养成如厕习惯。

4. 鼓励独立如厕

托育机构应鼓励婴幼儿逐渐独立完成如厕活动，提供适当的设施和工具，如可容易到达的马桶或坐便器，让婴幼儿尝试自己如厕。托育人员还应教授婴幼儿适当的卫生习惯，如正确擦拭和洗手。

5. 与家长的合作

托育机构应与家长保持密切的沟通和合作，了解婴幼儿在家中的如厕习惯和家长的期望，并与家长分享婴幼儿在机构的如厕进展和需要家长支持的方面。

五、培养婴幼儿保护五官的习惯

婴幼儿保护五官的习惯旨在保护婴幼儿的五官免受伤害，维护其健康和舒适。家长和托育人员应积极引导和教育，确保这些保护习惯在日常生活中得到贯彻和遵守。

（一）婴幼儿保护五官的习惯

婴幼儿保护五官的习惯指的是采取措施保护婴幼儿的眼睛、耳朵、鼻子、口腔等五官器官，预防伤害和保持其健康状态的一系列习惯和做法。

（二）婴幼儿保护五官的习惯照护指南

婴幼儿保护五官的习惯照护指南通常包括以下内容。

1. 眼睛保护

托育机构应确保婴幼儿的眼睛得到适当的保护和照顾。应注意室内光线的亮度，避免强光刺激婴幼儿的眼睛。同时，托育机构应注意婴幼儿的眼睛卫生，定期清洁婴幼儿的眼睛，特别是在食物或其他物质接触到婴幼儿眼睛时。

2. 耳朵保护

托育机构应注意婴幼儿的听力健康和耳朵保护。应避免过大的噪声刺激，保持室内环境的安静和舒适。

3. 鼻子保护

托育机构应确保婴幼儿的鼻子得到适当的保护，保持室内空气的流通和清新，避免潮湿或污染的环境。托育人员还应注意鼻子的清洁，定期擦拭鼻子周围的皮肤，并使用适当的方法帮助婴幼儿清理鼻孔，如使用鼻盐水清洗。

4. 口腔保护

托育机构应关注婴幼儿的口腔健康和护理，鼓励婴幼儿形成良好的口腔卫生习惯，如定期刷牙，避免过多的糖分摄入，并确保饮用水的清洁和安全。

5. 皮肤保护

托育机构应确保婴幼儿的皮肤得到适当的保护，避免婴幼儿的皮肤受到过度的摩擦或伤害，定期清洁婴幼儿的皮肤，并使用适当的护肤品或防晒霜来保护婴幼儿的皮肤健康。

六、培养婴幼儿的盥洗习惯

盥洗是婴幼儿生活中的一个重要环节，可使婴幼儿毛发、皮肤保持清洁，增强皮肤的各种功能，减少皮肤被汗液、皮脂、灰尘污染的机会，提升皮肤的抵抗力，维护身体的健康。同时，盥洗还可以培养婴幼儿爱清洁、讲卫生的好习惯，增强婴幼儿的生活自理能力。婴幼儿盥洗习惯的养成对于保持婴幼儿的身体清洁、卫生和健康非常重要。家长和托育机构的工作人员可以在日常照顾中引导和培养婴幼儿的盥洗习惯，创造一个良好的卫生环境，并教授婴幼儿正确的洗护方法和技巧。

（一）婴幼儿的盥洗习惯

婴幼儿的盥洗习惯是指日常生活中，婴幼儿进行身体清洁和卫生的行为习惯。主要包括沐浴、洗脸、刷牙、梳头和换尿布等。

（二）婴幼儿盥洗习惯照护指南

婴幼儿盥洗习惯照护指南通常包括以下内容。

1. 定期洗澡

托育机构应为婴幼儿安排定期洗澡的时间，注意水温的适宜性，确保洗澡水温度适中，避免让婴幼儿感到不适。同时，托育机构应使用温和且适合婴幼儿皮肤的洗护用品，如婴幼儿沐浴液和洗发水。

2. 护理娇嫩皮肤

托育机构应特别关注婴幼儿的皮肤护理，避免使用刺激性的洗护用品和肥皂，并定期为婴幼儿涂抹适量的婴幼儿润肤霜或婴幼儿油，以保持婴幼儿皮肤的湿润。

3. 护理头发

托育机构应为婴幼儿提供适当的头发护理，使用适合婴幼儿的洗发产品，并轻柔地按摩婴幼儿的头皮，以促进血液循环和头皮的健康。同时，托育人员应注意婴幼儿头发的梳理，使用柔软的婴幼儿梳子梳理头发，避免婴幼儿头发打结和拉扯。

4. 关注口腔卫生

托育机构应关注婴幼儿的口腔卫生，帮助婴幼儿清洁口腔，如使用柔软的婴幼儿牙刷轻轻刷洗牙齿和牙龈，还应鼓励婴幼儿养成良好的口腔卫生习惯，如定期刷牙和漱口。

5. 护理手部和指甲

托育机构应帮助婴幼儿保持手部和指甲的清洁，定期为婴幼儿洗手，特别是在进食、接触脏物后。同时，托育人员还应剪短婴幼儿的指甲，以避免指甲过长而造成划伤或其他伤害。

七、培养婴幼儿的着装习惯

托育机构应帮助婴幼儿保持适当的衣物选择，提高他们的自理能力，并为他们提供一个舒适、安全的着装环境。

（一）婴幼儿的着装习惯

婴幼儿的着装习惯是指在日常生活中，婴幼儿所形成的有关穿着衣物和选择衣物的行为习惯。这包括婴幼儿穿戴衣物的方式、衣物的选择与搭配，以及保持衣物的整洁等内容。

（二）婴幼儿着装习惯照护指南

婴幼儿着装习惯照护指南通常包括以下内容。

1. 选择合适的季节性衣物

根据季节的变化，为婴幼儿选择适合的衣物。在夏季，选择透气轻薄的衣物，避免过热和过度出汗；在冬季，选择保暖的衣物，确保婴幼儿不受寒冷影响。

2. 选择舒适、柔软的材质

选择衣物时，注意材质的舒适性和柔软度。优先选择对婴幼儿皮肤无刺激的天然纤维材质，如纯棉或天丝等。

3. 注意衣物的大小和合适程度

衣物的大小和合适程度对婴幼儿穿着的舒适度至关重要。确保衣物不过紧或过松，以便婴幼儿能自由活动和伸展。

4. 简化穿脱过程

选择衣物时，尽量选择易于穿脱的款式，如开扣衣物、拉链衣物或有弹性的领口和袖口。这样可以方便婴幼儿自己穿脱衣物，培养他们的自理能力。

5. 注意衣物的安全性

确保衣物上没有小物件或易脱落的饰物，以免婴幼儿吞食或窒息。避免让婴幼儿穿着带有细小纽扣或流苏等装饰品的衣物。

6. 维持衣物的整洁和卫生

定期更换婴幼儿的衣物，避免让婴幼儿过长时间穿着同一件衣物。及时清洗污渍和衣物上的食物残渣，保持衣物的卫生和清洁。

7. 着装过程中的互动和鼓励

在婴幼儿着装过程中，与他们进行互动和鼓励。托育人员通过歌唱、玩耍或使用简单的语言表达，使穿衣过程变得有趣和愉快。

8. 尊重个体差异

托育机构应尊重婴幼儿的个体差异，并根据其发展阶段和偏好选择合适的衣物，尽量尊重婴幼儿的个人喜好和自主性，让他们在合适的范围内参与选择和穿戴衣物。

课堂讨论　　　　　　　**婴幼儿生活习惯照护注意事项**

托育机构在对婴幼儿的生活习惯进行照护时需要注意以下事项。

1. 建立规律的作息时间

建立规律的作息时间，包括固定的睡眠时间、进食时间、活动时间和休息时间。给婴幼儿提供有规律的日常生活节奏，有助于他们建立良好的生活习惯。

2. 培养自理能力

鼓励婴幼儿逐渐学会自己穿脱衣物、洗手、擦嘴等基本自理技能。给予适当的指导和支持，帮助他们逐步独立完成这些任务。

3. 培养饮食习惯

提供健康、均衡的饮食，包括母乳或配方奶、适量的辅食和各类有营养的食物。逐渐引导婴幼儿尝试不同的食物，培养他们良好的饮食习惯。

4. 培养睡眠习惯

创造安静、舒适的睡眠环境，为婴幼儿提供充足的睡眠时间。建立适当的睡前例行程序，如洗澡、听音乐或听故事，帮助婴幼儿放松并准备入睡。

5. 培养卫生习惯

教导婴幼儿正确的洗手方法，并定期帮助他们清洁身体、牙齿和口腔。帮助他们养成良好的卫生习惯，如咳嗽时用纸巾遮住口鼻。

6. 与家长密切合作

与婴幼儿的家长保持良好的沟通，了解婴幼儿在家中的生活习惯，与家长共同合作，促进婴幼儿生活习惯的延续。

第六节 婴幼儿安全照护指南

婴幼儿安全照护指南包含婴幼儿环境安全照护指南、婴幼儿用品安全照护指南、婴幼儿食品安全照护指南和婴幼儿危险防范照护指南。

一、婴幼儿环境安全照护指南

通过婴幼儿环境安全照护，托育机构可以最大限度地保护婴幼儿的身体安全和健康，预防事故和疾病的发生，为他们提供一个稳定、舒适和有利于成长的环境。

（一）婴幼儿托育机构环境安全照护的概念

婴幼儿托育机构环境安全照护是指托育机构采取一系列措施和实践，以确保照护环境对婴幼儿的健康和安全不构成威胁。这包括了确保托育场所的物理环境、用品和设施都符合安全标准，以及制订紧急情况的应对计划和培训员工如何提供安全照护。

（二）婴幼儿托育机构环境安全照护指南

婴幼儿托育机构需要特别关注环境安全，以确保照护婴幼儿的场所是安全的。以下是婴幼儿托育机构环境安全的照护指南。

1. 设施安全检查

定期进行设施安全检查，包括室内和室外区域。检查家具、设备、电器、游乐设施和围栏，确保它们处于良好状态并无危险。

2. 电器安全

确保电器设备和电线符合当地的安全标准。定期检查插座、开关和电线，确保没有裸露的电线和损坏的插座。

3. 窗户和窗帘安全

使用窗帘带或卷帘，以减少窗帘绳索的危险。将家居装饰品和家具远离窗户，以减少婴幼儿爬窗户的风险。

4. 家具和装饰安全

使用符合安全标准的家具和装饰物，确保它们不易倾倒。移除可能被婴幼儿拉倒或咬食的物品。

5. 室内通风

保持室内通风，确保新鲜空气进入房间，特别是在婴幼儿在室内停留时间较长时。

6. 卫生安全

妥善处理和储存清洁剂和消毒剂，以防止婴幼儿误食。定期进行室内卫生清洁，特别是在婴幼儿活动区域。

7. 玩具和设备安全

使用符合安全标准的婴幼儿玩具和设备，确保它们没有小零件或可咬食的部分。定期检查和维护玩具和设备，以确保它们处于良好状态。

8. 急救和医疗用品

始终储备急救用品，如创可贴、温度计等。确保照护者具备基本的急救技能。

9. 紧急预案

制订紧急情况的应对计划，包括火灾、自然灾害和突发疾病等情况。定期进行演练。建立联系紧急医疗服务的程序。

10. 监视和互动

始终在婴幼儿周围保持监督，确保他们的安全。积极参与婴幼儿的活动，提供亲子互动的机会。

11. 员工培训

提供员工培训，使他们了解婴幼儿环境安全的最佳实践和紧急情况的应对。

12. 家长交流

与家长保持沟通，告知他们关于环境安全的措施和实践，以共同确保婴幼儿的安全。

二、婴幼儿用品安全照护指南

通过遵循婴幼儿用品安全照护的指南，托育机构可以确保婴幼儿在使用各种用品时的安全和健康，预防潜在的意外伤害和风险。

（一）婴幼儿托育机构用品安全照护的概念

婴幼儿托育机构用品安全照护是指托育机构采取一系列措施和实践，以确保婴幼儿使用的各种物品和设备不会对他们的健康和安全构成威胁。这包括确保用品的选择、使用和维护都符合安全标准，以及培训托育人员如何提供安全的照护用品。

（二）婴幼儿托育机构用品安全照护指南

婴幼儿托育机构需要关注用品安全，以确保婴幼儿使用的物品不会对他们的健康和安全造成风险。以下是婴幼儿托育机构用品安全的照护指南。

1. 婴幼儿床和婴幼儿床垫

使用符合安全标准的婴幼儿床和床垫，确保它们没有裂缝或断裂的部分。定期检查床和床垫，以确保没有磨损或破损的地方。

2. 婴幼儿床上用品

不要在婴幼儿床上放置额外的床上用品，如大型枕头、厚被子和玩具。使用符合婴幼儿床上用品安全标准的床单和床围。

3. 玩具

选择合适的玩具，确保它们没有小零件或可咬食的部分。定期检查床上的玩具，以确保它们没有破损或松动的部分。

4. 婴幼儿座椅

使用符合安全标准的婴幼儿座椅，确保它们能够正确固定和支撑婴幼儿。不要将婴幼儿座椅放在高处，以防止意外摔落。

5. 婴幼儿推车和童车

使用符合安全标准的婴幼儿推车和童车，确保它们能够被牢固地锁定和控制。遵守推车和童车的使用说明。

6. 婴幼儿用具和器皿

使用符合婴幼儿用具和器皿安全标准的奶瓶、奶嘴、食物容器等。定期检查这些用具和器皿，确保没有裂缝或断裂的部分。

7. 卫生用品

确保使用符合卫生标准的尿布、湿巾和洗浴用品，以防止婴幼儿产生过敏或皮肤刺激。将卫生用品储存在干燥、清洁和无害的地方。

8. 急救用品

始终储备急救用品，如创可贴、温度计等，以应对紧急情况。

9. 清洁和消毒

定期清洁和消毒婴幼儿用具、床上用品和玩具，以确保卫生安全。

三、婴幼儿食品安全照护指南

托育机构应确保婴幼儿在食品方面的安全和健康，预防食品相关的风险和意外事件的发生。同时，托育机构应与家长保持沟通，共同关注婴幼儿的食品安全问题，为他们提供一个安全的食品环境。

（一）婴幼儿托育机构食品安全照护的概念

婴幼儿托育机构食品安全照护是指托育机构采取一系列措施和实践，以确保提供给婴幼儿的食品都是安全、卫生和适宜的，不会对婴幼儿的健康和安全构成威胁。这包括了食品的选择、储存、准备、供应和监控等方面的食品安全管理。

（二）婴幼儿托育机构食品安全照护指南

以下是婴幼儿托育机构食品安全照护的一些指南，以确保提供的食品对婴幼儿的健康和安全不会构成威胁。

1. 食品选择

选择符合卫生和安全标准的食材，特别是针对婴幼儿的食品。确保食材的新鲜度和质量。

2. 食品储存

定期检查冷藏、冷冻和储存设备的温度，确保它们符合安全标准。标明和监控食品的保质期，确保不使用过期的食材。

3. 食品准备

遵守食品准备过程中的卫生要求，包括员工的手部卫生、食材的分开储存、食品交叉污染的防控等。使用食品温度计来确保熟食的温度达到安全水平。

4. 食品供应

提供符合婴幼儿的年龄和特殊饮食需求的食物。避免使用添加糖、盐和其他不适合婴幼儿的食品成分。

5. 食品监控

定期检查和评估食品的安全性和质量，包括食品的保质期和新鲜度。注意食品包装是否完好，避免使用破损或漏液的包装。

6. 食品过敏和特殊饮食需求

了解婴幼儿可能有的食物过敏或特殊饮食需求，确保提供合适的替代食物，并通知家长和监护人。

7. 照护者培训

培训托育人员，使他们了解食品安全的最佳实践，包括食品处理、卫生和安全标准。提供关于食品过敏和急救措施的培训。

8. 食品卫生和清洁

确保食品准备和食品处理区域的卫生和清洁，包括定期清洁和消毒工作台、厨房设备和餐具。

四、婴幼儿危险防范照护指南

托育机构可在婴幼儿危险防范照护方面制定相应的政策、规章制度和操作指南，对婴幼儿的活动区域、设备和玩具进行定期检查和维护，确保环境安全和卫生，并对工作人员和家长进行必要的培训和指导，以共同确保婴幼儿的安全。

（一）婴幼儿托育机构危险防范照护的概念

婴幼儿托育机构危险防范照护是指托育机构采取一系列的措施和策略，以最大程度地减少或防止婴幼儿在托育环境中发生事故、受伤或遭受危险。这一概念强调了创建一个安全、卫生和适宜婴幼儿成长的环境的重要性，以维护婴幼儿的健康和安全。

（二）婴幼儿托育机构危险防范照护指南

婴幼儿托育机构危险防范照护指南可以帮助确保托育环境对婴幼儿的安全和福祉不构成威胁。以下是一些常见的婴幼儿托育机构危险防范照护指南。

1. 环境安全

定期检查托育场所的物理结构，确保没有尖锐或松动的物品。安全地安装家具和设备，以防止倒塌或滑动。在楼梯口和窗户处安装护栏，以防止婴幼儿的意外摔倒或跌落。

2. 监督和互动

始终保持监督，尤其是在婴幼儿进行活动或用餐时。与婴幼儿互动，提供教育性的玩具和活动，以促进他们的发展。

3. 急救准备

储备急救用品，包括创可贴、消毒剂、温度计等。培训托育人员，使他们能够应对紧急情况。

4. 安全政策和程序

制定并实施安全政策，包括紧急情况的应对计划和疏散计划。定期进行火灾演练和疏散演练。

5. 照护者培训

培训托育人员，使他们了解危险防范的最佳实践，包括急救技能、监督技巧和危险识别能力。

6. 食品安全

提供健康、均衡和适当年龄的食物，避免食物过敏和食物中毒的风险。严格遵守食品储存和准备的卫生标准。

7. 合规性

遵守托育行业的法规和标准，确保合规性和授权。

8. 监督和监测

定期检查和维护托育环境，确保安全和卫生标准得到满足。建立记录系统，记录事故、伤害和危险事件。

9. 家长沟通

与家长和监护人保持沟通，分享婴幼儿在托育机构内的安全情况和措施，以建立信任和合作关系。

10. 婴幼儿特殊需求

了解婴幼儿的特殊需求，包括食物过敏、健康问题和特殊饮食要求，并适当地满足这些需求。

课堂讨论　　　　婴幼儿安全照护注意事项

托育机构在对婴幼儿进行安全照护时需要注意以下事项。

1. 保持监管和观察

保持对婴幼儿的监管和观察，确保他们的安全。始终保持婴幼儿在视线范围内，并及时回应他们的需求和察觉到他们的情绪变化。

2. 确保环境安全

确保托育环境安全无害。移除尖锐物品、含有有害物质和危险的玩具。保护电源插座，封闭危险区域（如楼梯口），锁好存放易碎物品的柜子。

3. 防止意外伤害

注意防止跌倒、碰撞和其他意外伤害。铺设柔软的地垫，减少跌倒的风险。保持托育环境整洁，移除容易绊倒婴幼儿的障碍物。

4. 提供安全的睡眠环境

提供安全的睡眠环境，确保婴幼儿在睡眠时安全。遵循安全的睡眠指南，如使婴幼儿保持仰卧姿势，不使用软玩具和厚重的被褥。

5. 确保饮食安全

确保提供安全、健康的食品。遵循食品卫生和婴幼儿喂养的相关指南，正确保存、处理和提供食物。

6. 正确护理婴幼儿

正确护理婴幼儿，如洗澡、更换尿布、清洁口腔等。使用安全、无刺激的护理用品，并遵循正确的操作方法。

7. 应对紧急情况

培训托育人员如何应对紧急情况，如意外伤害、突发疾病等。保持急救箱和重要联系信息的可及性，并定期进行演练。

8. 与家长密切合作

与婴幼儿的家长建立良好的沟通渠道，及时交流婴幼儿的特殊需求和注意事项。与家长共同关注婴幼儿的安全，合作解决可能出现的问题。

课后练习题

1. 简述托育机构的定义和保教工作的主要内容。
2. 请设计身体和心理照护的托育课程。
3. 请设计生活能力照护的托育课程。
4. 请设计日常作息照护的托育课程
5. 请设计生活习惯照护的托育课程。
6. 请设计安全照护的托育课程。